冷弯薄壁型钢墙体

刘 朋 宁宝宽 著

科学出版社
北 京

内 容 简 介

冷弯薄壁型钢墙体是结构体系中的承重和抗侧力构件，主要承受竖向荷载、地震荷载和风荷载产生的侧向力，因此，对墙体的研究尤为重要。本书对冷弯薄壁型钢墙体进行墙体不同结构板与轻钢龙骨的连接静力加载拉伸试验，研究定向刨花板、薄钢板、波纹钢板、螺钉边距、定向刨花板含水量等参数对连接力学性能的影响；进行单片/双片定向刨花板覆面墙体的循环加载试验，研究边梁、不同结构板、结构板板缝位置、内侧石膏板等参数对墙体滞回性能的影响；利用有限元软件建立墙体模型，进行参数分析；基于等效能量弹塑性法，提出墙体的抗剪承载力计算公式，并通过试验数据进行验证。

本书可供从事结构工程研究的科研人员、工程师使用，也可作为高等院校相关专业本科生和研究生的参考读物。

图书在版编目（CIP）数据

冷弯薄壁型钢墙体/刘朋，宁宝宽著.—北京：科学出版社，2019.6
ISBN 978-7-03-059211-8

Ⅰ. ①冷… Ⅱ. ①刘… ②宁… Ⅲ. ①轻型钢结构-墙体结构-研究
Ⅳ. ①TU392.5

中国版本图书馆 CIP 数据核字（2018）第 245972 号

责任编辑：杨慎欣　张培静 / 责任校对：张小霞
责任印制：张欣秀 / 封面设计：无极书装

科学出版社 出版
北京东黄城根北街 16 号
邮政编码：100717
http://www.sciencep.com
北京厚诚则铭印刷科技有限公司印刷
科学出版社发行　各地新华书店经销

*

2019 年 6 月第 一 版　开本：720×1000　1/16
2019 年 6 月第一次印刷　印张：13 1/4
字数：267 000

定价：99.00 元

（如有印装质量问题，我社负责调换）

前　言

随着经济的发展，我国住宅产业化发展迅速。绿色环保、装配式建筑、施工速度快已经成为现代住宅产业发展的重要方向。冷弯薄壁型钢结构是一种特殊、经济、高效的结构，其具有受力性能好、施工速度快、绿色环保等特点，在我国已经开始将其应用在低层住宅，该钢结构引起广泛的关注。

冷弯薄壁型钢结构没有独立的承重柱，墙体主要承受竖向荷载及水平荷载，也是结构抗侧刚度主要来源，因此，冷弯薄壁型钢组合墙是冷弯薄壁型钢结构重要构件。本书围绕冷弯薄壁型钢组合墙开展一系列的研究工作，介绍冷弯薄壁型钢组合墙组成及应用，研究墙体覆面结构板（定向刨花板、波纹钢板、薄钢板）与立柱连接性能以及组合墙在低周往复荷载下的力学性能，通过墙体数值模拟进行组合墙的参数分析，总结和推导组合墙抗剪承载力公式。本书针对冷弯薄壁型钢组合墙的受力特征、破坏机理、抗震性能进行研究和阐示，可为冷弯薄壁型钢组合墙工程设计提供依据。

感谢东北大学王连广教授和霍普金斯大学 Ben Schafer 教授对本书研究工作的指导，感谢北得克萨斯大学虞程教授在试验过程中给予的帮助。

本书的科学研究工作得到了辽宁省博士科研启动基金（项目编号：201601171）、辽宁省教育厅科学研究一般项目（项目编号：LQGD2017023）等的资助，特此致谢！

由于作者水平有限，本书难免存在不足之处，谨请读者批评指正。

作　者

2018 年 7 月

目　录

第1章　绪　　论

1.1　背　　景

冷弯薄壁型钢结构体系是一种以冷弯薄壁型钢立柱为基本承重骨架，通过自攻螺钉与各种轻型板材（如定向刨花板、石膏板及水泥纤维板等）连接起来的新型结构体系[1]。冷弯薄壁型钢以其均匀的材质、灵活方便的施工等特点逐渐成为低层住宅的首选结构形式。

近些年，冷弯薄壁型钢结构在低层住宅的应用逐渐呈上升趋势，与传统木结构构件相比，钢结构构件的优势在于有更高的强度和刚度，更容易加工成复杂的截面形式，不易受湿度和温度的影响，冷弯型钢结构房屋中的钢材可以回收利用等。

冷弯薄壁型钢是一种高效的钢材，它的优越性表现在构件轻巧和截面多样化。由于壁板很薄，同样面积的冷弯薄壁型钢和热轧型钢相比，回转半径可增加50%以上，惯性矩和截面模量可增长50%～80%。冷弯薄壁型钢组合墙按照一定模数间距布置立柱，立柱之间布置各种支撑体系，立柱两侧安装墙面板材、保温隔热材料及面层装饰材料。冷弯薄壁型钢组合墙一般选取定向刨花板作为墙面板。定向刨花板是一种新型刨花板，刨花铺装成型时，将拌胶刨花板按其纤维方向纵行排列，从而压制成刨花板。定向刨花板表面覆以锯末、碎屑等细料，芯部充以定向刨花的墙面板材。

冷弯薄壁型钢构件是在室温下将钢板冷弯成固定的几何形状，厚度一般为0.3～25mm，常见的厚度为0.9～2mm。传统冷弯型钢构件一般分为两种[2-5]：①构成冷弯薄壁型钢框架的构件，其截面类型为C型、Z型、I型和T型等，这些截面的构件在热轧钢结构和混凝土结构建筑中作为次要的构件，常被用作非结构构件；②板材，如用作墙板和地板等。冷弯薄壁型钢组合墙的边梁与组合墙通过自攻螺钉连接，边梁与楼板横梁连接，传递楼板荷载；顶导轨、底导轨、边柱以及副立柱组成冷弯薄壁型钢框架；外侧覆盖结构板，结构板与钢框架采用自攻螺钉连接；边柱内侧安装预偏转紧固件；通过连接件将组合墙与基础相连。冷弯薄壁型钢组合墙示意图如图1.1所示。

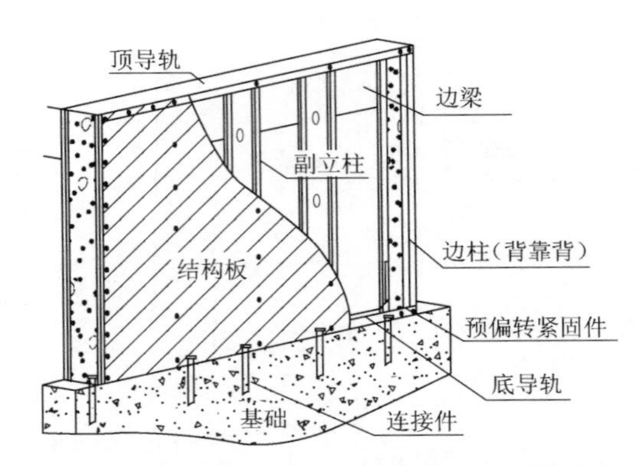

图 1.1　边梁-框架冷弯薄壁型钢组合墙示意图

1.2　冷弯薄壁型钢结构发展概况

1.2.1　国外发展概况

冷弯薄壁型钢房屋起源于 20 世纪 60 年代，目前在美国、澳大利亚及日本等国家已经有着广泛的应用，建造技术以及生产装配技术非常成熟和完善[6]。在美国，由于政府对森林的保护，传统的木结构应用受到一定限制，冷弯薄壁型钢结构有逐渐替代传统木结构的趋势。澳大利亚的冷弯薄壁型钢体系研究和发展比较成熟，其冷弯薄壁型住宅体系已经占全部住宅体系的 30%[7-9]。日本引进和吸收了北美对冷弯薄壁型钢结构体系发展的技术和经验，并且对其进行了全面系统的研究和开发，形成了具有自己特色的住宅产品体系。目前日本有几十家企业进行着工业化住宅的研发、设计、加工、施工安装和售后服务等工作。

在北美地区，为了促进和加快轻钢结构的发展，钢框架联盟（Steel Framing Alliance)于 1998 年成立，此联盟隶属于美国钢结构协会(American Institute of Steel Construction)，主要是为了加速轻钢结构在建筑中的应用，同时为住宅和轻型商业厂房提供钢结构解决方案。1996 年，美国钢结构协会发表第一版的冷弯型钢结构构件设计规范，其中提出的冷弯薄壁型钢结构的允许应力设计（allowable stress design，ASD）是基于 Peköz 等[10]的研究成果。

基于密苏里大学和华盛顿大学的研究工作，1991 年，美国钢铁协会(American Iron and Steel Institute，AISI）[11]发布了第一版荷载和抵抗系数设计（load and resistance factor design，LRFD）规范。

1996 年，ASD 和 LRFD 这两种设计方法同时编入了轻钢结构设计规范[12-14]。

2001 年，在美国钢结构协会、加拿大标准协会和墨西哥行业标准共同完成了北美冷弯薄壁轻钢结构构件规范的第一版[15]，其中包括了ASD和LRFD，同时考虑墨西哥和加拿大采用极限状态法，又引进了极限状态设计法。北美规范的执行，废止了美国钢结构协会1996年颁布的冷弯型钢结构构件设计规范和1994年由加拿大标准协会制定的规范。北美冷弯薄壁型钢结构统一规范的制定大大促进了轻钢结构的工程应用。规范的成功应用对全世界应用冷弯薄壁型钢结构产生了重大的影响。

澳大利亚钢铁协会和标准委员会于1991年和1993年两次颁布了轻钢结构住宅体系规范，在此期间，悉尼大学承担冷弯薄壁型钢结构研究工作，其规范主要基于悉尼大学Hancock教授的研究成果[16-19]。

从1996年日本阪神大地震后，新日本制铁等几家钢结构公司开始研发薄板轻钢体系房屋，日本钢铁协会薄板委员会于2002年颁布了薄板轻钢房屋体系的设计手册[20]。

1.2.2　国内发展概况

20世纪80年代，随着改革开放的深入，国外的轻钢结构住宅体系逐渐引入我国，其中引进的主要是美国和加拿大的2～3层的别墅，如图1.2所示。目前，我国钢结构住宅正逐渐兴起，低层冷弯薄壁型钢住宅体系中配套部件尤其是维护墙面板材等可选性少，而且价格较高，使得冷弯薄壁型钢住宅建造成本偏高[21-25]。

图1.2　冷弯薄壁型钢结构住宅

低层冷弯薄壁型钢住宅对广大消费者甚至工程设计人员而言还很陌生。就我国目前状况而言，该房屋结构体系在我国的推广应用主要面临以下问题[26-30]：

（1）消费者的传统观念。相对于冷弯薄壁型钢住宅，人们更加熟悉的是木结构、砖混结构和钢混结构的住宅。冷弯薄壁型钢住宅采用大量的轻型结构材料、墙面材料及屋面材料，使得购房者对结构的安全性等产生怀疑[31-32]。

（2）建筑造价偏高。冷弯薄壁型钢住宅在增加房屋有效使用面积、适应现代化生活需要、缩短工期、减小污染等方面较有优势，但该房屋体系的主要结构材料为钢材，加之我国对房屋的建造还未实现产业化，导致其单位面积的造价比砖混结构偏高[33-35]。

（3）防腐和防火问题。钢材容易发生锈蚀，且构件越薄，锈蚀的损失率就越大，进而会影响使用寿命，这是人们对钢结构房屋的普遍认识。对我国大多数家庭来说，购买或建造一套住房意味着倾其一生的积蓄，人们对于薄壁钢材上的镀锌等防腐涂层寿命有多长、是否需要经常维护以及维护的费用有多高等仍心存疑虑。

（4）技术力量缺乏。受钢材产量及价格等因素的制约，我国钢结构房屋的使用主要局限于重型工业厂房和大跨度民用建筑，导致我国从事钢结构特别是轻钢结构的研究和设计人员较少[36-40]。

1.3　冷弯薄壁型钢组合墙研究现状

1.3.1　国外研究现状

McCreless 等[41]进行了 16 个全尺寸冷弯薄壁型钢框架组合墙静力试验，试件尺寸为 2.44m×3.66m 和 2.44m×7.32m。试验研究了不同高宽比和水平加劲杆对组合墙抗剪强度的影响。试验还研究了不同的连接方式——螺钉连接和焊接，结果表明：螺钉连接的组合墙有更高的承载力；增加石膏板与钢框架螺钉连接数量，可提高墙体刚度和承载力。McCreless 等建议不采用墙体中部水平加劲杆件，原因是增加施工难度同时对承载力并无显著提高。

Tarpy 等[42]进行了 18 个全尺寸的冷弯薄壁型钢组合墙试验，墙面板为石膏板，分析了不同螺栓连接以及钢立柱、木立柱与石膏板连接对组合墙承载力的影响。Tarpy 等认为 C 型立柱钢框架与石膏板的组合作为平面抗剪体系是可行的，缩小螺钉间距可以提高抗剪承载力。Tarpy 等建议安全系数为设计 2.0，确保设计荷载不超过破坏临界荷载。

Tarpy[43]进行了静力加载和循环加载下的 9 种不同类型的墙面板的冷弯薄壁型钢组合墙试验，研究了石膏板厚度、不同墙面板材料及对角加固等参数。试验结果表明：C 型截面竖向立柱和石膏板组合中，底角处螺栓很大程度上影响组合墙的抗剪刚度和承载力；用螺栓和垫片取代预偏转紧固件将大大降低抗剪强度；循环加载降低了极限承载力。

Tarpy 等[44]研究了应用轻质角钢和干粉驱动螺栓对组合墙力学性能的影响，同时采用胶合板代替石膏板。试验分析了顶导轨和立柱采用鱼鳞焊代替自攻螺钉连接，并尝试了不同竖向立柱间距（400mm、600mm）对组合墙力学性能的影响。试验结果表明：所有的试件基本破坏模式相同，顶导轨的变形和上拉力的底角螺栓接近，石膏板破坏时沿边缘开裂。组合墙底部采用角钢会降低组合墙抗剪承载力。同时，Tarpy 等认为采用胶合板覆盖的材料与石膏板相比承载力有较大提高。沿上导轨、立柱骨焊接连接和自攻螺钉连接有着相同的抗剪承载力。减小立柱的间距会增加组合墙的抗剪承载力。

Tissell[45]进行了 8 个组合墙试件的研究，分析了立柱厚度、螺钉尺寸、间距对组合墙承载力的影响。试验结果表明：大部分墙的破坏为边缘立柱的屈曲和底部导轨在螺栓部位的破坏，这些破坏的出现阻止了承载力的进一步提高，这次试验所得承载力并不能作为组合墙的承载力。因此，Tissell 认为需要进一步的试验加以验证。

Serrette 等在 1996 年和 1997 年做了一系列的冷弯薄壁型钢组合墙试验，研究了轻钢框架和不同墙面板组合墙的力学性能，墙面板包括胶合板、定向刨花板和石膏板。试验一共分三阶段进行。第一阶段：研究分析了 11.9mm 厚度的胶合板和 11mm 厚度的定向刨花板为墙面板组合墙的静力性能。第二阶段：研究了单面墙面板为刨花板，另一面为石膏板，以及两面都为石膏板的组合墙静力性能。第三阶段：循环加载下，分析了定向刨花板和胶合板的不同螺钉间距对组合墙力学性能的影响[46-47]。

通过以上试验，Serrette 等得出如下结论：墙面板为胶合板和定向刨花板的组合墙在相同的静力和循环加载下试验，胶合板墙面板材料的组合墙能取得较高的承载力。不同长宽比的组合墙（墙面板纹理方向相同）有着相同的抗剪强度。螺钉间距影响定向刨花板组合墙的抗剪承载力，较小的螺钉间距能获得较大的承载力和较小的位移。Serrette 等也对定向刨花板的排列方向进行了分析，得出定向刨花板排列垂直于立柱（相对于平行于竖向龙骨）能取得更高的承载力。一侧是定向刨花板，一侧是石膏板的组合墙，相对于只有一侧墙面板为定向刨花板的组合墙荷载衰减更加均匀，破坏模式相似。在螺钉相对稀疏的情况下，石膏板一定程度上提高了整个墙体的强度和刚度。

Nguyen 等[48]在 1996 年做了 13 个 2.44m×2.44m 冷弯薄壁型钢组合墙试件，研究了 X 加劲、石膏墙面板、石膏墙板 X 加劲等对组合墙承载力的影响。主要测试了三种不同的组合墙，第一种为 50.8mm 宽、0.88mm 厚的钢片作为 X 加劲，第二种为 12.7mm 单层胶合板石膏墙板覆盖在前后两面，第三种为 12.7mm 石膏板和 12.7mm 石膏墙面板并且组合了 0.88mm 厚度的 X 钢带加劲。试验结果表明：静力测试中，X 钢带加劲虽然能依靠钢带拉力给墙体提供更高的承载力，但 X 钢带加劲有两个缺点，一是需要预张拉才能发挥作用，二是需要螺钉固定。

Serrette 等[49]在 1997 年做了一系列钢龙骨组合墙的试验，对原来的研究成果进行验证。试验采用循环加载和静力加载，研究了钢条 X 钢带加劲组合墙、墙面板为钢板、厚度为 1.37mm 和 1.09mm 的立柱。试验结果表明：使用较厚的立柱和较小的螺钉间距可以充分发挥墙面板的抗剪性能。在设计和使用钢条 X 加劲时，设计者应该考虑钢条屈服强度超过指定正常使用强度会导致连接部位或者立柱破坏，由于单侧安装并且试验前要预拉，组合墙会变形。使用厚度更大的立柱可增加墙体的承载力，但破坏模式也由立柱底部屈曲破坏转变为螺钉的拔出破坏。较大位移作用下，高宽比较大的墙体比高宽比较小的墙体具有更高的承载能力。

Serrette 等[50]在 1997 年研究了墙面板材料和螺钉连接对组合墙力学性能的影响，进行了 20 个缩尺试验，包括 610mm×610mm 单面板。试验中采用 C 型立柱，腹板为 152mm，厚度为 0.88mm，翼缘为 41.3mm，底部为背靠背的双龙骨。墙体的覆盖材料为 12.7mm 的石膏板、11.1mm 的纤维板和 11.9mm 胶合板，试验的破坏最初为螺钉的摇摆倾斜，立柱底部观测到有局部屈曲；最终墙面板螺钉拔出。

组合墙墙面板纹理方向垂直和平行于框架的立柱获得相同的承载力，但垂直于立柱方向的组合墙具有更大的刚度。使用石膏墙体材料作为内部墙面板，外部用胶合板，其结果可取得更高承载能力，与单面胶合板的墙体相比大约提高 18%。缩尺试验显示，定向刨花板和胶合板试件都有相对较高的承载力，胶合板为墙面板的试件具有更高的刚度和承载力。石膏墙面板的组合墙承载力相对较低。试验结果表明，胶合板与立柱螺钉连接比定向刨花板与螺钉连接的强度高出 23%，石膏板的纸质边缘对最终承载力有着显著的作用。

Salenikovich 等[51]进行了冷弯薄壁型钢组合墙试验研究，主要研究了墙体开口的大小、循环加载方式、石膏板对组合墙的力学性能影响。试验结果表明：墙面板较大的组合墙有更大刚度和更高承载力，同时带开口的组合墙延性较低。循环加载并不影响组合墙的弹性阶段的性能表现，墙面板无开口组合墙的承载力受循环加载影响比带开口组合墙的影响大。

Cola[52]进行了不同的墙面板的冷弯薄壁型钢组合墙试验，其中墙面板为胶合板和定向刨花板，框架为轻质钢立柱和木质立柱，采用不同的螺钉间距。试验共进行了 12 个组合墙的循环加载，墙面板包括了 11.1mm 厚度的定向刨花板和 11.9mm 厚度的胶合板。试验结果表明：螺钉间距越小，组合墙的抗剪承载力和刚度越大。对于相同墙面板和螺栓间距，钢框架组合墙相对于木质框架组合墙表现出更高的抗剪承载力。与木框架组合墙相比，冷弯薄壁型钢组合墙具有更高的抗剪承载力和更好的延性。

1.3.2 国内研究现状

中华人民共和国住房和城乡建设部于2011年颁布了《低层冷弯薄壁型钢房屋建筑技术规程》（JGJ 227—2011）[53]，该规程对连接的构造措施做了具体的规定。国内的冷弯薄壁型钢结构的研究起步较晚，冷弯薄壁型钢组合墙体的研究集中在长安大学和西安建筑科技大学，主要研究如下：

郭丽峰等[54]、陈卫海等[55]进行了循环加载方式下冷弯薄壁型钢墙体全尺寸模型的抗剪试验，考虑了不同高宽比对冷弯型钢组合墙抗剪承载力的影响，试验同时考虑了竖向力。试验结果表明：循环加载方式下比单调加载时承载力低10%，高宽比对抗剪承载力影响不大，破坏形式为墙面板自攻螺钉拔出破坏。

夏冰青等[56-57]对冷弯型钢墙体抗侧性能进行了有限元分析，钢骨架和墙面板都用壳单元进行了模拟。其中墙面板为正交异性壳单元，自攻螺钉和墙面板的连接采用双向剪切线性弹簧单元，有限元分析与试验结果吻合较好。

周天华等[58-59]进行了13个全尺寸墙体试验研究，分析了不同构造墙体的抗剪承载力、延性系数、耗能系数等参数。试验结果表明：高宽比在一定范围内变动对受力性能影响较小，双面墙面板墙体的抗剪承载力和两个单面墙面板墙体的承载力相近。当竖向力存在时，抗剪承载力略有提高，峰值位移大幅减小。

周天华等[60]、周绪红等[61]进行了墙体的水平单调和循环加载试验，主要参数为墙面板材料，研究了高宽比以及竖向荷载对墙体的抗剪性能和抗震性能的影响。试验结果表明：单片石膏板墙体比单片定向刨花板墙体抗剪承载力提高30%左右；石膏板墙体和定向刨花板组合墙体的抗剪承载力可近似看作是两单片石膏板和定向刨花板墙体的抗剪承载力之和。

1.4 本书主要内容

本书通过试验研究、理论分析及有限元模拟相结合的方法，研究冷弯薄壁型钢墙的力学性能，主要内容如下。

（1）本书介绍低层冷弯薄壁型钢房屋结构的组成、基本设计规定、荷载作用及其传递路径等，并结合工程实例加以说明。

（2）通过定向刨花板、胶合板、薄钢板以及波纹钢板与钢立柱的连接试验，研究定向刨花板纹理方向、定向刨花板含水量、螺钉间距以及螺钉边距等参数对连接承载力和刚度的影响。

（3）通过单片定向刨花板的冷弯薄壁型钢组合墙（1.22m×2.74m）的静力加载和循环加载试验，研究其工作机理、破坏形态，分析组合墙的承载力、变形、捏缩效应和耗能机理，探讨边梁、内侧石膏板、墙面板水平缝和垂直缝位置对冷弯薄壁型钢组合墙的力学性能的影响。

（4）通过双片定向刨花板的冷弯薄壁型钢组合墙（2.44m×2.74m）的静力加载和循环加载试验，研究其工作机理、破坏形态，分析组合墙的抗剪承载力、变形、捏缩效应、耗能机理，探讨边梁、内侧石膏板对冷弯薄壁型钢组合墙的力学性能的影响。

（5）根据单片板以及多片墙面板的冷弯薄壁型钢组合墙的受力特点，利用等效能量弹塑性建立带边梁的单片（多片）墙面板冷弯薄壁型钢组合墙极限承载力计算公式，并通过试验验证计算公式的正确性。

（6）循环加载下，利用等效能量弹塑性法和捏缩模型法对冷弯薄壁型钢组合墙试验结果进行分析。利用等效能量弹塑性法给出屈服强度、延性比、初始刚度等；利用捏缩模型对试验结果进行特征化，给出相应的捏缩模型参数，同时对等效能量弹塑性法和捏缩模型法进行对比。

（7）利用通用有限元软件 Abaqus 建立组合墙有限元模型，给出定向刨花板上螺钉的受力矢量图，确定组合墙模型网格长宽比 2∶1、壳单元类型 S4R、立柱转角处为直角等参数。对组合墙模型进行参数分析，分析立柱厚度、定向刨花板与框架连接强度、墙体开洞口、薄钢板以及波纹钢板等参数对组合墙承载力的影响，同时利用 SAPWood 软件分析组合墙不同水平缝、垂直缝的位置对承载力的影响。

1.5　小　　结

本章从冷弯薄壁型钢结构的研究背景出发，阐述冷弯薄壁型钢组合墙的特点，分析冷弯薄壁型钢组合墙在国内外的应用和研究现状，提出冷弯薄壁型钢组合墙研究意义以及本书主要研究内容。

第2章 冷弯薄壁型钢结构体系组成及应用

2.1 承重骨架系统

冷弯薄壁型钢结构体系的主要构件和木结构类似，是一种将高强薄壁（壁厚一般为0.3～25mm，常见的厚度为0.9～2mm）钢板经冷加工后成C、U、Z、T、I等多种截面形式的构件，然后对其表面进行防腐处理，并通过螺栓、自攻螺钉、抽芯铆钉和射钉等连接件组装而成。该结构主要由组合墙体、楼板和屋盖组成等，如图2.1所示。

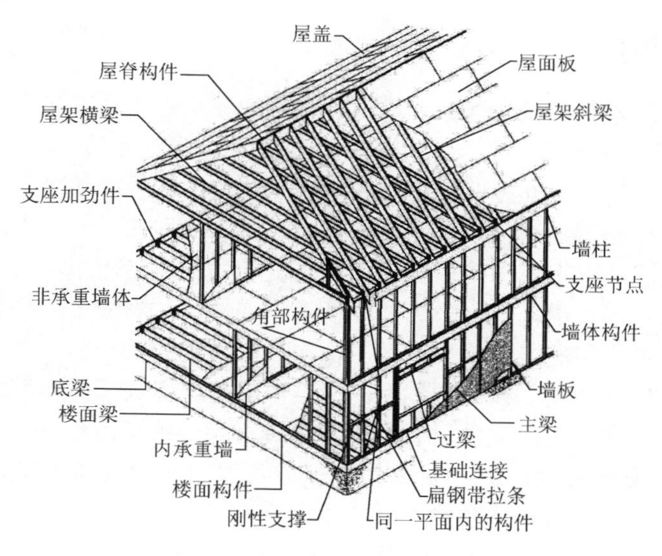

图2.1 冷弯薄壁型钢结构住宅

近年来，国内学者对低层冷弯薄壁型钢结构体系做了大量且系统的研究，《低层冷弯薄壁型钢房屋建筑技术规程》（JGJ 227—2011）为低层冷弯薄壁型钢结构的设计、报建和验收提供了依据。

根据《低层冷弯薄壁型钢房屋建筑技术规程》（JGJ 227—2011），低层冷弯薄壁型钢房屋承重骨架的钢材规格和型号主要以Q235级、Q345级和LQ550级（澳洲标准550）等为主，材料强度设计值如表2.1所示。

表 2.1 冷弯薄壁型钢材料强度设计值

钢材牌号	钢材厚度 t/mm	屈服强度 f_y/MPa	抗拉、抗压、抗弯强度 f/MPa	抗剪强度 f_v/MPa	端面承压（磨平顶紧）强度 f_e/MPa
Q235	$t \leqslant 2$	235	205	120	310
Q345	$t \leqslant 2$	345	300	175	400
LQ550	$t \leqslant 0.6$	530	455	260	—
	$0.6 < t \leqslant 0.9$	500	430	250	
	$0.9 < t \leqslant 1.2$	465	400	230	
	$1.2 < t \leqslant 1.5$	420	360	210	

2.2 墙 体 结 构

2.2.1 组合墙构造

低层冷弯薄壁型钢组合墙分为承重组合墙和非承重组合墙（多见于内隔墙），主要由冷弯薄壁 U 型钢（顶、底导梁）、C 型钢（副立柱和边立柱）组成钢框架，立柱间距一般不超过 610mm[62]，边立柱内侧安装预偏转紧固件以防止立柱底部受力屈曲变形，外侧覆盖结构板材，内侧安装有防潮作用的材料，中间填充保温材料。钢框架之间、钢框架与结构板之间通过自攻螺钉连接而成，组合墙通过抗剪连接件与基础相连。钢框架与外侧结构板可靠连接后，形成了一个封闭的蒙皮结构，在发挥围护作用的同时承担平面内荷载，成为受力结构的一部分，与整体结构体系共同工作，增加了该结构体系的刚度，显著地提高了组合墙体的承载力以承受结构自重荷载、风荷载以及水平地震作用引起的地震荷载。因为冷弯薄壁型钢结构轻质高强的特点，组合墙在受力时主要承担风荷载和水平地震荷载的作用，因此组合墙是该结构体系的主要抗侧力单元。

根据《低层冷弯薄壁型钢房屋建筑技术规程》（JGJ 227—2011）要求，承重组合墙应由立柱、导梁、拉条撑杆、结构用覆面板等部件组成，非承重组合墙可不设置拉条撑杆等，其中立柱间距宜为 400～600mm。覆面板材料可采用结构用定向刨花板（oriented stand board，OSB）、水泥纤维板、胶合板、石膏板和薄钢板。然后通过抗拔件、地脚螺栓等连接件将上下间墙体和基础相连接。

立柱一般采用 C 型钢构件组成，可单根成柱，也可采用多根 C 型钢柱组成“盒子”或“背靠背”等形式，一般在墙端和门窗洞口处边部多采用组合形式的立柱以对组合墙进行加强，称为辅助龙骨或支撑龙骨，如图 2.2（a）、图 2.2（b）所示。同时门窗洞口上部还应设置过梁，常见的过梁一般也采用多根 C 型钢拼合成“盒子”形式，如图 2.2（c）所示。导梁一般为冷弯薄壁 U 型钢，且其壁厚应大于或等于所连接墙体立柱的壁厚。支撑、洞口节点处，《低层冷弯薄壁型钢房屋建筑技术规程》（JGJ 227—2011）给出了详细的设置措施。

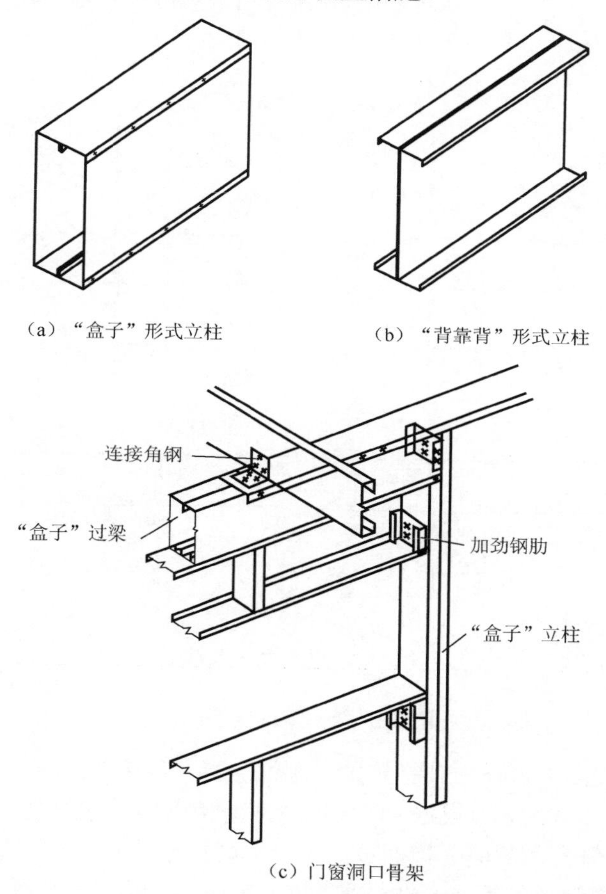

（a）“盒子”形式立柱　　（b）“背靠背”形式立柱

（c）门窗洞口骨架

图 2.2　“盒子”“背靠背”立柱和门窗洞口

墙体的连接大致可以分为四种，即“一”字形连接、“L”形连接、“十”字形连接、“T”形连接，如图 2.3 所示，其中“L”形多用于墙与墙的转角处。组合墙体下导轨可在两端各打两排螺钉，中间部位采用水平间距 610mm 或 600mm（根据墙体立柱间距设置）的“S”形分布安装连接件，与下部钢梁连接，增强钢架的整体性，如图 2.3（a）所示。

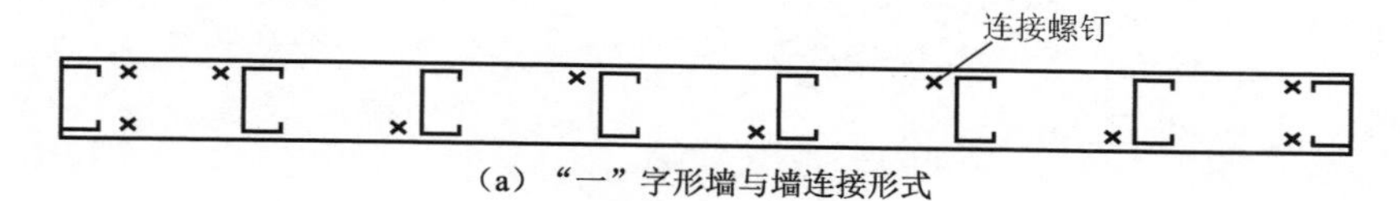

（a）“一”字形墙与墙连接形式

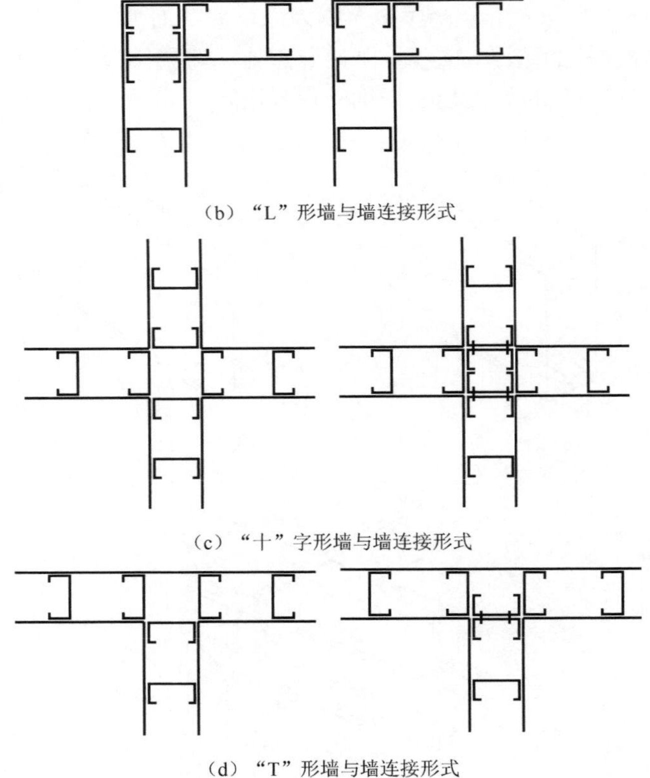

（b）“L”形墙与墙连接形式

（c）“十”字形墙与墙连接形式

（d）“T”形墙与墙连接形式

图 2.3　墙与墙的连接形式

若组合墙较高，可在中部打排撑（刚性支撑）或钢带拉条，约束其扭转并加强整体性，如图 2.4 所示。根据《低层冷弯薄壁型钢房屋建筑技术规程》（JGJ 227—2011），当墙体为两侧面无覆面板的组合墙时，应设置交叉支撑（宽≥40mm、厚≥0.8mm 的钢带拉条组成）和水平支撑（钢带拉条或刚性支撑）于组合墙两侧。

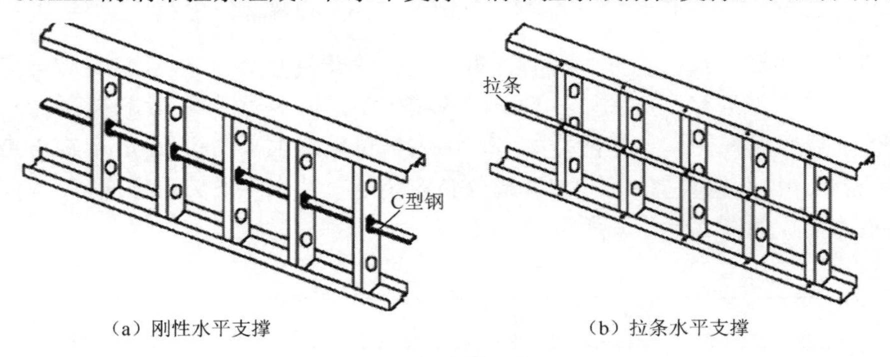

（a）刚性水平支撑　（b）拉条水平支撑

图 2.4　水平支撑

当墙高＜2.7m 时，水平支撑应设置于沿立柱高度 1/2 处，当墙高≥2.7m 时，水平支撑应设置于立柱三分点高度处。水平刚性支撑应采用和墙体立柱同宽的 C 型钢构件，并设于墙体两端，水平间距≤3.5m。当组合墙一侧无覆面板时，需按前述要求设置水平支撑，可不设置交叉支撑。

2.2.2　组合墙安装

组合墙安装步骤如下：

（1）应根据图纸进行墙体放线，包括画好门窗洞口、龙骨间距、墙体起始至末端的分割，以及龙骨的排布。

（2）根据已经放好的墙线裁剪导轨，并根据间距及门窗做好记号，然后选用龙骨进行排布，排布龙骨时，一般先选择一个参照点，然后以此参照点朝纵横两个方向进行布置，上下导轨、立柱、屋架柱、梁均应在同一垂直线上；如上下导轨不够长，可采用搭接形式进行接长，且上下 U 型导轨接缝需错开；上下组合承重墙间、门窗洞口和转角处需打上拉带（厚 12mm、宽 40mm、长 600mm），并与墙体龙骨搭接 150mm，这样的做法可以加强上下组合墙的整体性。

（3）检查门窗洞口、墙体的尺寸和垂直度。

2.3　连接要求

该结构连接方式分为螺栓连接、自攻螺钉、抽芯铆钉和射钉连接等。《低层冷弯薄壁型钢房屋建筑技术规程》（JGJ 227—2011）针对楼盖、屋盖、墙体和基础系统地给出了各个构件间、构件与基础间的连接节点构造要求以及连接个数要求，并对低层冷弯薄壁型钢结构各构件间的连接件、连接计算应符合的标准进行了规定，同时还给出了 LQ550 级板材与螺钉连接受剪、多个螺钉连接的验算公式。LQ550 级板材与螺钉连接受剪时：

$$N_v^f = 0.8 A_\varepsilon f_v^s \tag{2.1}$$

式中，N_v^f ——一个螺钉抗剪承载力的设计值；

A_ε ——螺钉螺纹处有效截面面积；

f_v^s ——螺钉材料抗剪强度设计值。

多个螺钉的连接承载力折减系数：

$$\varepsilon = 0.535 + \frac{0.465}{\sqrt{n}} \leqslant 1.0 \tag{2.2}$$

式中，n ——螺钉个数。

采用螺钉连接时，穿过连接构件的螺钉螺纹应至少有 3 圈，且螺钉端距≥3 倍螺钉直径，边距≥2 倍螺钉直径。受力连接的螺钉连接应大于等于 2 个。

2.4　基础构造要求

基础结构安装步骤如下：①基础开挖→管道预埋→浇筑垫层→放线、安装钢筋、支模→预留孔道、预埋螺栓（螺栓分为两种规格，且每种规格均有两种形式，即“L”形和“T”形，通常采用“L”形。加强ϕ16 螺栓一般埋于门窗洞口以及承重墙的两侧和转角处等，埋入深度≥250mm，属于主体螺栓；一般性ϕ12 螺栓通常以 1200mm 为间距埋于承重墙部位，埋入深度≥150mm，且高出下导梁100mm）或预埋抗风拉带（即带状钢板固定在墙体龙骨上）→进行基础混凝土浇筑、养护；②首先在基础上铺设一层防潮纸，然后放线以确定枕梁的位置，将 C 型钢枕梁铺放平整，用混凝土将 C 型钢枕梁内填实，最后盖上 U 型槽钢并固定好（此时 C 型钢与 U 型钢接头应交错布置）。当基础不连贯（即有缺口）且跨度大于 610mm 时，可采用“盒子”搭接，如图 2.5 所示。

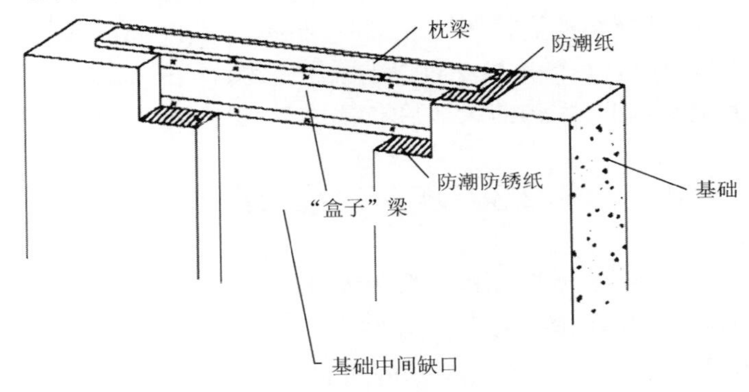

图 2.5　“盒子”搭接

基础构造通常分为全浇式和架空式，如图 2.6 所示。全浇式可直接在基础上进行放线、立墙，而架空式则要在条形基础上铺枕梁、架钢梁和楼面板后再立墙。

根据《低层冷弯薄壁型钢房屋建筑技术规程》（JGJ 227—2011）要求，边梁与基础、悬臂梁与基础、抗剪墙与基础、楼面与基础通过 150mm×150mm 且厚度≥1mm 的连接角钢固定，角钢与冷弯薄壁型钢构件采用至少 4 个螺钉连接，角钢与基础采用ϕ12 以上地脚螺栓连接（间距≤1200mm，埋入深度≥25 倍螺栓直径）；抗剪墙应在端部、角部、落地洞口两侧和非落地洞口（下部墙体高度＜900mm 时）的两侧设置抗拔连接件（立板厚≥3mm，底板、垫片厚≥6mm）和 M16 抗拔锚栓，抗拔连接件与墙体立柱螺钉连接不得少于 6 个。

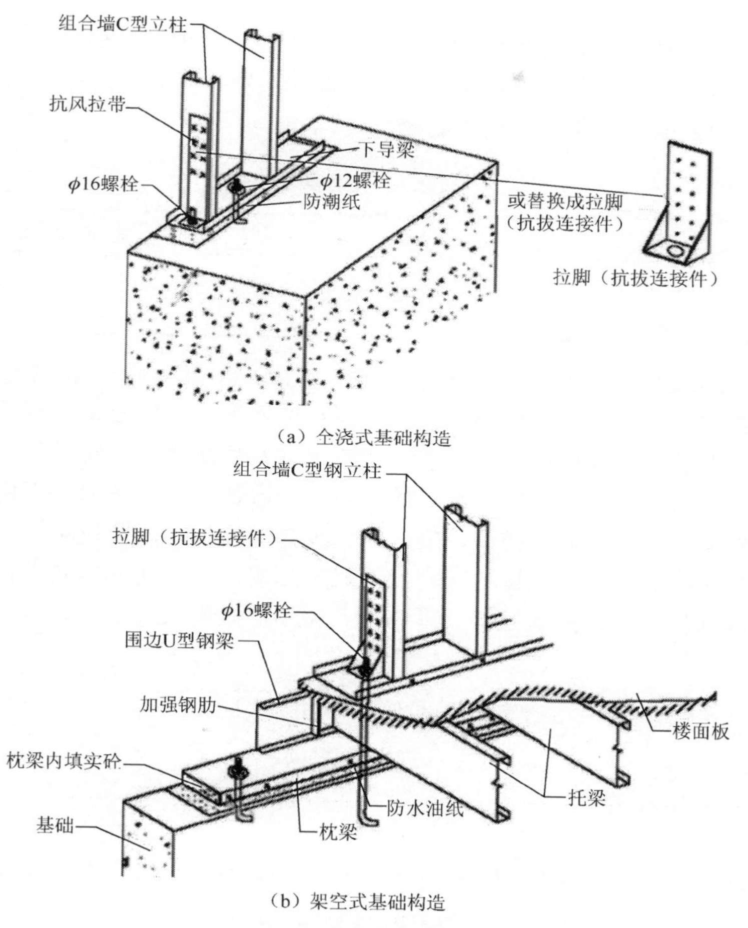

（a）全浇式基础构造

（b）架空式基础构造

图 2.6　两种基础构造形式

2.5　保温隔热与防腐防潮构造

低层冷弯薄壁型钢房屋建筑节能工程的质量要求和验收标准应符合《低层冷弯薄壁型钢房屋建筑技术规程》（JGJ 227—2011）要求。同时，该结构房屋建筑保温隔热构造应符合如下要求：①可采用纤维类保温材料填充组合墙空腔部位或在外墙铺设硬质板状保温材料，以作为外墙保温隔热措施。保温材料的宽度≥立柱间距，厚度≥立柱截面高度。②屋面保温隔热措施可采用两种方法，一是将保温材料沿坡屋面斜铺，二是将保温材料在顶层吊顶上平铺。

冷弯薄壁型钢在制作时，其表面使用锌或铝锌进行了镀层，该工序使得构件具备了良好的防腐功能，具体镀锌、镀铝锌量如表 2.2 所示。严禁对冷弯薄壁型钢进行热切割，结构安装过程中应采取有效措施防止两种材料相互接触而腐蚀，如在金属管线和构件间放置橡胶垫圈，在墙体和混凝土基础间应布置防腐防潮纸等。应及时对已破坏镀层进行防腐处理。

表 2.2 镀层要求 （单位：g/m^2）

环境腐蚀性程度	镀锌量（双面）	镀铝锌量（双面）
一般腐蚀性地区	180	100
高腐蚀性地区及特殊建筑	275	100

对于基础结构，一般应在基础完工后在上面先铺设防潮纸、防潮垫，再进行上部构件的安装。而对于组合墙和屋面，则在覆面板材内外设置防潮层。穿墙和屋面的构件以及门窗洞口周边，应以专用泛水材料如防水卷材等进行密封处理。设计时，应防止围护结构发生水汽凝结。寒冷地区低层冷弯薄壁型钢房屋屋顶、外挑板及外墙如未采取通风措施，宜在冬季时在保温材料温度较高的一侧设置隔气层。屋面结构板材与保温材料间宜设置通风间层，并对通风口处设置白蚁等防护网。室内气体不宜直接通过排气管道排入屋顶通风间层。

2.6 结构设计

2.6.1 荷载与作用

低层冷弯薄壁型钢房屋的竖向荷载一般考虑自重和楼面活荷载、风吸力和水平荷载引起的墙体竖向倾覆力；水平荷载一般来自水平风荷载和水平地震作用。

1. 竖向荷载

竖向荷载中的风吸力（尤其是在沿海一带）和水平荷载引起的墙体立柱竖向倾覆力对结构影响较大，一般通过设置抗拔连接件来抵抗风吸力，墙体立柱竖向倾覆力受水平荷载影响，房屋一侧墙体立柱受上拔拉力，而另一侧墙体立柱受下压力。竖向荷载一般由该结构房屋的骨架组合系统传递，按承重组合墙立柱独立承担进行设计计算，以两层冷弯薄壁型钢房屋为例，荷载传递路径如图 2.7 所示。

根据《低层冷弯薄壁型钢房屋建筑技术规程》（JGJ 227—2011），由倾覆力矩产生的各层轴向力按式（2.3）计算：

$$N=\eta P_s h / b \tag{2.3}$$

式中，N ——由倾覆力矩引起的上拔拉力和向下压力；

η ——轴力修正系数：当为拉力时，$\eta=1.25$；当为压力时，$\eta=1$；

P_s ——抗拔连接件间的墙体段承受的水平剪力；

h ——墙体高度；

b ——抗剪墙体单元宽度，即抗拔连接件间的墙体宽度。

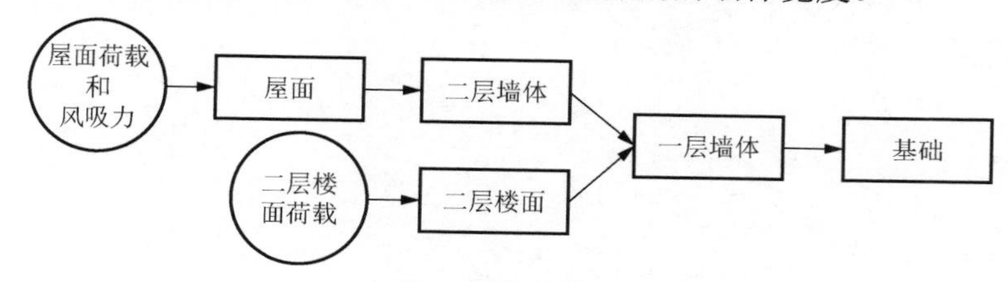

图 2.7　竖向荷载传递路径

2. 水平荷载

屋面、楼面和剪力墙组成该结构房屋的抗侧力体系，承担和传递水平荷载，荷载传递路径如图 2.8 所示，结构设计中需分别对横、纵轴两个方向的抗剪承载力和刚度进行验算。

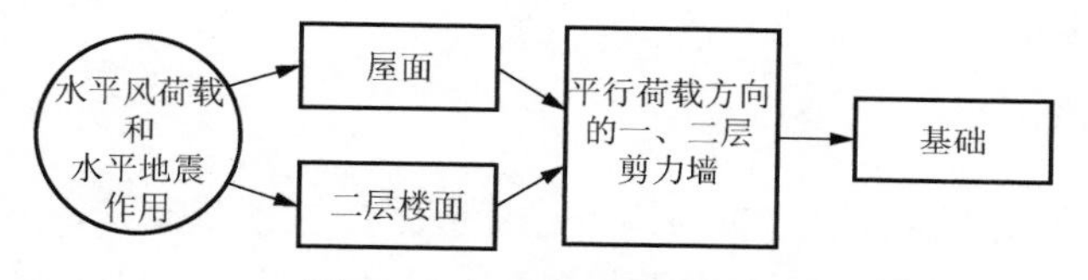

图 2.8　水平荷载传递路径

根据屋面、楼面将水平荷载传递和分配给剪力墙的方法不同，低层冷弯薄壁型钢房屋的抗侧力结构设计一般遵循三种方法：面积分配法、相对刚度法和总剪力法。《低层冷弯薄壁型钢房屋建筑技术规程》（JGJ 227—2011）5.1.2 所规定的抗侧力计算方法为相对刚度法，按剪力墙抗剪刚度比例进行荷载分配，并考虑了门窗洞口对刚度的削弱作用，见式（2.4）：

$$V_j=\frac{\alpha_j K_j L_j}{\sum_{j=1}^{n}\alpha_j K_j L_j}V \tag{2.4}$$

式中，V_j ——第 j 面抗剪墙体承载的水平剪力；

V ——由水平风荷载或多遇地震作用产生的 X 方向或 Y 方向总水平剪力；

K_j ——第 j 面抗剪墙体单位长度的抗剪刚度；

α_j ——第 j 面抗剪墙体门洞窗口刚度折减系数；

L_j ——第 j 面抗剪墙体的长度；

n ——X 方向或 Y 方向抗剪墙数。

折减系数 α 按《低层冷弯薄壁型钢房屋建筑技术规程》（JGJ 227—2011）8.2.4

的规定确定：

（1）当洞口尺寸＜300mm 时，$\alpha=1.0$。

（2）当 300mm≤洞宽 b≤400mm，300mm≤洞高 h≤600mm，且无试验依据时，按式（2.5）和式（2.6）确定：

$$\alpha=\frac{\gamma}{3-2\gamma} \tag{2.5}$$

$$\gamma=\frac{1}{1+\frac{A_0}{H\sum L_i}} \tag{2.6}$$

式中，A_0——洞口总面积；

H——抗剪墙高度；

$\sum L_i$——无洞口墙长度总和。

（3）当洞口尺寸超过上述规定时，$\alpha=0$。

2.6.2 基本设计规定

1. 设计原则

低层冷弯薄壁型钢房屋建筑结构设计一般采用极限状态法。房屋的承重骨架构件按承载力和正常使用两种极限状态进行设计。当按承载力极限状态设计且不考虑地震作用时，该结构的构件和连接构造应按《建筑结构荷载规范》（GB 50009—2012）[63]规定的荷载效应组合进行计算；考虑地震作用时，该结构的构件和连接构造应按《建筑抗震设计规范》（GB 50011—2010）[64]规定的荷载效应组合进行计算，抗震承载力调整系数 $Y_{\mathrm{RE}}=0.9$。当按正常使用极限状态设计时，该结构的构件应按上述两规范规定的荷载效应组合进行计算。

2. 荷载确定

地震作用按《建筑抗震设计规范》（GB 50011—2010）的规定计算，屋面雪和风荷载按《建筑结构荷载规范》（GB 50009—2012）的规定采用，雪荷载的屋面水平投影标准值按式（2.7）计算：

$$S_k=\mu_r s_0 \tag{2.7}$$

式中，S_k——雪荷载标准值（kN/m^2）；

μ_r——屋面积雪分布系数；

s_0——基本雪压（kN/m^2）。

进行主要受力结构的设计计算时，风荷载垂直建筑物表面上的标准值按式（2.8）

计算：

$$W_k = \beta_z \mu_s \mu_z w_0 \tag{2.8}$$

式中，W_k——风荷载标准值（kN/m^2）；

β_z——高度 z 处的风振系数；

μ_s——风荷载体型系数；

μ_z——风压高度变化系数；

w_0——基本风压（kN/m^2）。

根据《低层冷弯薄壁型钢房屋建筑技术规程》（JGJ 227—2011），复杂屋面积雪分布系数 μ_r 取值如表 2.3 所示。

表 2.3　复杂屋面积雪分布系数 μ_r 取值

屋面坡度 α	屋面积雪分布系数 μ_r 取值
$\alpha \leqslant 25°$	1.0
$25° < \alpha < 50°$	线性插值
$\alpha \geqslant 50°$	0

在进行屋面承重构件设计时，应考虑雪荷载分布不均的情况。复杂体型房屋的纵风向坡屋面部分的风荷载体型系数 μ_s 取−0.8。在进行屋架设计时，考虑风吸力作用产生的不利影响，恒荷载的荷载分项系数应取 1.0，施工集中荷载宜取 1.0kN，且应在最不利处进行验算。

3. 结构平面布置

不规则的建筑结构平面在地震作用下易受到严重破坏，规则对称的建筑结构平面可减小风荷载体型系数且使得地震作用在结构平面上均匀分布。双轴对称布置的平面可大幅减小或避免建筑由风荷载和水平地震作用产生的扭转振动。因此，低层冷弯薄壁型钢房屋设计时宜避免偏心过大或角部开洞，如图 2.9 所示，建筑结构平面布置应力求规则、对称，结构各层抗剪刚度中心和水平作用力合力中心接近重合，同时各层上下墙体对应构件宜在同一竖向平面内。

（a）偏心过大　　（b）角部开洞

图 2.9　不宜采用的结构平面布置

4. 构造一般规定

根据《低层冷弯薄壁型钢房屋建筑技术规程》（JGJ 227—2011）受压板件的宽厚比不应超过如表 2.4 所示限值。

表 2.4 受压板件宽厚比限值

板件类别	宽厚比限值
非加劲板件	45
部分加劲板件	60
加劲板件	250

主要承重受压构件长细比≤150，其他受压构件及支撑长细比≤200。一般情况，受拉构件长细比≤350（除张紧拉条），若在永久荷载和风荷载或地震荷载组合作用下受压时，受拉构件长细比≤250。承重构件壁厚≥0.6mm，主要承重构件壁厚≥0.75mm。构件腹板开孔时，如图 2.10 所示，孔口中心距≥600mm，孔宽≤110mm，水平构件孔高≤腹板高度的 1/2 和 65mm 的较小值，竖向构件孔高≤腹板高度的 1/2 和 40mm 的较小值，孔口边至构件端部≥250mm，弱腹板开孔不满足上述要求时，需通过螺钉连接采用平板或 C、U 型钢构件对孔口进行加强，如图 2.10 所示，加劲件厚度不应小于被加劲腹板厚度，且伸出孔口四周不应小于 25mm。应采用厚度≥1mm 的 U、C 型钢作为构件支座处以及集中荷载处的腹板加劲件，通过螺钉与构件腹板相连接。

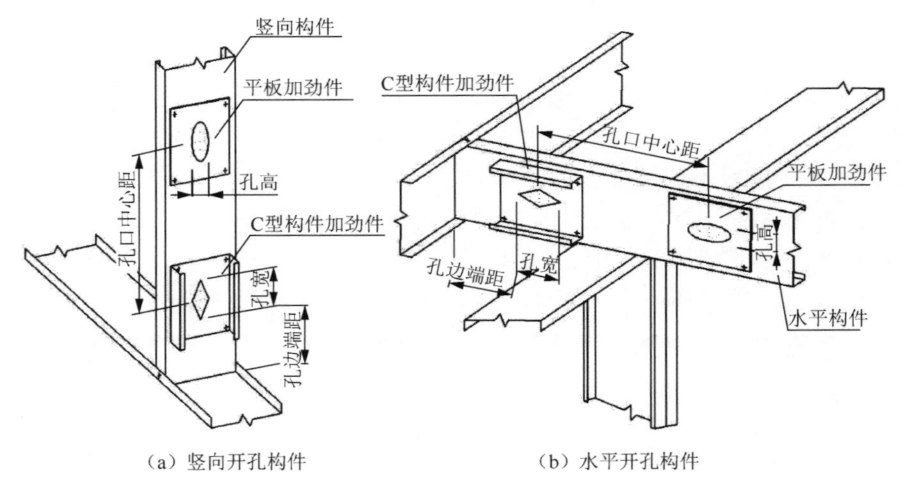

（a）竖向开孔构件　　（b）水平开孔构件

图 2.10 构件开孔及孔口加强

2.7　冷弯薄壁型钢房屋工程实例介绍

2.7.1　工程概况

本节介绍的低层冷弯薄壁型钢房屋工程位于加勒比海小安的列斯群岛北部的安提瓜和巴布达，地处热带气候区域，年均气温 27℃。工程为独栋一层住宅建筑，按建筑面积分为两种户型：80m^2 和 100m^2。该结构住宅建筑外形美观，主要受力构件组合墙厚度较薄，室内有效使用面积大且布局灵活。

100m^2 户型房屋建筑平面和立面布置如图 2.11 所示。

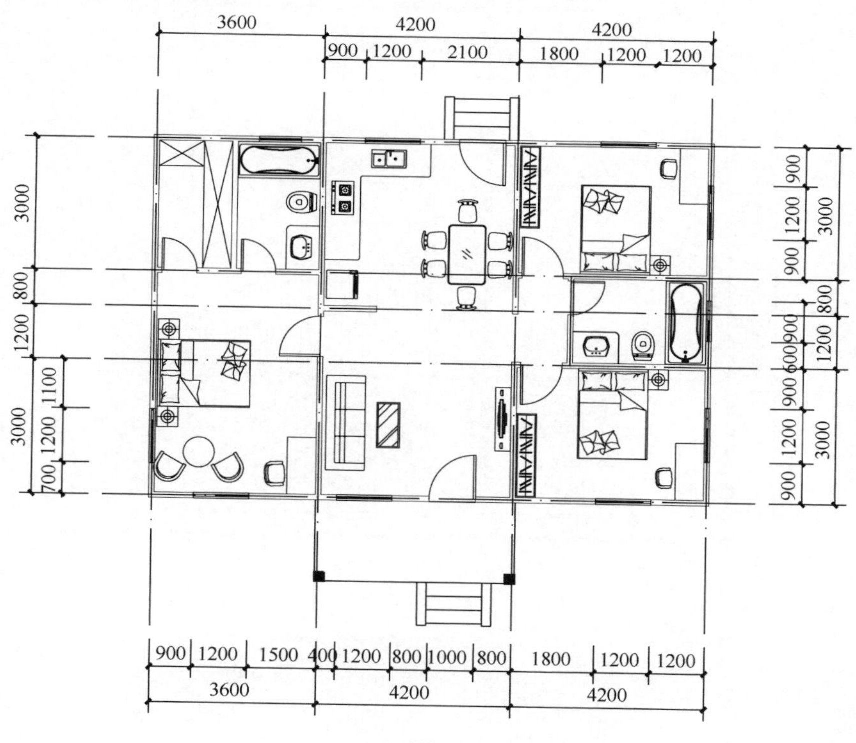

（a）建筑平面图

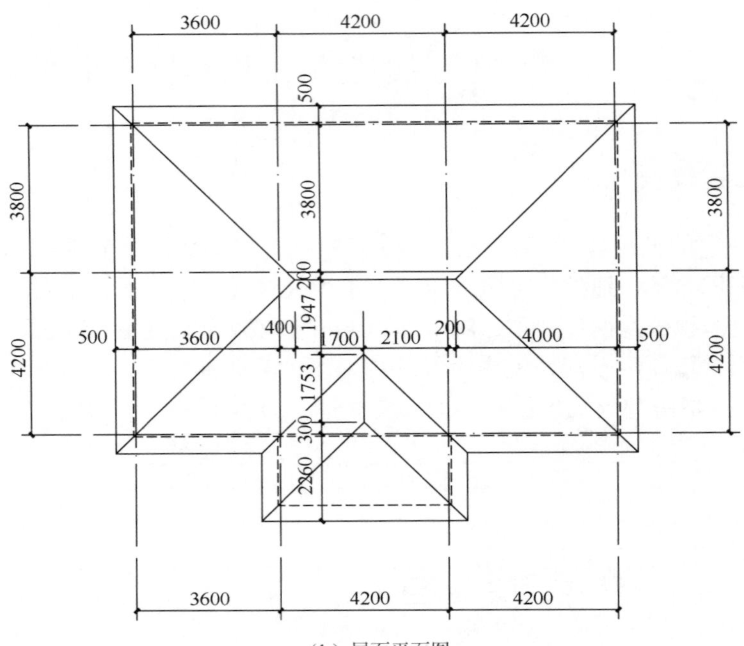

（b）屋面平面图

（c）正立面图

（d）背立面图

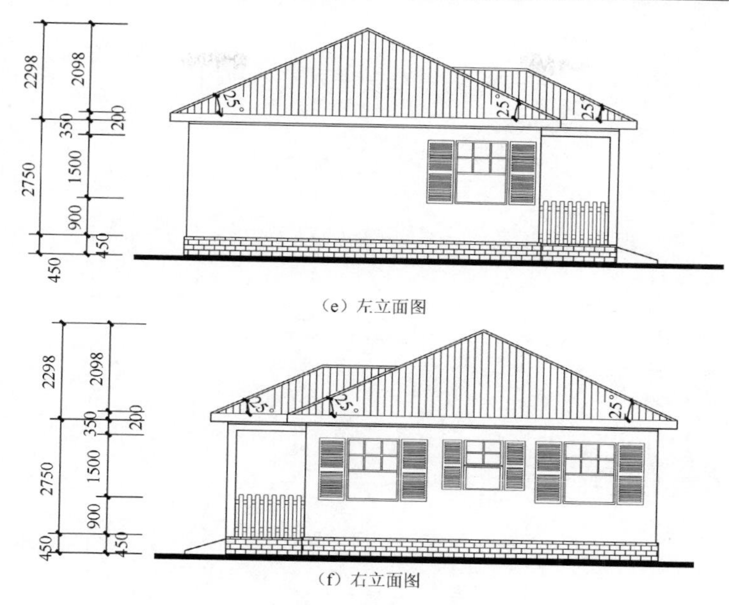

（e）左立面图

（f）右立面图

图 2.11　100m² 建筑图（单位：mm）

80m² 户型房屋建筑平面和立面布置如图 2.12 所示。

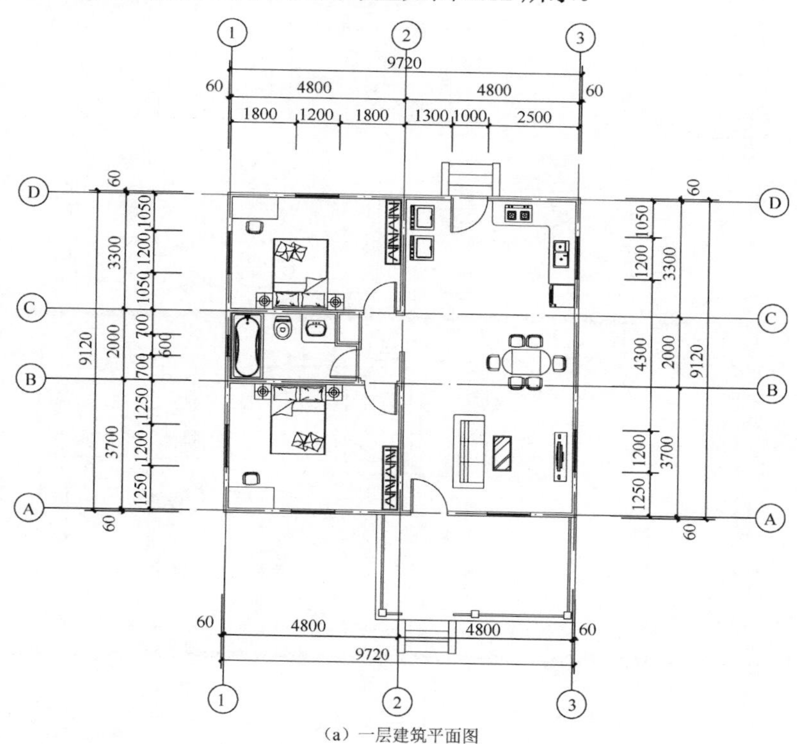

（a）一层建筑平面图

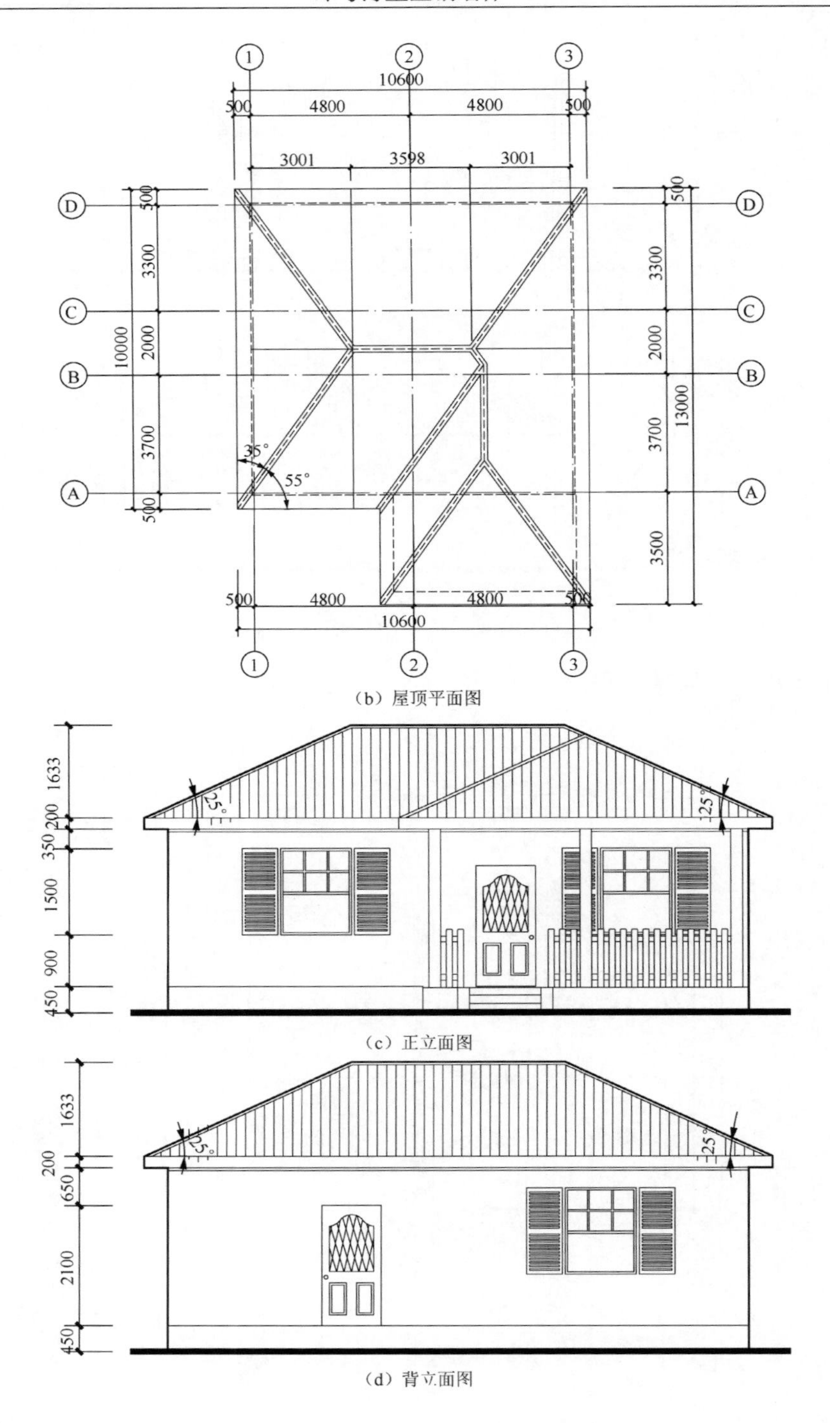

（b）屋顶平面图

（c）正立面图

（d）背立面图

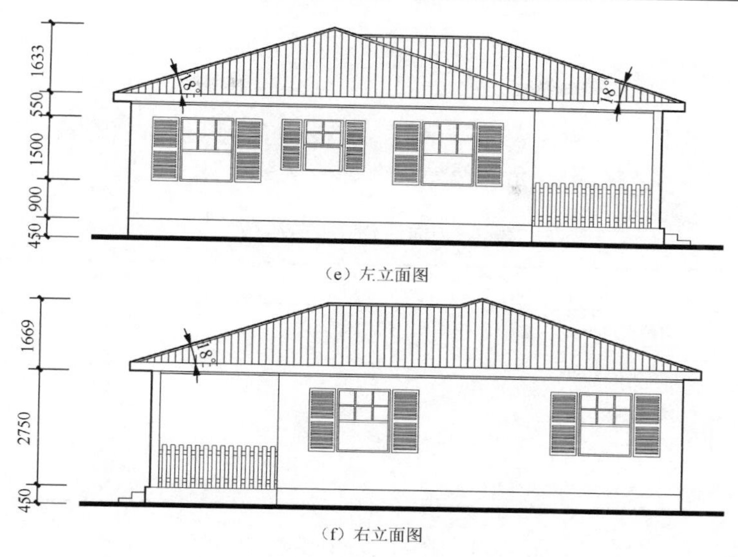

(e) 左立面图

(f) 右立面图

图 2.12　80m^2 建筑图（单位：mm）

2.7.2　设计参数确定

1. 屋面荷载和设计风速

屋面恒荷载为 1kN/m^2，活荷载为 0.7kN/m^2，由于风速 V=45m/s，经计算得出基本风压 w_0 =1.24kN/m^2，屋面坡度取 23°，得出屋面风荷载 W=0.35kN/m^2，则需考虑的基本荷载作用组合：1.2 恒荷载+1.4 活荷载+1.4×0.6 风荷载。

2. 抗震设计

根据《建筑抗震设计规范》(GB 50011—2010)，安提瓜和巴布达地震分区属于第四区，相当于我国抗震设防烈度为 9 度（基本地震加速度为 0.4g）地区，多遇地震时的水平地震影响系数为 0.32，根据冷弯薄壁型钢特性及《低层冷弯薄壁型钢房屋建筑技术规程》(JGJ 227—2011)，阻尼比取值 0.03，按各主轴方向上有效抗剪墙的抗剪刚度比例分配地震作用。

3. 房屋底部防腐要求

（1）基础采用地螺丝+方管基础梁形式，其中地螺丝与地面交界处浇筑混凝土。

（2）冷弯薄壁型钢镀层采用 150g/m^2 镀铝锌镀层，底部采用沥青卷材将型钢构件与方管基础梁隔离，避免接触腐蚀。

4. 构件制作和存储

（1）根据设计进行构件大样节点图、材料清单和制作工艺的编制。

（2）冷弯薄壁型钢构件允许偏差限值如表 2.5 所示。

表 2.5　构件允许偏差限值

项目	允许偏差
构件长度/mm	−3～0
腹板高度/mm	±1
翼缘宽度/mm	±1
卷边高度/mm	±1.5
翼缘与腹板、翼缘与卷边的夹角/（°）	±1

（3）构件冷弯和矫正加工的工作环境温度≥−10℃。

（4）构件应在该结构的专用平台上进行拼装加工，且加工前应检测平台的平整度、角度和垂直度。

（5）冷弯薄壁型钢结构构件严禁进行热切割，与其他材料接触时需隔离防护，防止相互腐蚀。

（6）在露天环境中放置构件时，应避免雨雪等恶劣的气候环境腐蚀构件及其表面镀层，并应对发生局部破损的表面镀层进行防腐处理。

2.7.3　墙体底部连接

墙体与基础连接，其节点构造如图 2.13 所示。

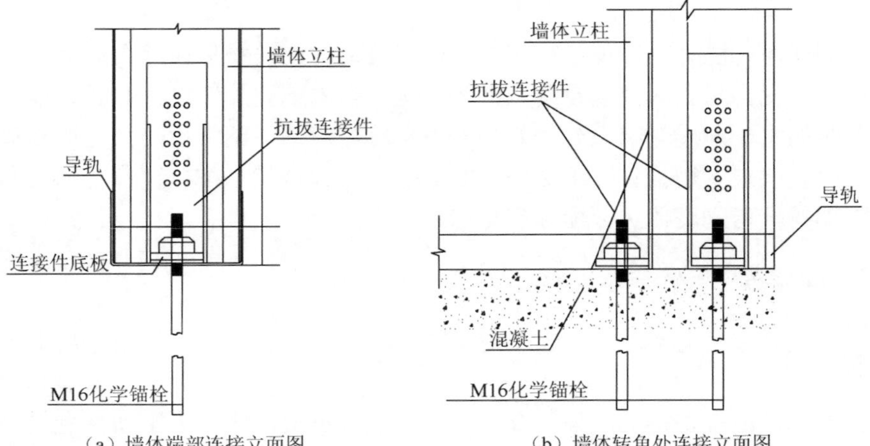

（a）墙体端部连接立面图　　（b）墙体转角处连接立面图

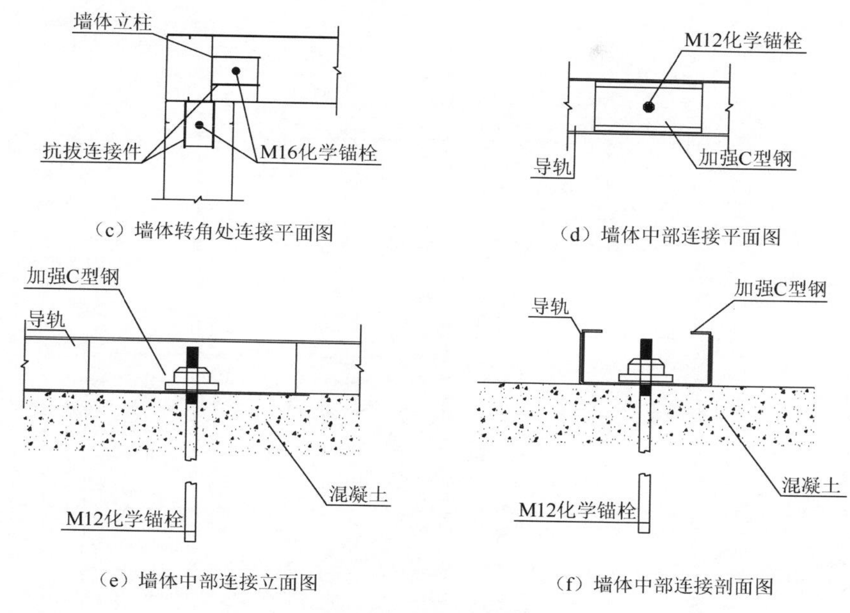

（c）墙体转角处连接平面图　（d）墙体中部连接平面图

（e）墙体中部连接立面图　（f）墙体中部连接剖面图

图 2.13　墙体与基础连接

2.7.4　墙面结构布置

所有墙面板采用 12mm 厚定向刨花板，80m^2 户型房屋钢构件截面形式及材料规格如表 2.6 所示。

表 2.6　构件截面及材料规格

编号	构件名称	截面形式和尺寸/mm	材料规格
1	骨架柱	口 120×4.0	Q235B
2	墙间柱	“盒子” 2BC120×40×2.5	Q235B
3	钢柱	口 190×120×4.0	Q235B
4	钢柱	口 240×120×4.0	Q235B
5	墙间柱	BC120×40×2.5	Q235B
6	窗框梁、门框梁	BC120×40×2.5	Q235B
7	墙面檩条	BC120×40×2.5	Q235B

墙面结构布置图如图 2.14 所示。

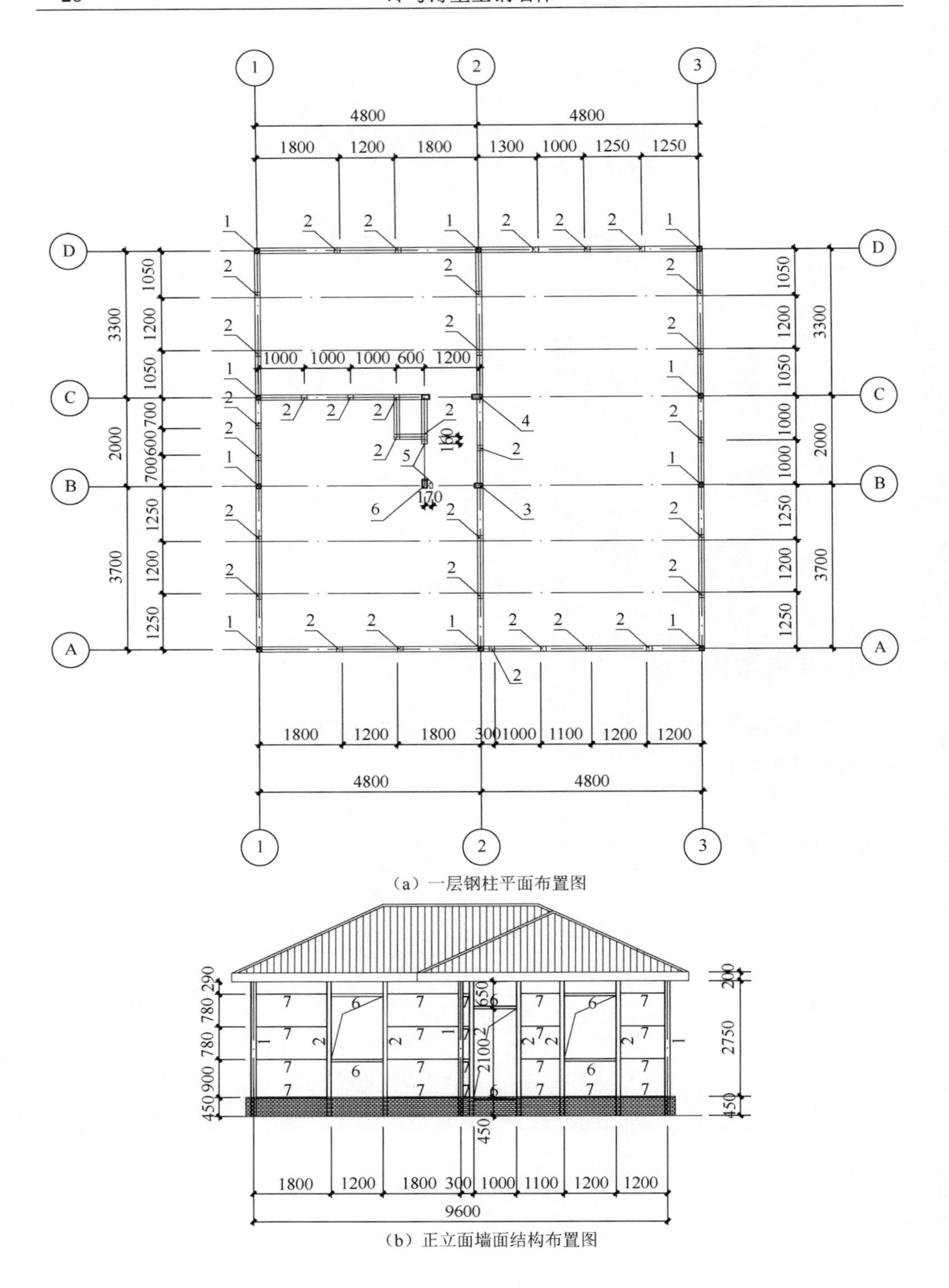

（a）一层钢柱平面布置图

（b）正立面墙面结构布置图

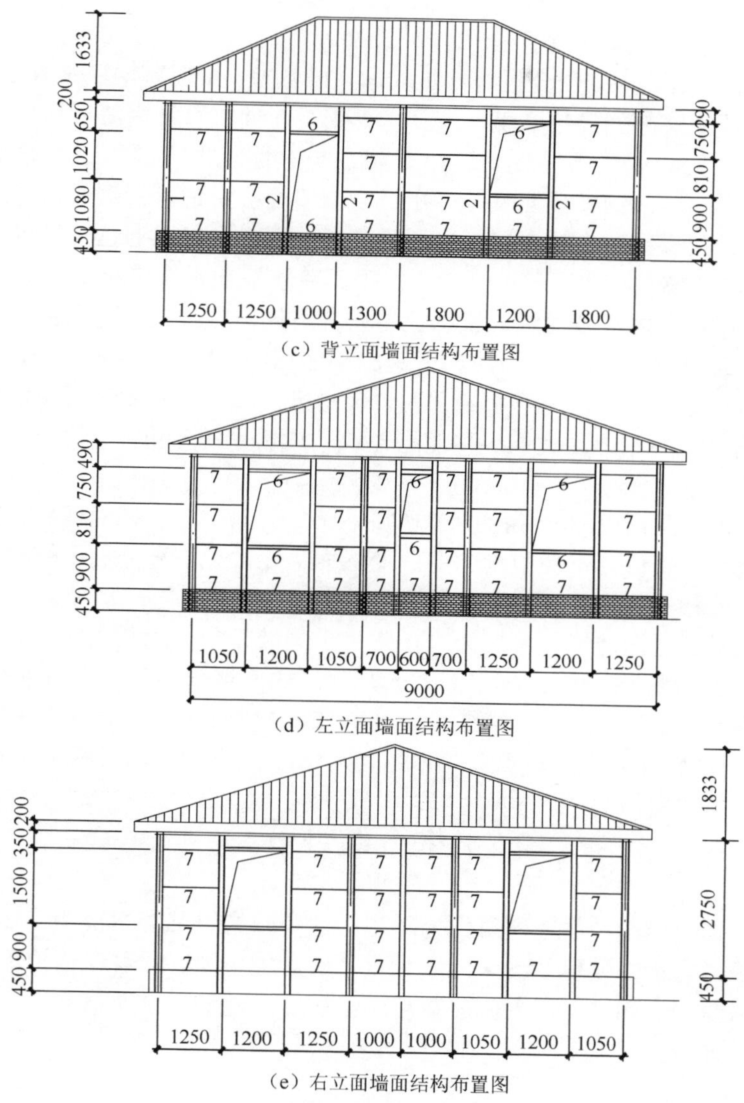

（c）背立面墙面结构布置图

（d）左立面墙面结构布置图

（e）右立面墙面结构布置图

图 2.14　80m^2 墙面结构布置图（单位：mm）

2.7.5 墙体结构板

该工程墙面板所使用的定向刨花板，其结构比较均匀，各部方向性能差异不大，表面平整且加工性能好，可根据需要加工成大幅面的板材，因此，对墙体尺寸的适应性较强，且隔音效果良好。但因为边缘较粗糙，易吸湿受潮（尤其是在门窗洞口处），且因其内部的碎料颗粒材质，裁剪时易造成暴齿现象，对加工设备和工艺要求较高，握钉力不强。

相比如定向刨花板、胶合板等常见的木质结构板，平面薄钢板具有以下优点：①平面薄钢板能够起到保护环境、减少木材用量、回收再利用等环保作用。②表面镀锌层使得其耐久性不易受到环境影响，防火性能也明显优于木质结构板。③实用价值更高。薄钢板覆面时，可在组合墙墙面板上进行开洞等与建筑设计相配合的加工，门窗等洞口的布置可以更加灵活，同时，可以通过开洞等调节构件的刚度，使其能够发挥出更好的性能。④平面薄钢板通常厚度小于 1mm，减小了墙的厚度，增加室内有效面积。根据已有研究可知，12mm 厚定向刨花板覆面墙体的抗剪承载力与 1mm 厚平面薄钢板覆面墙体相当，且由表 2.6 可知，墙架柱腹板为 120mm，则采用平面薄钢板覆面时，该建筑一层套内有效使用面积可增大约 1.1m^2。根据目前某些地区类似这种低层建筑结构房屋的单价，节约的成本将会是一笔可观的收益。

然而，平面薄钢板的初始刚度小且临界屈曲荷载很低，在受剪后材料进入塑性阶段前就发生随机且不受控制的屈曲变形而失稳，无法充分利用钢材的塑性性能，同时，这种变形使其观感不佳且不易修复。

波纹钢板由平面薄钢板发展而来，常用于集装箱中。承载力相当时，相比平面薄钢板，波纹钢板更薄，且其平面外的几何形式使得它具有更高的刚度和强度，其临界屈曲荷载也远大于平面薄钢板，使其在屈曲前能够更好地利用材料的塑性性能。因此，波纹钢板凭借其优越的屈曲性能，使其抗剪性能明显强于平面薄钢板。

2.8 综合经济分析

冷弯薄壁型钢结构住宅建筑作为新型的建筑结构以其舒适快捷、环保节能、性能优良等诸多优势吸引了越来越多大众消费者的关注。随着该结构体系的住宅建筑在我国的普及和深入，人们逐渐从对结构安全性的质疑转移到了对其经济性能的关注等方面。

2.8.1 产业标准化

1. 工业化和一体化

冷弯薄壁型钢结构住宅建筑所使用的结构材料均为工业化产品，其工业化程度、材料制造精确度以及现场安装预制装配化程度高，能成批进行生产加工，并可对各个结构的组成部件进行编号生产。成品结构部件运至作业现场后，即可按图纸及生产编号进行拼接安装，现场为干作业，且施工周期短，所以受气候影响小，全年均可进行施工。整个施工生产过程产生的粉尘、废水和固体废弃物较少，环境污染小。其结构构造简单、用材单一的特点，使得设计、制作加工标准化和工业化容易实现，从而降低维修费用。

冷弯薄壁型钢结构可运用计算机软件对结构和建筑一体化同时进行设计，建筑装修分部工程也同样实行工厂化装修，与设计、结构配件生产同时进行，作为一个完整的产业系统。传统钢混结构在主体结构完工后往往还需要针对已完工部分进行后续的装修设计，增加了建造时间，而冷弯薄壁型钢结构因其简单的构造和便捷快速的施工，可在结构构件设计制作时就连同装修部分一并进行设计、装修材料工厂化生产加工，且工艺流程简单。结构配件和装修配件的整个设计、生产、制作、加工等流程可采用电子计算机程序控制，生产效率高，精确度好，质量有保证。使用先进的工业化设备通过流水线生产的方法制造结构配件，可以大幅提高材料的利用率，减少浪费；结构配件的防腐、防火工序也均在生产过程中完成，大大减少了施工作业现场有毒气体的生成，也同样有益于现场作业的建筑工人。

冷弯薄壁型钢组合墙体既是该结构体系的主要受力构件，又是该结构体系的围护系统，因此，相较于传统钢混结构在建筑设计的基础上再进行结构设计，冷弯薄壁型钢结构可以一体化进行设计，大大节约建筑设计时间。

2. 工业化创新

智能化生产线中输入建筑图即可自动对骨架的布置进行计算并生产。结构配件之间的相应连接部位的细节包括管线、孔位均由计算机控制，然后在工厂组装成框架，再运至施工作业现场。

这种复合预制板结构体系应用于巴西某保障性住房项目。该项目采用简单的起重设备，历时 15 天就完成了工程的建设。该工程内外墙覆面板均采用水泥纤维板，该板材具有一定的装饰作用，大大减少了后期装修工作量。预留管线安装工作通过模块化连接即可。该预制板结构体系将墙体模块化，缩短了施工周期，减少了施工程序。根据需要可在板内预先暗敷水电管线。连接组件与连接螺栓一一对应。连接组件分为四类，分别用作连接“一”字形、“L”形、“T”形、“十”字形布置的预制板，如此构造可建造成整体式的卫生间，利用核心筒效应增强整个结构的抗侧刚度。

2.8.2　综合经济效益

1. 轻质高强

在轻钢结构体系中，组合墙体和楼面板大都采用轻质材料。建造完成后的主体结构自重比其他传统结构形式轻约 30%，基础荷载可轻约 1/2，从而降低了地基承载力的要求，因此多数轻钢结构一般采用浅基础，简化了地基处理工作，减少了作业运输量。美国、加拿大及澳大利亚三国的冷弯薄壁型钢结构所用结构钢材规格如表 2.7 所示。该结构体系所用结构钢材截面利用系数高，质量轻，且屋面系统用钢量一般为 8～15kg/m^2，可大量节约混凝土及其他建筑材料。通常情况下，其自重等于普通钢结构的 1/2～1/3，钢混结构的 1/10～1/30，砖混结构的 1/4～1/6。结构自重的减轻，大大节省了地基与基础工程的造价。冷弯薄壁型钢结构具有良好的稳定性，地质条件适应力强。高强钢材组成的骨架以及结构板材覆面的组合墙体具有良好的抗震性能，地震灾害造成的损害远小于传统砖混结构，从而大大降低震后修复费用，利于灾后居住区的快速重建工作。

表 2.7　结构钢材对比

结构体系	钢材型号	结构钢板厚/mm	镀锌量/m^2	截面形式
美国冷弯薄壁型钢结构体系	Q235、Q345	0.80～2.0	—	C、U、L
加拿大无比钢体系	Q235、Q345	0.84～2.0	275	C、V、I、H
澳大利亚冷弯薄壁型钢结构体系	Q550	0.75～1.5	270	C

2. *布局灵活*

组合墙作为该结构体系的主要受力单元，其厚度较薄，双层保温外墙厚为 230mm，内墙厚为 140mm，相比砖混结构，可节约室内空间。因此，该结构体系跨度较大，便于各种管线管道暗敷，增加建筑有效净空，可满足用户的个性化需求。

该结构所使用钢材的优良性能，使得该结构建筑平面布置灵活、开间大、柱间距大；非承重轻质内墙可根据不同用途为用户提供灵活布置室内空间的需求；自攻螺钉连接节点构造简单，结构构件截面较小，便于竖向布置越层和错层体系，提高房屋内在价值。

3. *综合造价*

当前轻钢结构的综合造价分为“清水”和“成品”。不同于传统结构形式，轻钢结构“成品房”的各专业管线暗敷是预先埋入组合墙体中的，由此将两个工序整合为一体。“清水房”目前综合造价为 1500～1800 元/m^2，随着我国轻钢结构产业标准业化程度的提高及其所用材料的优化，该结构体系成本造价仍有很大的下降空间。“成品房”对比常见的砖混、钢混结构住宅的装修成本，增加了 10%～15%

的使用面积，如此明显的经济效益，优势更加显而易见。

对比轻钢结构，传统钢混结构住宅虽然近年来材料价格平稳，但是人工费上涨的大趋势仍然是导致建造费用越来越高的主要因素。国外建筑施工的人工费相比国内就更高，但是房价相对国内却趋于平稳。因为国外很早就采用装配式建筑，施工周期短，节省人工费，从而大大降低了成本。

4. 环保节能

冷弯薄壁型钢结构所使用的结构钢材具有很高的循环利用价值，施工时无须制模。虽耐腐蚀能力不强，但在工厂生产加工时，可通过防火防腐涂料增强材料使用性能。全寿命周期结束后，可100%回收再利用。相比传统砖混结构，冷弯薄壁型钢结构可响应国家限制黏土砖使用，相比钢混结构，减少了建筑垃圾，降低了人类给大自然带来的环境压力，从而美化生存环境。

相比传统砖混结构和钢混剪力墙结构，冷弯薄壁型钢结构所使用的保温材料为绿色环保材料，保温隔热性能好，且效果明显，该结构体系屋面系统采用热阻值为 $5.284K \cdot m^2/W$ 的美国标准R30保温隔音棉，而普通120mm厚混凝土屋顶的热阻值为 $0.07K \cdot m^2/W$[65]。冷弯薄壁型钢组合墙体的夹层中还可填充玻璃纤维保温棉，提高该结构体系的保温隔热、吸音隔声功能；200mm厚聚乙烯丙纶复合防水卷材墙体（热阻值为 $4.24K \cdot m^2/W$）的保温隔热性能约为490mm厚多孔砖墙的2倍；聚乙烯丙纶复合防水卷材结构适应性强，可固定在基础上，应用于基础工程时，可大幅降低成本。

通过价值工程、全寿命周期分析原理和层次分析等方法以某六层住宅建筑工程为例，冷弯薄壁型钢结构方案和钢混结构方案进行经济性能的对比分析，得出结论如下：

（1）冷弯薄壁型钢结构比钢混结构节省资金14.24万元。

（2）冷弯薄壁型钢结构使用面积系数为90%以上，钢混结构住宅的使用面积系数为85%左右，因此冷弯薄壁型钢结构可多获益105.3万元。

（3）冷弯薄壁型钢结构比钢混结构可多节省装修费7.488万元，冬季能多节约10.245万元（50年），但防火防腐蚀措施费用增加了16.5672万元，维护费用多出约65万元，冷弯薄壁型钢结构寿命周期成本现值低于钢混结构，按此工程全寿命周期费用看，冷弯薄壁型钢结构住宅优于钢混结构住宅。

（4）冷弯薄壁型钢结构回收率30%，在环境影响、能源消耗等方面均小于钢混结构，而钢混结构残值为零。

近年来，越来越多的国家倡导与自然环境协调共生，尤其是在建筑行业，应尽可能减少对自然生态平衡造成负面影响。冷弯薄壁型钢结构体系能够快速、简单地从材料使用、能源利用等技术、成本方面入手，响应与自然环境和谐共处主旨。

2.9　小　　结

（1）本章介绍了低层冷弯薄壁型钢房屋骨架体系的组成（包括基础、组合墙、楼盖、屋盖以及各构件间的连接构造）、节能与防护措施要求。

（2）本章介绍了低层冷弯薄壁型钢房屋结构的荷载作用及其传递路径、基本设计规定（包括设计原则、荷载的确定、结构平面布置和构造一般规定）。

（3）本章结合工程实例介绍了该结构体系的实际应用（包括户型设计、设计参数确定、构件制作和储存要求、墙体与基础的连接构造、墙体构件的选型与布置、不同类型墙体结构板的优缺点）。

（4）冷弯薄壁型钢结构因其建筑有效面积大、布局灵活、施工周期短、成本低、投资回报快、结构性能优良等优点，适合在我国低层住宅项目中大力推广，尤其是农村自建房和灾后重建工程。冷弯薄壁型钢结构具有较高的工业化、一体化潜能，一旦准备工作成熟，可以很快地发展起来。在我国，现阶段冷弯薄壁型钢结构也存在诸多不足之处，如防火防腐措施、技术规范不成熟且缺乏成文的设计标准，农村或灾后重建工程推行难，过于依赖国外先进技术。

第3章　定向刨花板与立柱连接试验研究

冷弯薄壁型钢-墙面板组合墙的抗剪承载力是基于墙面板与立柱的连接强度的，组合墙的抗剪承载力与墙面板-立柱连接的抗剪强度、螺钉的间距等因素有关[66-67]。组合墙墙面板一般常选用定向刨花板，由于定向刨花板的木质纤维按同一方向排列，刨花板安置的方向不同可形成水平向和垂直向的木质纹理。为此，本章研究了纹理方向对定向刨花板和立柱的连接受力性能的影响。

3.1　试验概况

本次试验共制作了10个定向刨花板与立柱连接试件，如表3.1所示。试验主要研究了不同纹理对连接刚度和抗剪强度的影响。

表3.1　试件设计参数

试件编号	纹理方向
SOC-V1	垂直
SOC-V2	垂直
SOC-V3	垂直
SOC-V4	垂直
SOC-V5	垂直
SOC-H6	水平
SOC-H7	水平
SOC-H8	水平
SOC-H9	水平
SOC-H10	水平

3.1.1　试件设计

试验试件由立柱[68]和刨花板组成，立柱长250mm，刨花板尺寸为250mm×500mm，厚度为11.11mm，采用自攻螺钉将立柱与定向刨花板相连，自攻螺钉为#8。试验试件实物照片如图3.1（a）和图3.1（b）所示，立柱截面尺寸如图3.1（c）所示。

（a）试件正面

（b）试件背面

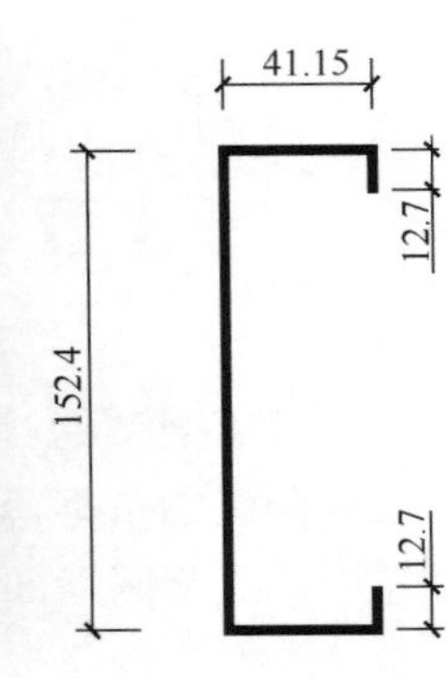

（c）立柱（单位：mm）

图 3.1　试件及立柱截面图

立柱与钢底座通过螺栓固定，定向刨花板与上部钢夹座通过 5 根螺钉相连，钢夹与液压伺服作动器相连，位移计一端固定在液压伺服作动器上，另一端固定在基座上，如图 3.1 所示。试件设计参数如表 3.1 所示。

3.1.2　材料性能

材料试验采用 INSTRON®4482 测试设备，保持匀速加载，速率为 1.27mm/min。立柱采用 600S162-54 型，由于表面镀锌层会影响拉伸试验，制作成标准拉伸试件前都进行了去锌处理，材料试验参数如表 3.2 所示。自攻螺钉采用 SIMPSON Strong-Tie[69]的#8 螺钉，长度为 49mm。定向刨花板的厚度为 11.11mm[70]。

表 3.2　立柱材料试验参数

试件	去镀锌层后的厚度/mm	屈服强度 f_y /MPa	拉伸强度 f_u /MPa	f_u / f_y	伸长率/%
立柱	1.44	386.8	537.8	1.40	14.9

3.1.3　试件制作

自攻螺钉在距刨花板边缘 3 倍螺钉半径位置，定向刨花板布置为水平纹理和垂直纹理方向，试件布置如图 3.2 所示。使用 SIMPSON Strong-Tie® Quick Drive PRO PP150 自攻螺钉枪，可以控制螺钉钻入深度，避免自攻螺钉过度钻入对试验结果造成影响[71]。

（a）正面

（b）背面

（c）侧面

图 3.2 连接试件

3.1.4 试验装置及测试方法

试验采用单调位移加载，位移计布置在试件的底部固定端和液压伺服作动器的加载端来测得相应的位移。本次试验的加载装置如图 3.3 所示。加载过程从零开始逐步递增，直到试件发生明显破坏为止。

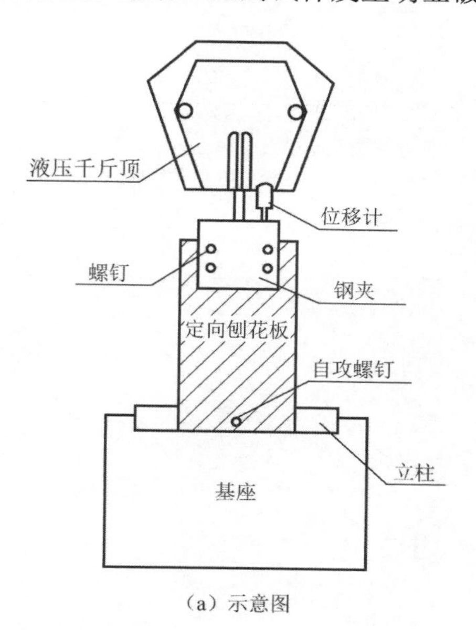

（a）示意图

（b）实物图

图 3.3 试验加载装置

3.2　试验现象与破坏形态

垂直纹理与水平纹理试件的破坏形态都为螺钉周围定向刨花板断裂，未见螺钉从立柱拔出破坏。荷载作用初期，试件处于弹性阶段，变形较小；随着荷载的增加，对于垂直纹理试件，当荷载达到 75%P_u左右（P_u为试件的极限承载力），刨花板发出木纤维断裂的响声，自攻螺钉下方一部分木质纤维发生剪切破坏；荷载继续增加，同时伴随着木质纤维剪断的“咔咔”声，当荷载达到极限荷载时，定向刨花板纤维被拉出板外，试件破坏，如图 3.4 所示。对于水平纹理试件，当荷载达到 70%P_u左右，刨花板发出微响，自攻螺钉对刨花板的木质纤维产生切割的效果，观察到自攻螺钉螺帽陷入刨花板中；当荷载达到P_u时，螺钉下部的刨花板有木质纤维被拉断，同时伴随着清脆的响声，试件破坏，如图 3.5 所示。

（a）试件 SOC-V3

（b）试件 SOC-V3 刨花板破坏（正面）

图 3.4　垂直纹理试件破坏现象

（a）试件 SOC-H9

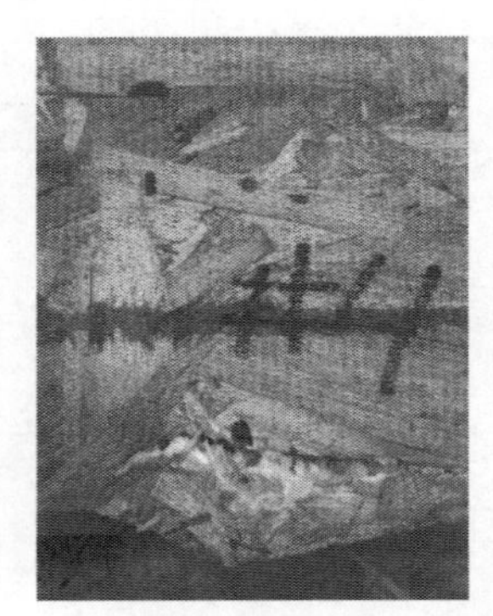

（b）试件 SOC-H9 刨花板破坏（背面）

图 3.5　水平纹理试件破坏现象

3.3 试验结果

试验设计参数及结果如表 3.3 所示。由表 3.3 可以看出，垂直纹理试件承载力比水平纹理试件高出 10%左右，垂直纹理试件位移比水平纹理试件高 50%左右，水平纹理试件的剪切刚度比垂直纹理高 50%左右。

表 3.3 试验设计参数及结果

试件编号	纹理方向	抗剪承载力/kN	位移/mm	剪切刚度/（kN/mm）	垂直、水平纹理承载力平均值/kN	位移平均值/mm	剪切刚度平均值/（kN/mm）
SOC-V1	垂直	2.47	9.46	0.26	2.33	8.35	0.28
SOC-V2	垂直	2.72	8.86	0.31			
SOC-V3	垂直	2.49	5.46	0.46			
SOC-V4	垂直	1.93	9.82	0.20			
SOC-V5	垂直	2.04	8.14	0.25			
SOC-H6	水平	2.33	2.54	0.92	2.11	4.24	0.50
SOC-H7	水平	1.92	5.28	0.36			
SOC-H8	水平	2.05	4.40	0.46			
SOC-H9	水平	2.39	6.23	0.38			
SOC-H10	水平	1.85	2.76	0.67			

3.4 荷载与变形关系

试验得到连接试件的荷载与变形关系曲线如图 3.6 所示。荷载作用初期，荷载与变形基本呈线性关系，试件处于弹性阶段；随着荷载增加，试件取得最大荷载后，荷载急剧下降，荷载与位移关系曲线无明显屈服平台，说明其延性较差。垂直方向纹理的连接试件初始刚度有差异，由于刨花板工艺的原因，刨花板无法绝对均质，试验中会造成个别试件的刚度和承载力较大，如 SOC-V2 与 SOC-V3。部分荷载与变形关系曲线有“抖动”，表现为荷载突然降低并且位移增大，如 SOC-V1、SOC-V2 和 SOC-V5。这种现象一般在荷载峰值前期出现，具体的原因是垂直纹理的刨花板，螺钉在加载过程中相对运动方向与木纤维的方向平行，由于制造工艺的原因，纤维的角度并不完全一致。加载时，当某层纤维拉断，此时荷载就会骤然下降，位移增加，之后螺钉又碰到未被剪断的纤维，可以继续承受荷载。与垂直纹理定向刨花板连接试件的荷载与变形关系曲线相比，水平方向纹理的连接试件初始刚度差异不大，但承载力较低。

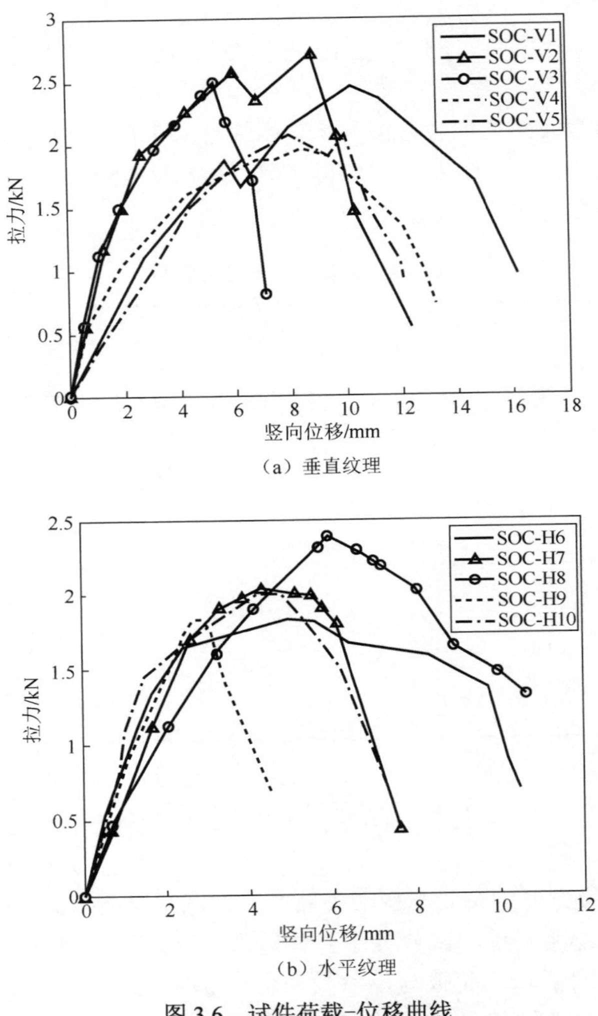

(a) 垂直纹理

(b) 水平纹理

图 3.6　试件荷载-位移曲线

3.5　小　　结

本章通过 10 个定向刨花板与立柱的连接试验研究，分析试验结果，得到结论如下：

（1）水平纹理和垂直纹理的试件破坏模式略有差异，水平纹理试件加载时螺钉对木质纤维产生剪切效果，造成纤维切断；垂直纹理试件加载时螺钉的运动平行于定向刨花板纤维方向，破坏为木质纤维的撕裂。

（2）垂直纹理试件承载力比水平纹理试件提高约 10%，垂直纹理试件位移比水平纹理试件位移提高约 50%，水平纹理试件的剪切刚度比垂直纹理提高 50%左右，说明垂直纹理试件承载力相对较高，水平纹理试件的刚度相对较大。

第 4 章　波纹钢板与立柱连接试验研究

薄钢板覆面冷弯薄壁型钢墙体的抗剪承载力是基于墙面板与立柱的连接强度，其抗震性能是与轻钢龙骨架与覆面板间自攻螺钉的连接性能密不可分的[72]，螺钉间距对于墙体的抗剪承载力有着不可忽视的影响[73]。本章研究了不同板材，不同螺钉间距对结构板和立柱的连接受力性能的影响。

4.1　试 验 设 计

4.1.1　试件原材料及其参数

本次试验共制作了 11 个结构板与立柱的连接试件，其中结构板包括薄钢板及不同类型的波纹钢板，试件螺钉间距为 75mm、150mm、300mm。波纹钢板的类型参数如表 4.1 所示。试验试件由结构板与立柱组成，结构板尺寸为 400mm×400mm，厚度为 0.5mm，立柱为 C140×12，厚度为 1.2mm，材料的屈服强度为 235MPa，弹性模量 E=2.0×10^{5}MPa，自攻螺钉为#8。采用万能试验机对其进行静力加载试验，主要研究不同结构板及不同螺钉间距对试件连接刚度和承载力的影响，试件的参数如表 4.2 所示。

表 4.1　波纹钢板类型参数　　（单位：mm）

波纹钢板的类型	单个波纹长度	波纹高度
AC-780	130	35
MINO-900	25	6
Q1128	70.5	5
WA-825	63.5	18

表 4.2　试件参数

试件编号	结构板	波纹间距/mm	螺钉间距/mm	试件数量
C1-130	AC-780	130	75/150	2
C2-25	MINO-900	25	75/150	2
C3-70.5	Q1128	70.5	75/150/300	3
C4-63.5	WA-825	63.5	75/150	2
F5	薄钢板	—	75/150	2

4.1.2　卡具设计及加工

为了使连接试验试件螺钉受力均匀，试验进行了连接试验卡具设计，如图 4.1 所示。将卡具与立柱通过 12 组螺栓相连，保证在立柱内侧放置铁板以使构件能够受力均匀，采用自攻螺钉将立柱与波纹钢板相连，“T”形连接件和垫板通过螺栓将试件紧固，以确保在拉力作用下试件与卡具不发生相对滑动，试验仪器采用万能试验机，再通过卡具将试验试件与万能试验机相连，试验所得的数据由计算机自动采集，试件图片如图 4.2 所示。

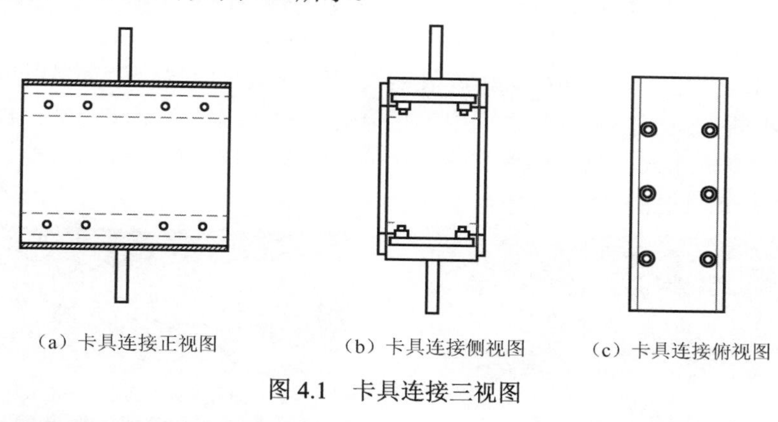

（a）卡具连接正视图　（b）卡具连接侧视图　（c）卡具连接俯视图

图 4.1　卡具连接三视图

（a）万能试验机正面试件图

（b）万能试验机侧面试件图

图 4.2　试件图片

4.1.3　试验的加载装置

试验的加载装置采用 2000kN 的试验机，用卡具将试验试件与万能试验机相连，对试件进行静力加载，通过控制计算机进行位移加载，加载速率为每分钟 0.5mm，观察试验现象。

4.2　试验结果分析

4.2.1　试验现象

1. AC-780 波纹钢板

AC-780 波纹钢板的连接试验如图 4.3 所示。螺钉间距采取 75mm 与 150mm 两种形式，波纹为“正弦波型”，波纹间距为 130mm，板厚 0.5mm。在加载初期，试件均无明显变化，由于 AC-780 波纹钢板在所做试验中波纹最宽，所以加载过程中波纹不断被拉伸，故试验过程中一直伴有声响传出，直至波纹基本被拉平。随着位移的不断加大，波纹钢板继续被拉伸，螺钉与板连接处孔洞有拉大迹象，随着响声变大，试件最终被破坏。

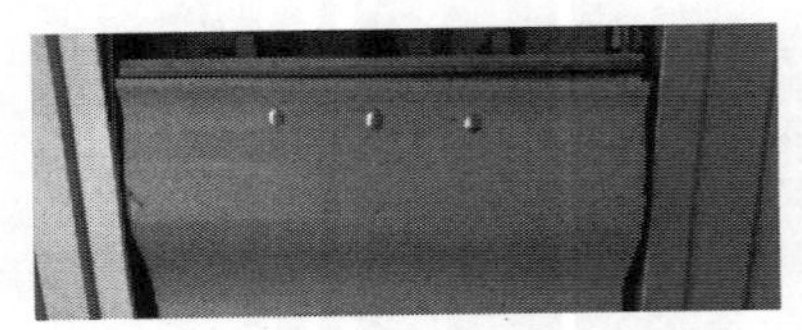

（a）AC-780 钢板螺钉间距 75mm 装置

（b）AC-780 钢板螺钉间距 75mm 破坏

（c）AC-780 钢板螺钉间距 150mm 装置

（d）AC-780 钢板螺钉间距 150mm 破坏

图 4.3　AC-780 波纹钢板试验图片及破坏现象

2. MINO-900 波纹钢板

MINO-900 波纹钢板的连接试验如图 4.4 所示。MINO-900 波纹钢板的螺钉间距有 75mm 与 150mm 两种形式，梯形波纹，波纹间距为 25mm，板厚 0.5mm，加载过程中均无明显声音传出，该类型钢板波纹在四种试验波纹中最密。螺钉间距为 75mm 时，破坏现象为正面左上部螺钉破坏，背面右上部有拔出破坏，板孔距变大，螺钉严重倾斜；螺钉间距为 150mm 时，破坏现象为正面右上角螺钉破坏，如图 4.4 所示。

（a）MINO-900 钢板螺钉间距 75mm 装置

（b）MINO-900 钢板螺钉间距 75mm 破坏

（c）MINO-900 钢板螺钉间距 150mm 装置

（d）MINO-900 钢板螺钉间距 150mm 破坏

图 4.4　MINO-900 波纹钢板试验图片及破坏现象

3. Q1128 波纹钢板

Q1128 波纹钢板的连接试验如图 4.5 所示。矩形波纹，波纹间距为 70.5mm，板厚 0.5mm。加载过程中，Q1128 波纹钢板在螺钉间距为 150mm 时，当试验力达到极限承载力的 90.78%时，正面下侧 2 个螺钉凹陷，背面左上、左下螺钉凹陷；当试验力达到极限承载力的 98.56%时听到声响；当试验力达到极限承载力的 98.70%时不断有声响传出，直到试件破坏。相比而言，在螺钉间距为 75mm 的 Q1128 波纹钢板正面底部螺钉周围钢板被拉伸，孔距变大破坏，未有拔出破坏，上部螺钉有轻微拔出现象。在螺钉间距为 300mm 时，表现出螺钉拔出破坏，板面变形较小。

（a）Q1128 钢板螺钉间距 75mm 装置

（b）Q1128 钢板螺钉间距 75mm 破坏

（c）Q1128 钢板螺钉间距 150mm 装置

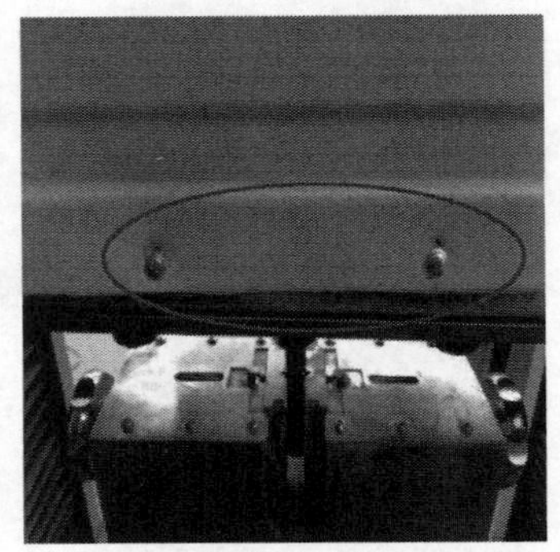

（d）Q1128 钢板螺钉间距 150mm 破坏

（e）Q1128 钢板螺钉间距 300mm 装置

（f）Q1128 钢板螺钉间距 300mm 破坏

图 4.5　Q1128 波纹钢板试验图片及破坏现象

4. WA-825 波纹钢板

WA-825 波纹钢板的连接试验如图 4.6 所示。正弦波型波纹，波纹间距为 63.5mm，板厚 0.5mm。WA-825 波纹钢板波纹宽度介于 MINO-900 波纹钢板与 AC-780 波纹钢板之间。试验过程中未发出声响直至试件破坏，两者破坏均为背部下侧钢板滑脱。

（a）WA-825 钢板螺钉间距 75mm 装置

（b）WA-825 钢板螺钉间距 75mm 破坏

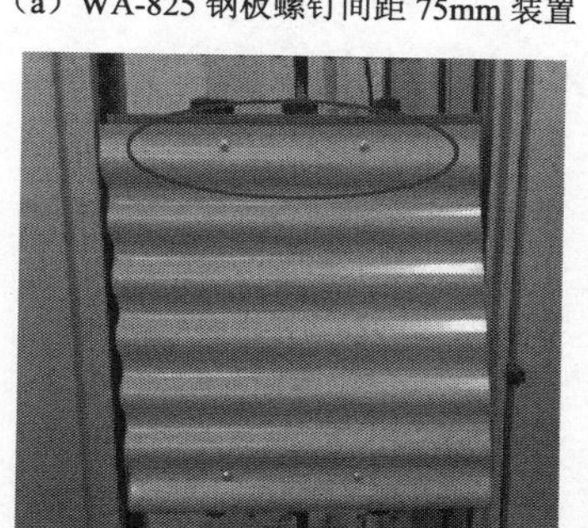

（c）WA-825 钢板螺钉间距 150mm 装置

（d）WA-825 钢板螺钉间距 150mm 破坏

图 4.6　WA-825 波纹钢板试验图片及破坏现象

5. 薄钢板

薄钢板的连接试验如图 4.7 所示。采用厚度为 0.5mm 的薄钢板做试验，由于薄钢板的刚度较小，所以加载时不断有响声发出。针对螺钉间距为 75mm 及 150mm 两种类型的连接方式进行单调加载试验，试验现象如图 4.7 所示。

（a）薄钢板螺钉间距 75mm 装置

（b）薄钢板螺钉间距 75mm 破坏

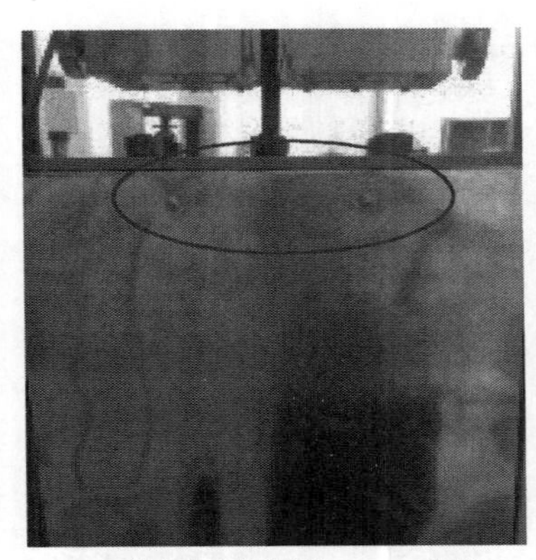

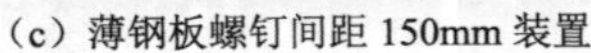
（c）薄钢板螺钉间距 150mm 装置

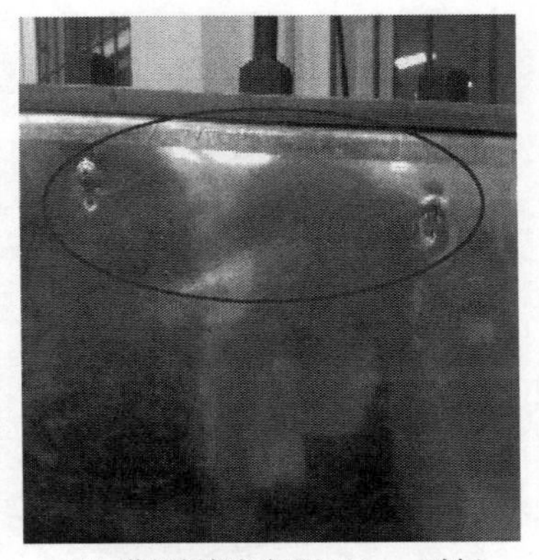
（d）薄钢板螺钉间距 150mm 破坏

图 4.7　薄钢板试验图片及破坏现象

4.2.2　荷载-位移曲线

1. 钢板在不同螺钉间距下的荷载-位移曲线

1）AC-780 波纹钢板

AC-780 波纹钢板在两种不同螺钉间距下的荷载-位移曲线如图 4.8 所示。加

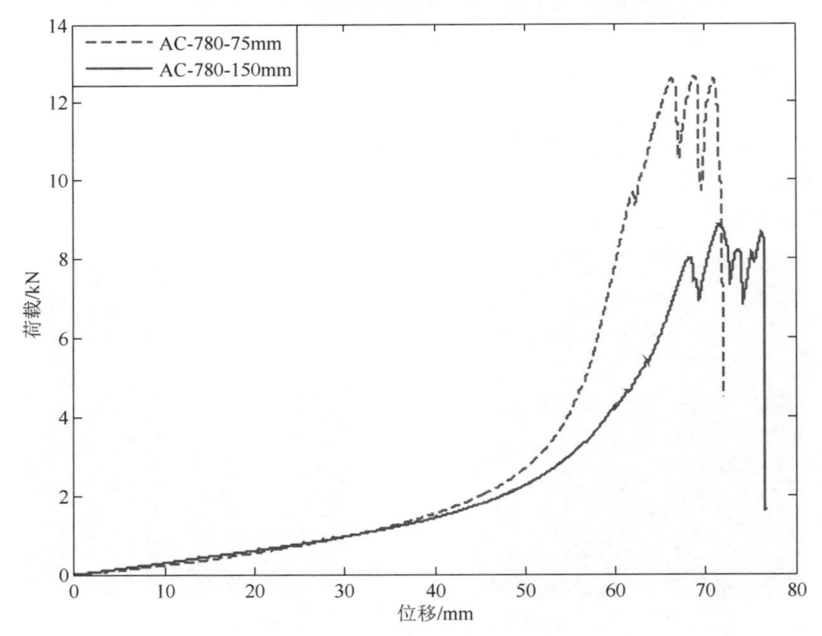

图 4.8　AC-780 波纹钢板荷载-位移曲线

载初期，荷载与位移是线性关系。加载过程中，螺钉间距为 150mm 的试件在位移为 72mm 时承载力为 8.87kN，螺钉间距为 75mm 的试件在位移为 66mm 时承载力为 12.61kN，相比螺钉间距 150mm 试件，承载力提高约 42%，当螺钉的间距变小，试件的承载力有所提高。从图 4.8 中可以看出，两个试件的初始抗拉刚度都较小，加载初期钢板会被拉伸直至拉平，这段时间试件刚度较小，当试件拉伸约 50mm，抗拉刚度明显增大。

2）MINO-900 波纹钢板

MINO-900 波纹钢板在两种不同螺钉间距下的荷载-位移曲线如图 4.9 所示。加载初期，荷载与位移是线性关系。加载过程中，螺钉间距为 150mm 的试件在位移为 21mm 时承载力为 7.63kN，螺钉间距为 75mm 的试件在位移为 43mm 时承载力为 12.52kN，相比螺钉间距为 150mm 试件，承载力提高约 64%。

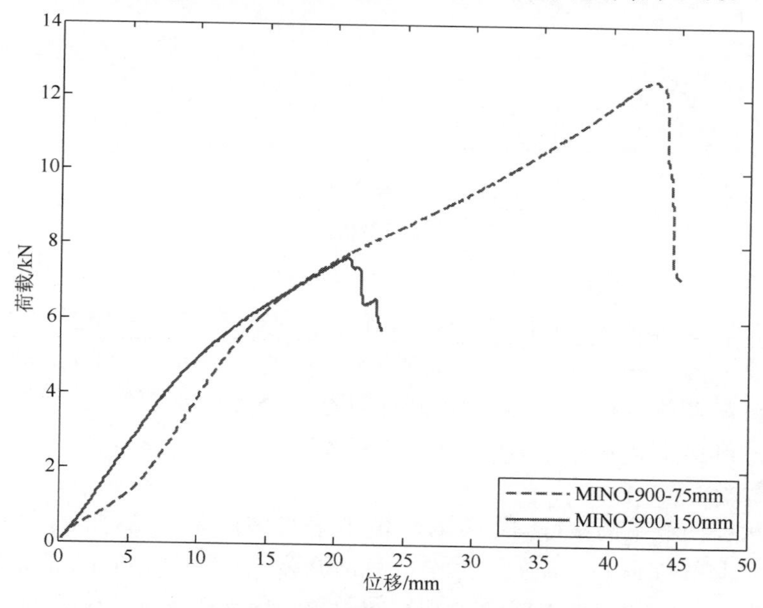

图 4.9　MINO-900 波纹钢板荷载-位移曲线

3）Q1128 波纹钢板

Q1128 波纹钢板在两种不同螺钉间距下的荷载-位移曲线如图 4.10 所示。加载初期，荷载与位移是线性关系。加载过程中，螺钉间距为 150mm 的试件在位移为 14mm 时承载力为 6.94kN，螺钉间距为 75mm 的试件在位移为 75mm 时承载力达到峰值 11.35kN，相比螺钉间距为 150mm 试件，承载力提高约 64%。

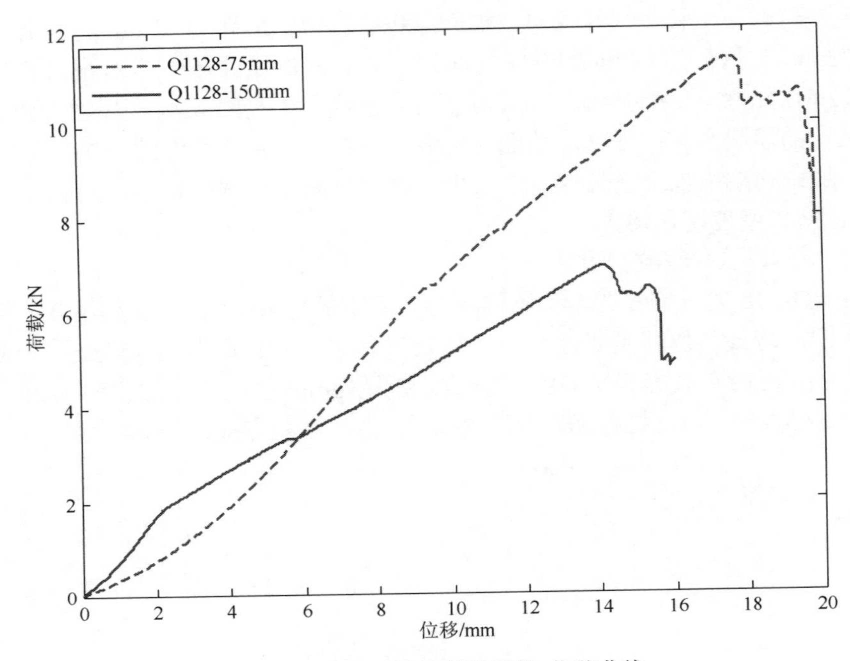

图 4.10　Q1128 波纹钢板荷载-位移曲线

4）WA-825 波纹钢板

WA-825 波纹钢板在两种不同螺钉间距下的荷载-位移曲线如图 4.11 所示。加载初期，荷载与位移是线性关系。加载过程中，螺钉间距为 150mm 的试件在位移为 59mm 时峰值承载力为 8.07kN，螺钉间距为 75mm 的试件在位移为 66mm 时承载力达到峰值 11.66kN，承载力提高约 45%。

5）薄钢板

薄钢板在两种不同螺钉间距下的荷载-位移曲线如图 4.12 所示。加载初期，荷载与位移是线性关系。加载过程中，薄钢板螺钉间距为 150mm 的试件在位移为 11mm 时峰值承载力为 4.58kN，螺钉间距为 75mm 的试件在位移为 7mm 时承载力达到峰值 6.50kN，承载力提高约 42%，薄钢板整体强度和刚度较波纹钢板都不大。

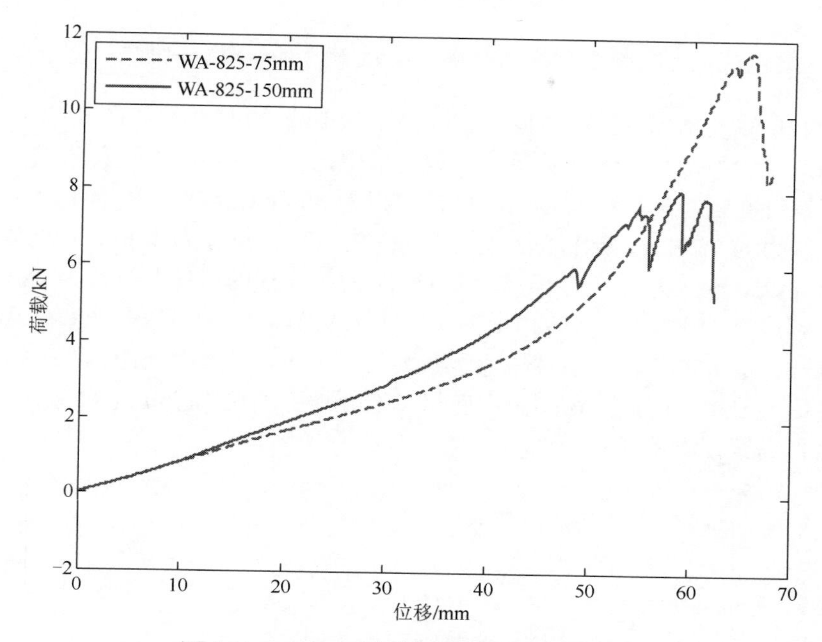

图 4.11　WA-825 波纹钢板荷载-位移曲线

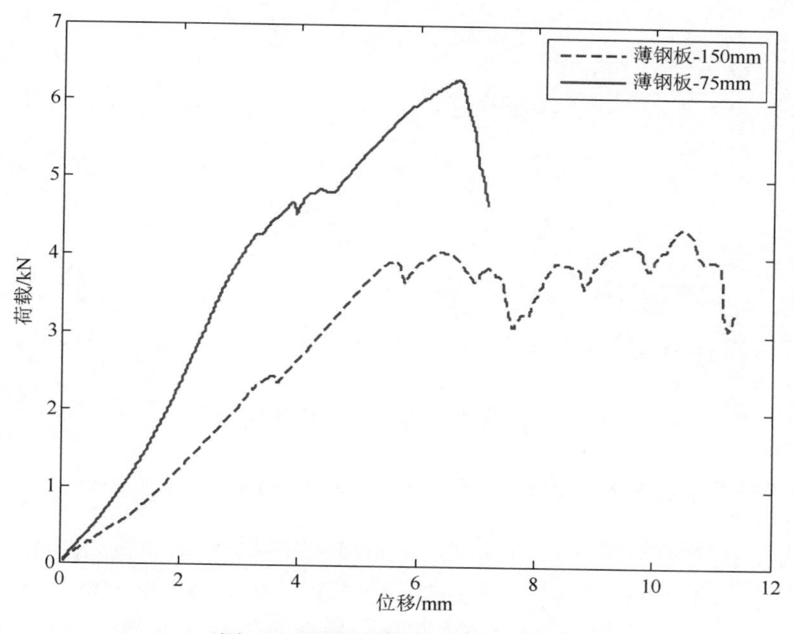

图 4.12　薄钢板的荷载-位移曲线

2. Q1128 波纹钢板在三种不同螺钉间距下的荷载–位移曲线

Q1128 波纹钢板在三种不同螺钉间距下的荷载–位移曲线如图 4.13 所示。加载初期，荷载与位移是线性关系。加载过程中，在 6～15mm 位移区域，同一位移下，螺钉间距越小，荷载越高。螺钉间距为 300mm 的试件在位移为 18mm 时峰值承载力为 7.27kN，螺钉间距为 150mm 的试件在位移为 14mm 时承载力达到峰值 6.94kN，承载力提高约 64%，螺钉间距为 75mm 的试件在位移为 18mm 时承载力达到峰值 11.35kN，承载力提高约 56%。从图 4.13 中可以看出，在螺钉间距为 150mm 及 300mm 时，试件峰值承载力相差不大，但螺钉间距为 75mm 的试件承载力提高显著，因此，在实际中应尽量选择螺钉间距为 75mm 的连接形式，可以有效提高试件的承载力。

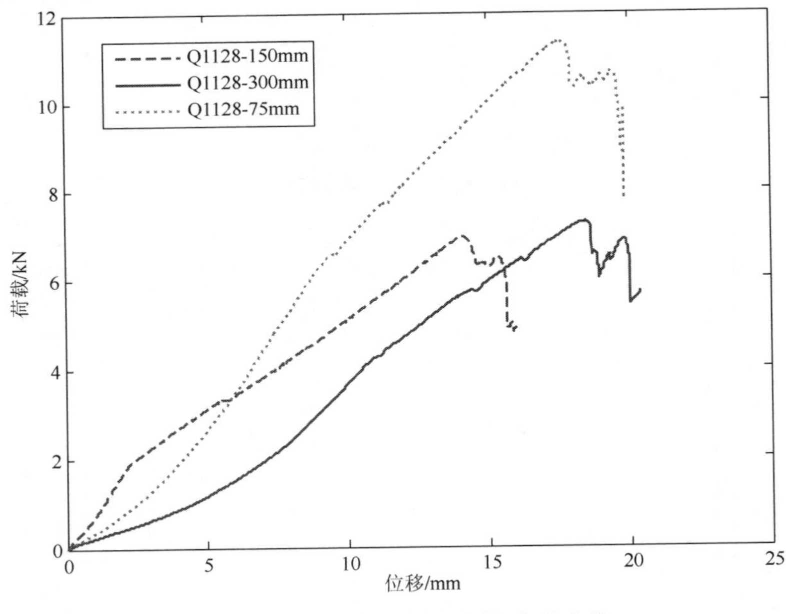

图 4.13　Q1128 波纹钢板荷载–位移曲线

3. 不同类型波纹钢板在螺钉间距为 75mm 下的荷载–位移曲线

不同类型波纹钢板在螺钉间距为 75mm 时的荷载–位移曲线如图 4.14 所示。加载初期，荷载与位移是线性关系；加载过程中，AC-780 及 MINO-900 波纹钢板的承载力最大，其次是 WA-825 波纹钢板，最小的是 Q1128 波纹钢板。从图 4.14 中不难看出，AC-780 及 WA-825 波纹钢板具有较小的初始刚度，这是因为两者相对另两种钢板波纹较宽且疏，因此加载初期，试件波纹逐渐被抻平，直至抻平。WA-825 波纹钢板相比 AC-780 波纹钢板初始刚度稍大些，这是因为其波纹相对较密一些。由试验数据得出，AC-780 波纹钢板的峰值荷载是 12.61kN，MINO-900 波纹钢板的峰值荷载是 12.52kN，这两者承载力相近；WA-825 波纹钢板的峰值荷载是 11.66kN，Q1128 波纹钢板的峰值荷载是 11.35kN，这两者承载力相近。前两者承载力比后两者提高约 14%，提高幅度较小。

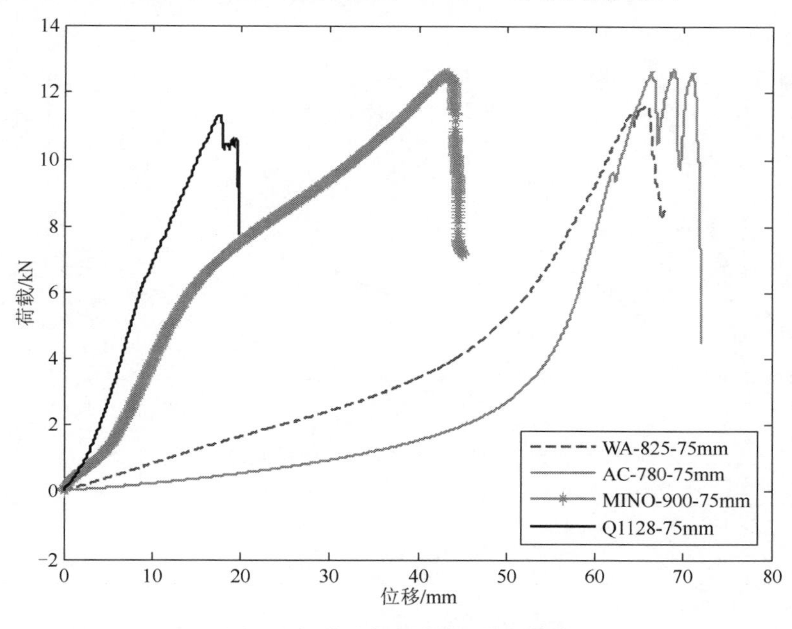

图 4.14　波纹钢板荷载-位移曲线

4. 不同类型波纹钢板在螺钉间距为 150mm 下的荷载-位移曲线

不同类型波纹钢板在螺钉间距为 150mm 时的荷载-位移曲线如图 4.15 所示。加载初期，荷载与位移是线性关系；加载过程中，AC-780 波纹钢板承载力最大，在位移为 72mm 时承载力达到峰值 8.87kN，WA-825 波纹钢板其次，然后是 MINO-900 波纹钢板，Q1128 波纹钢板的承载力最差。四种类型的波纹钢板在螺钉间距为 150mm 时位移荷载曲线的变化趋势与螺钉间距为 75mm 的情况大体一致。由试验数据得出，AC-780 波纹钢板的刚度为 0.062；WA-825 波纹钢板的刚度为 0.099；MINO-900 波纹钢板的刚度为 0.53；Q1128 波纹钢板的刚度为 0.65。与螺钉间距为 75mm 情况一致，四种板型的波纹钢板中，AC-780 波纹钢板的刚度最小，Q1128 波纹钢板的刚度最大。四种波纹钢板在取得最大荷载后，荷载均未急剧下降，荷载与位移曲线有“抖动”现象，是因为螺钉连续破坏，直到最后一个螺钉破坏，试件承载力表现为急剧下降。

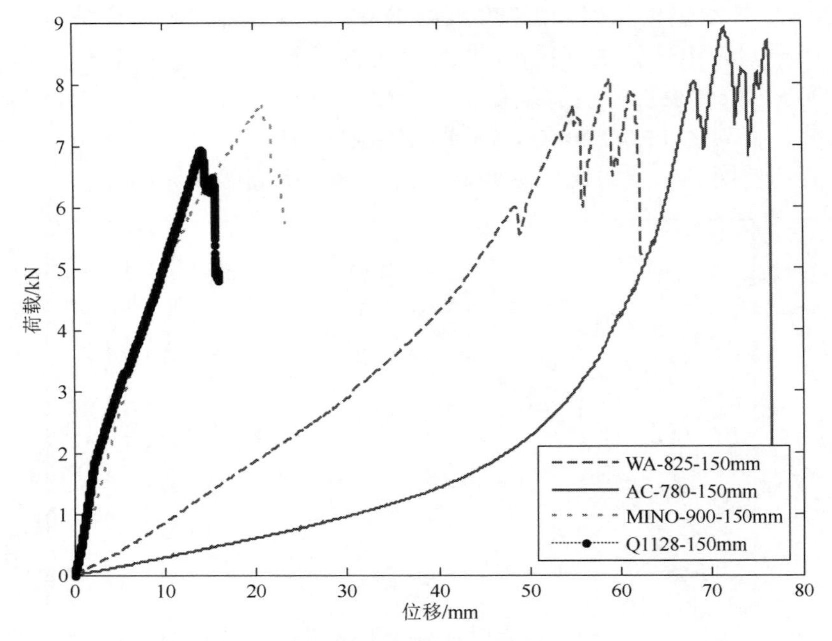

图 4.15　波纹钢板荷载-位移曲线

4.3　小　　结

本章通过对 11 个结构板与立柱的连接试验研究，分析研究试验结果，得到如下结论：

（1）试件的抗拉承载力和初始刚度随着螺钉间距的减小而增大。加载初期均表现为钢板波纹逐渐抻平，试件初始刚度较小，直至抻平，试件刚度逐渐变大，最终表现为钢板撕裂破坏；薄钢板的连接承载力最小，其余四种波纹钢板试件连接承载力比薄钢板试件高出 50%左右。

（2）波纹间距增大，试件初始刚度减小；随着荷载增加，波纹逐渐被拉平，试件刚度变大，波纹钢板试件在极限承载力下，试件刚度相近；波纹类型（正弦、梯形及矩形）对试件抗拉承载力的影响不明显。

第5章　连接构造试验研究

组合墙作为冷弯薄壁钢结构组成系统中的主要抗侧力单元，一般由C型和U型构件组成的骨架与结构板通过螺钉连接组成，其性能主要依赖于蒙皮效应，而蒙皮效应则通过覆面板与骨架连接得以实现。对于覆面板与骨架的连接性能，目前主要是针对螺钉间距、螺钉端距、纹理等方面的研究。而对胶合板与冷弯薄壁型钢的连接性能、木质结构板受潮后含水量增加等参数对连接性能影响的研究较少。

（1）冷弯薄壁型钢组合墙左右两侧C型立柱与覆面板自攻螺钉连接通常是对称布置。本章根据组合墙设计了两个C型立柱与覆面板等间距、等数目自攻螺钉连接的双面剪切对称形式的试件，保证其均匀对称受力，以期得到连接破坏模式和性能指标。

（2）本章针对纹理、含水量、螺钉端距、木质结构板类型等参数变化，通过静力拉伸试验，分析壁厚1.2mm冷弯薄壁型钢与定向刨花板、胶合板自攻螺钉连接影响因素，以期得到结构板类型、纹理、含水量和螺钉端距等对连接性能的影响。

本次试验根据不同情况制作了16个试件，试件包括纹理、板材类型、板材受潮情况、板条、自攻螺钉端距等参数。

5.1　试验概况

5.1.1　试件材料及其参数

试验试件由定向刨花板、胶合板与C型冷弯薄壁型钢组成。整块结构板材尺寸为400mm×400mm，板条尺寸为50mm×400mm，覆面板材的原材厚度为12mm，其中400mm×400mm的OSB原材均重为1.10kg，胶合板原材均重为0.77kg，受潮400mm×400mm板材共计8块（4块OSB、4块胶合板）。冷弯C型薄壁型钢为140mm×41.15mm×12mm，壁厚为1.2mm，名义屈服强度为235MPa，弹性模量E=2.06×10^5MPa，自攻螺钉型号为ST4.8×32。

5.1.2　试件设计

根据组合墙螺钉连接的对称布置，试件采用双面剪切对称形式。每个试件由2根C型薄壁型钢、2块覆面板材（其中板条试件为4根板条组成）、卡具和自攻螺钉组装连接而成，其中卡具厚 10mm。试件上下各布置 1 根 C 型钢，板材通过自攻螺钉连接固定于 C 型钢两侧，每侧板材上下各布置一排（2 个）自攻螺钉；2 根 C 型薄壁型钢通过 12 组六角螺栓与卡具相连接，以保证 C 型薄壁型钢腹板均匀受力；采用单调加载方式，分别考察对比定向刨花板与胶合板、板条与整体板材、板材纹理方向、螺钉端距等因素对自攻螺钉连接性能的影响。试件编号说明："PLY"表示胶合板；"OSB"表示定向刨花板；"OSB-PLY"表示试件正面为定向刨花板、反面为胶合板的板材类型；"ST"表示板材采用四条 50mm×400mm 的板条（正、反面各两块）；"V"表示板材纹理方向平行于受力方向，即垂直纹理；"H"表示板材纹理方向垂直于受力方向，即水平纹理；"3*d*"表示螺钉端距为螺钉杆径的 3 倍，其他同理。试件编号及参数如表 5.1 所示。

表 5.1　试件编号及参数

试件编号	正、反面板材料	纹理	板材尺寸/mm	受潮	湿重/原材重量	螺钉端距/mm
S-OSB5d-V	OSB-OSB	V	400×400	—	—	5*d*
S-PLY5d-V	PLY-PLY	V	400×400	—	—	5*d*
S-OSB5d-H	OSB-OSB	H	400×400	—	—	5*d*
S-PLY5d-H	PLY-PLY	H	400×400	—	—	5*d*
S-OSB-DA5d-V	OSB-OSB	V	400×400	√	1.29/1.33	5*d*
S-OSB-DA8d-V	OSB-OSB	V	400×400	√	1.35/1.27	8*d*
S-PLY-DA5d-V	PLY-PLY	V	400×400	√	1.29/1.31	5*d*
S-PLY-DA8d-V	PLY-PLY	V	400×400	√	1.30/1.26	8*d*
S-OSB-PLY5d-V	OSB-PLY	V	400×400	—	—	5*d*
S-OSB-ST5d-V	OSB-OSB	V	50×400	—	—	5*d*
S-PLY-ST5d-V	PLY-PLY	V	50×400	—	—	5*d*
S-OSB-ST5d-H	OSB-OSB	H	50×400	—	—	5*d*
S-PLY-ST5d-H	PLY-PLY	H	50×400	—	—	5*d*
S-PLY3d-V	PLY-PLY	V	400×400	—	—	3*d*
S-PLY4d-V	PLY-PLY	V	400×400	—	—	4*d*
S-PLY7d-V	PLY-PLY	V	400×400	—	—	7*d*

5.1.3　试验装置

1. 卡具设计

试验设计了 400mm×140mm×10mm 的 T 型钢板卡具。通过 12 组六角螺栓将卡具与 C 型薄壁型钢连接，以保证立柱均匀受力。采用自攻螺钉将覆面板固定在

C 型薄壁型钢的翼缘，通过螺栓、自攻螺钉将 T 型卡具、C 型钢、覆面板组装紧固，以确保单调加载过程中试件与卡具不发生相对滑移，如图 5.1、图 5.2 所示。

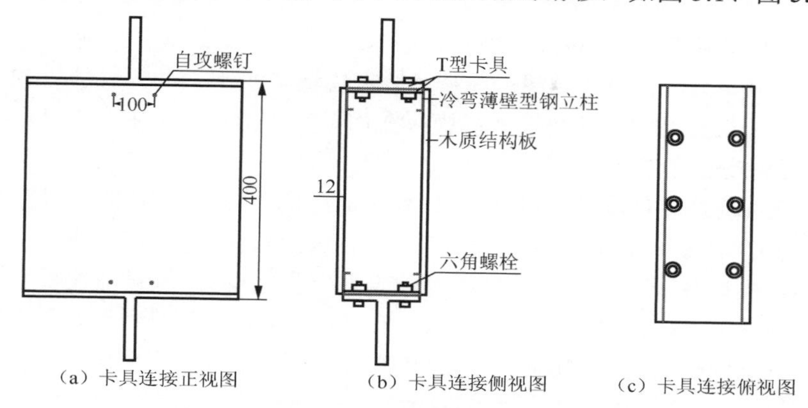

（a）卡具连接正视图　（b）卡具连接侧视图　（c）卡具连接俯视图

图 5.1　卡具与试件连接示意图（单位：mm）

（a）卡具正面

（b）卡具侧面

（c）试件侧面

图 5.2　卡具和试件

2．试验装置与加载

试验加载设备采用 20kN 电子万能试验机，如图 5.3 所示。T 型卡具将试件与万能试验机连接，根据文献[3]并考虑木质板材在加载过程中存在纤维断裂破坏的特性，采用位移控制匀速加载方式，加载速度为 0.5mm/min。加载过程由预先在设备控制计算机中设定的程序全程自动控制。

试验试件的变形由电子应变引伸计测量，可准确测得试件被测区域内的变形。在进行 T 型卡具与试验机连接的步骤时，将卡具夹头准确放入试验机夹槽中，确保上下夹头在同一垂直线上，使得试验试件能垂直受力直至破坏。

图 5.3　试验装置

5.1.4 卡具模型建立及变形验证

试验机所测变形为试件自攻螺钉、板材、T 型卡具、C 型立柱腹板和翼缘五部分变形之和，为保证试验结果的准确性，需验证 T 型卡具和立柱腹板的变形是否影响试验结果，而卡具和垫板使得腹板在加载过程中避免发生变形，因此仅需对卡具的变形进行有限元验算。

通过 Abaqus 对卡具采用可变形实体单元建模，材料采用名义屈服强度为 345MPa 的 Q345 钢材，弹性模量为 2.06×10^5MPa，泊松比为 0.3。本构关系采用线弹性强化模型（既可简化计算过程，结果也较为精确）。假设覆面板、立柱及其连接为刚性体，即加载过程中无变形，则建立参考点，且分别耦合各参考点所对应的上下螺栓孔以简化试件除卡具的其他部分。约束下夹头全部自由度和上夹头除 z 方向的自由度，以模拟试验机对卡具的夹持作用。由本章试验结果可知，所测试件最大荷载均在 10kN 以内，变形为几到十几毫米，因此对 T 型卡具上夹头沿 z 方向施加 10kN 的竖向荷载，以模拟试验机对试件的加载作用，如图 5.4 所示。由图 5.4（b）可知，T 型卡具的夹头在试验机的夹持加载作用下最大变形为 0.08mm，根据本章试验结果总变形可知，T 型卡具最大变形相对于试件总变形可以忽略。由图 5.4（c）应力云图可知，中部螺栓孔应力最大，为 58.17～87.25MPa，其余区域应力均在弹性范围。

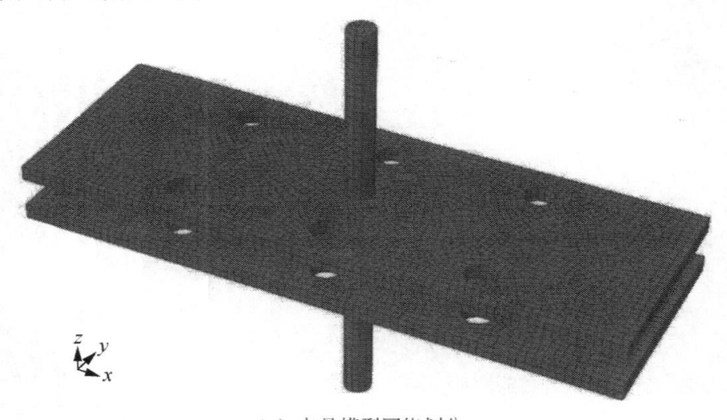

（a）卡具模型网络划分

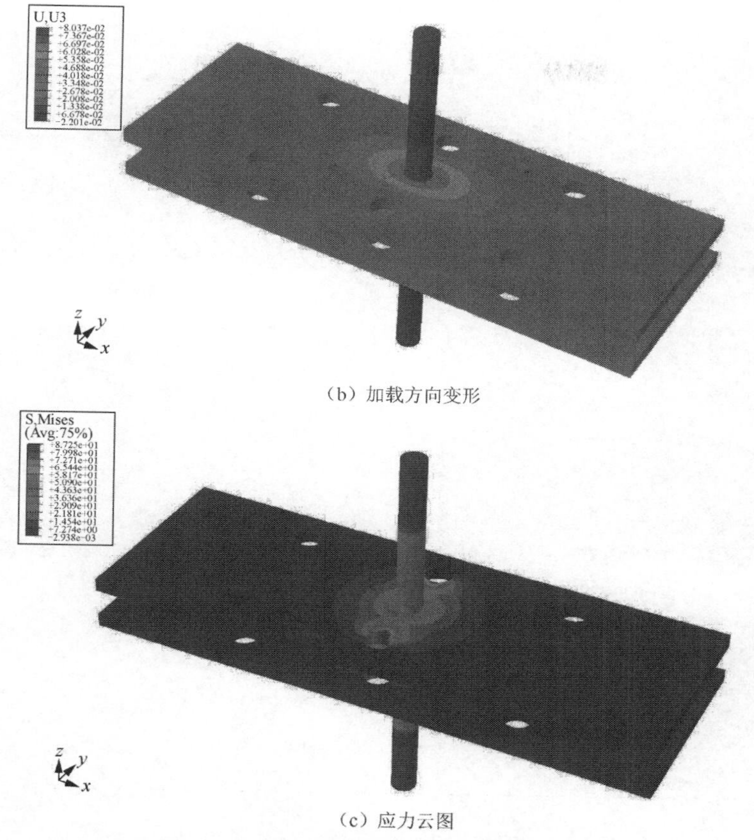

（b）加载方向变形

（c）应力云图

图 5.4　T 型卡具有限元模型及分析结果

5.2　试验破坏现象

本次试验中，定向刨花板、胶合板与 C 型薄壁型钢自攻螺钉连接破坏模式主要为孔壁和螺帽处板面承压撕裂、自攻螺钉倾斜拔出等，未见自攻螺钉剪切破坏。

5.2.1　定向刨花板板块与板条覆面试件

400mm×400mm 的 OSB 覆面试件在加载初期，由于覆面板是木质材料，试件持续发出纤维破坏声响，连接部位无明显变化。随着位移增加，螺钉逐渐呈倾斜趋势，钉头部分开始嵌入板内。荷载达到峰值时，纤维破坏声响加剧，螺钉倾斜明显，板端木材破坏并被挤压鼓出，螺钉板端间板材呈现纵向裂缝，最终因该部分板材撕裂而导致试件破坏，其中 S-OSB5d-V 试件自攻螺钉从 OSB 中完全斜拔出，如图 5.5 所示。

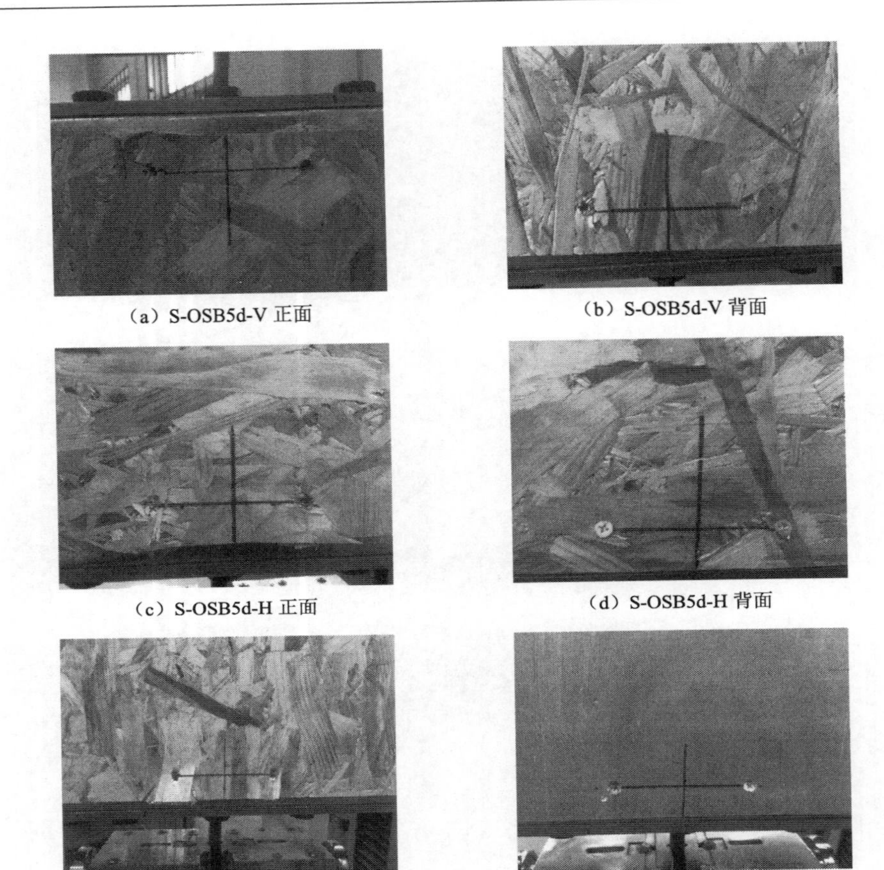

（a）S-OSB5d-V 正面　（b）S-OSB5d-V 背面

（c）S-OSB5d-H 正面　（d）S-OSB5d-H 背面

（e）S-OSB-PLY5d-V 正面　（f）S-OSB-PLY5d-V 背面

图 5.5　试件破坏模式（一）

50mm×400mm 的 OSB 覆面板条试件除上述破坏现象外，还出现了垂直纹理板条板端处开口、撕裂破坏，水平纹理板条试件螺钉处出现横向断裂的裂缝，如图 5.6 所示。

（a）S-OSB-ST5d-V 上端

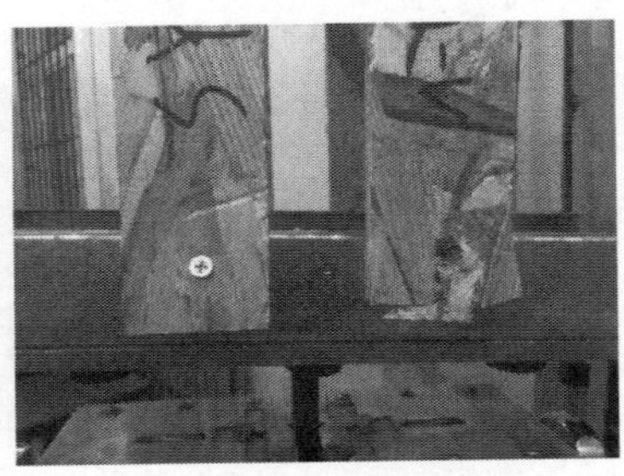

（b）S-OSB-ST5d-V 下端

（c）S-OSB-ST5d-H 上端

（d）S-OSB-ST5d-H 下端

图 5.6　试件破坏模式（二）

5.2.2　胶合板板块与板条覆面试件

400mm×400mm 的胶合板覆面试件在加载初期同 OSB 覆面试件，持续发出螺钉挤压板材的纤维破坏声响，螺钉呈倾斜趋势发展。随着位移增加，螺钉倾斜趋势和钉头陷入板内现象明显，此时破坏声响逐渐增大。垂直纹理时，3*d*、4*d* 螺钉端距试件破坏时，覆面板螺钉处出现横向撕裂裂缝，并从板端处将被螺钉挤压破碎的内夹层木块挤出，4*d* 螺钉端距试件的螺钉孔有明显的挤压变形，且螺钉头明显倾斜陷入板内，类似于斜拔破坏模式的趋势。而垂直、水平纹理 5*d* 和 7*d* 螺钉端距试件直至试件破坏，仅螺钉从覆面板斜拔出，其他破坏模式表现不明显，如图 5.7 所示。

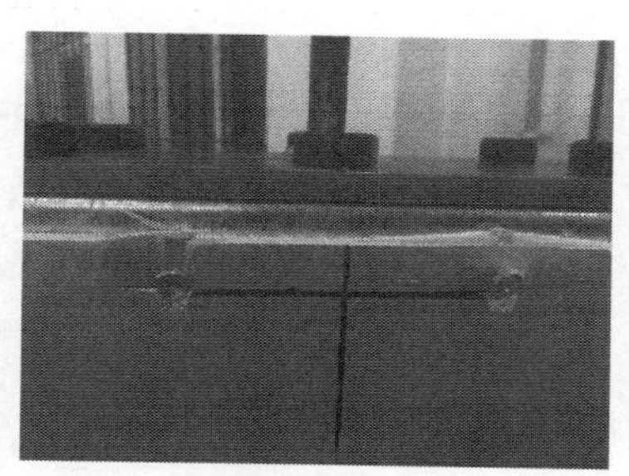

（a）S-PLY3d-V

（b）S-PLY4d-V

（c）S-PLY5d-V 正面

（d）S-PLY5d-V 背面

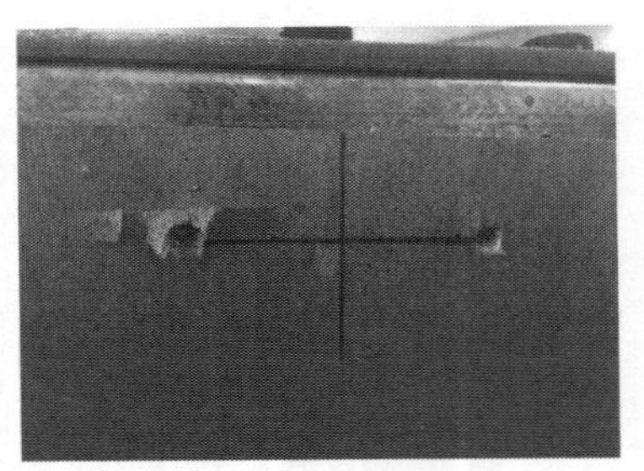

（e）S-PLY7d-V 正面

（f）S-PLY7d-V 背面

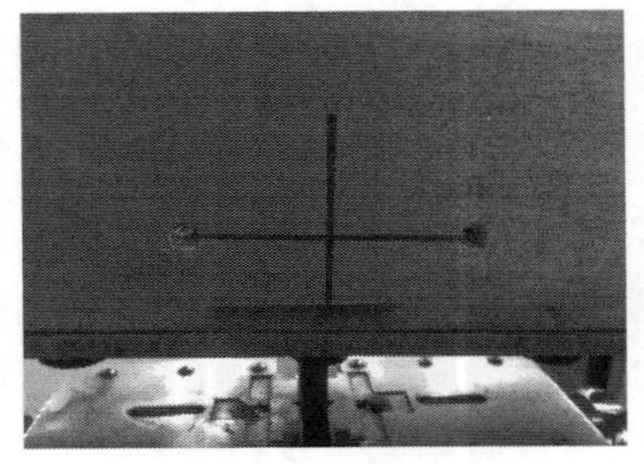

（g）S-PLY5d-H 正面

（h）S-PLY5d-H 背面

图 5.7　试件破坏模式（三）

50mm×400mm 的胶合板覆面板条试件破坏现象较为复杂，试件板端开口、内夹层板块破坏并被挤压出板端、螺钉头陷入板内并从覆面板斜拔出等，多种破坏模式组合的形式十分明显，水平纹理 PLY 板条试件还出现内夹层横向断裂并被螺钉挤压出的破坏情况，如图 5.8 所示。

（a）S-PLY-ST5d-V

（b）S-PLY-ST5d-H

图 5.8　试件破坏模式（四）

5.2.3　受潮定向刨花板板块覆面试件

图 5.9 为 OSB-OSB 受潮试件破坏模式。对于未被受潮影响的 S-OSB5d-V 试件，加载初期，由于为木质材料，试件持续发出纤维破坏声响，但连接部分无明

显变化，随着位移持续增大，螺钉逐渐呈倾斜发展趋势。当荷载逐渐增大至约峰值荷载75%时，试件的纤维破坏声响加剧，并出现明显的断裂声响。自攻螺钉与板端之间的板材逐渐出现纵向撕裂裂缝，此时该部分板材发生剪切破坏。继续加载直至破坏荷载时，剪切破坏处被持续撕裂，并且板材中夹层木屑被自攻螺钉挤压出板外，从而导致试件最终破坏。S-OSB-DA5d-V、S-OSB-DA8d-V试件破坏过程与模式类似于S-OSB5d-V，螺钉板端间同样发生剪切破坏并出现撕裂裂缝，但整个加载过程的纤维破坏声响不如S-OSB5d-V明显。由图5.9（d）可看出，S-OSB-DA8d-V还发生了一种不同于S-OSB5d-V的破坏模式，即自攻螺钉完全拔出板材且螺钉孔变形明显，此时螺钉板端间板材无明显破坏迹象。

（a）S-OSB-DA5d-V 正面

（b）S-OSB-DA5d-V 背面

（c）S-OSB-DA8d-V 正面

（d）S-OSB-DA8d-V 背面

图5.9　试件破坏模式（五）

5.2.4　受潮胶合板板块覆面试件

图5.10为PLY-PLY受潮试件破坏模式。S-PLY5d-V试件加载初期与OSB-OSB相同，有持续纤维破坏声响，但不如OSB试件明显。当荷载逐渐增大至约峰值荷载的60%时，胶合板螺钉头处面层被钉头挤压破坏，并发出清脆的破坏声响，此时螺钉头开始陷入板内。随着位移加载的不断增大，螺钉倾斜趋势加大，螺钉头持续陷入板内。当达到破坏荷载时，螺钉从板材拔出并再次发出清脆声响，最终

试件被破坏。破坏模式为螺钉斜拔出板材。但经受潮处理的试件 S-PLY-DA5d-V、S-PLY-DA8d-V 在加载初期无明显纤维破坏声响，整个加载过程的现象类似于 S-PLY5d-V 试件。随着位移加载不断增大，纤维破坏声响逐渐明显，最终破坏模式同 S-PLY5d-V 试件。试件 S-PLY-DA5d-V、S-PLY-DA8d-V 自攻螺钉向加载方向倾斜后，将板材内被破坏的夹层挤压出板材。

（a）S-PLY-DA5d-V 正面

（b）S-PLY-DA5d-V 背面

（c）S-PLY-DA8d-V 正面

（d）S-PLY-DA8d-V 背面

图 5.10　试件破坏模式（六）

5.3　荷载-位移曲线及主要试验结果

5.3.1　不同类型结构板覆面试件荷载-位移曲线

水平、垂直纹理覆面板的荷载-位移曲线图如图 5.11 所示。由图 5.11（a）可知，垂直纹理时，两种覆面板材及其混合组成形式的试件弹性刚度相近，PLY-PLY 覆面试件的极限位移最大，但峰值荷载与 OSB-PLY 混合组成试件相当，两者峰值荷载均比 OSB 覆面试件高约 25%，OSB 试件达到极限承载力后，荷载迅速衰减，极限位移最小。由图 5.11（b）可知，水平纹理时，OSB 覆面试件的刚度和加载初期的承载力更大，随着位移加载至约 17mm 时，PLY 覆面试件的承载力逐渐超过 OSB 覆面试件，最终承载力比 OSB 试件高约 26%。PLY 覆面试件水平、垂直纹理承载力相近，垂直纹理时初始刚度更大。

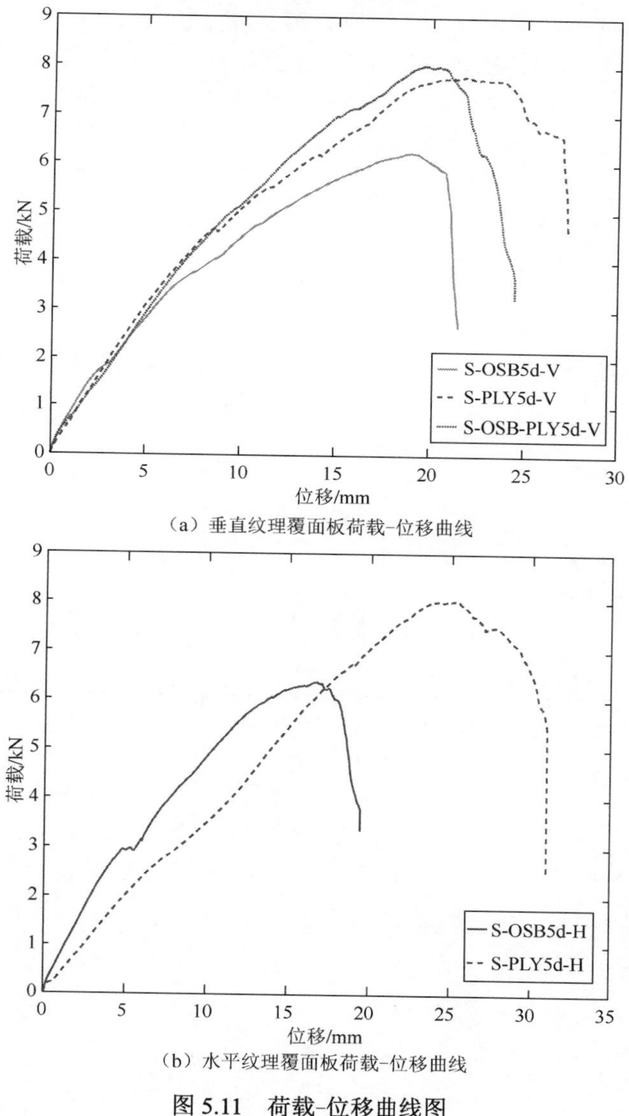

（a）垂直纹理覆面板荷载-位移曲线

（b）水平纹理覆面板荷载-位移曲线

图 5.11　荷载-位移曲线图

5.3.2　板块和板条覆面试件荷载-位移曲线

板条试件荷载-位移曲线对比如图 5.12 所示，板条试件是在单调拉伸试验中与整体板试件进行对比。由图 5.12（a）可知，OSB 板条试件的初始刚度、峰值荷载均低于整体板试件，水平纹理 OSB 板条试件峰值荷载最小，但弹性刚度与垂直纹理 OSB 板条试件相当，从图中还可看出，尽管为板条覆面，但垂直纹理 OSB 板条试件的峰值位移、极限位移并没有大幅衰减。由图 5.12（b）可知，相同纹理的 PLY 板条试件和整体板试件的弹性刚度相当，且垂直纹理试件弹性刚度均大于水平纹理试件。PLY 板条试件峰值荷载、峰值位移、极限位移均大幅下降，其中水平纹理 PLY 板条试件峰值荷载最小。

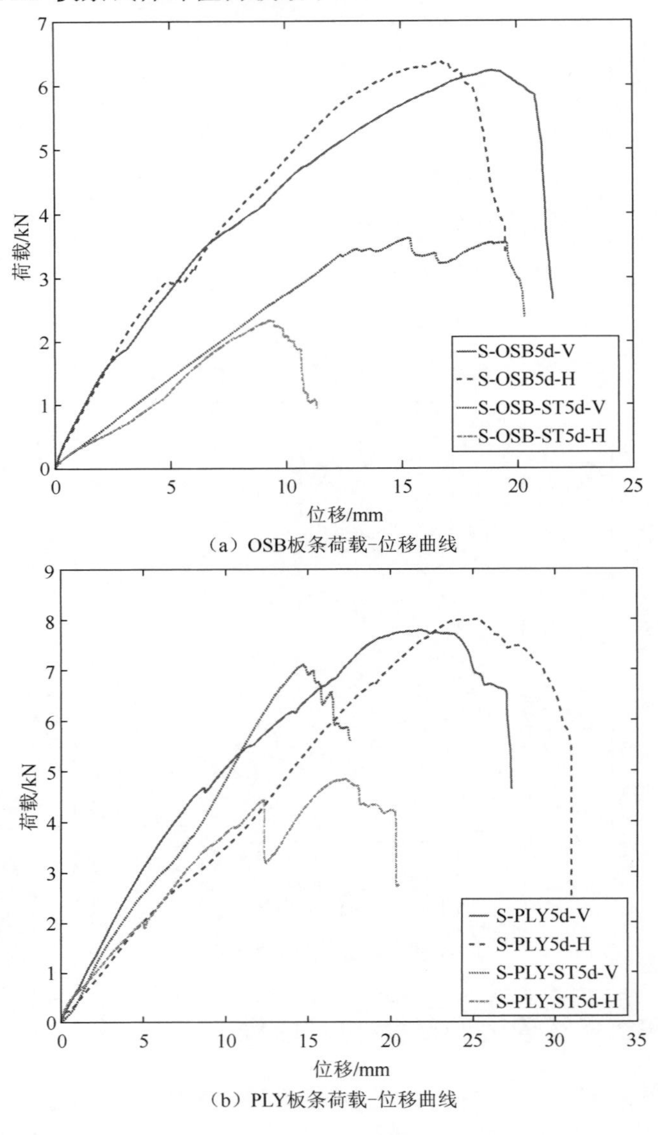

（a）OSB板条荷载-位移曲线

（b）PLY板条荷载-位移曲线

图 5.12　荷载-位移曲线图

5.3.3 不同螺钉端距胶合板覆面试件荷载-位移曲线

PLY 覆面试件在不同螺钉端距情况下的荷载-位移曲线如图 5.13 所示。从图中看出，螺钉端距的改变对弹性刚度没有明显影响；随着螺钉端距从 15mm 增加至 25mm，试件承载力、峰值位移、极限位移逐渐增大，而从 25mm 增加至 35mm 时，试件承载力无明显变化，但峰值位移、极限位移仍明显增大。结合试件破坏现象分析，当整个试件破坏时，其破坏现象为螺钉从板材倾斜拔出，若继续增大螺钉端距，其承载力没有明显变化。

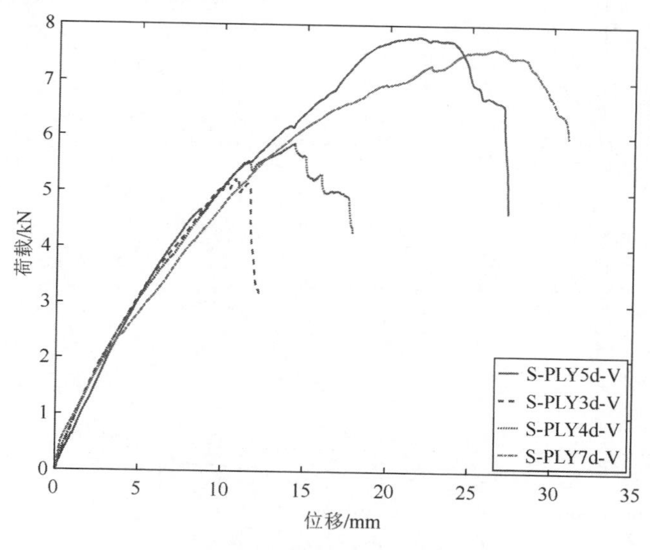

图 5.13　荷载-位移曲线图

5.3.4 受潮木质结构板覆面试件荷载-位移曲线

图 5.14 给出了 OSB 和 PLY 两种覆面板试件的荷载-位移曲线。由图 5.14（a）可知，OSB 板材经受潮处理含水量增加后，峰值荷载、弹性刚度均大幅下降，峰值位移、极限位移无明显变化，同时增加受潮试件的螺钉端距后，峰值荷载无明显变化，但峰值位移、极限位移明显增大。OSB 覆面板材试件受潮后虽承载力和弹性刚度大幅下降，但相较于 S-OSB5d-V 试件峰值后的荷载急剧衰减，受潮试件峰值后荷载衰减幅度明显降低。由图 5.14（b）可知，PLY 板材经受潮处理含水量增加后，峰值荷载大幅下降，弹性刚度、峰值位移、极限位移均无明显变化，同时增加受潮试件的螺钉端距后，各项特征参数较前者无明显变化。

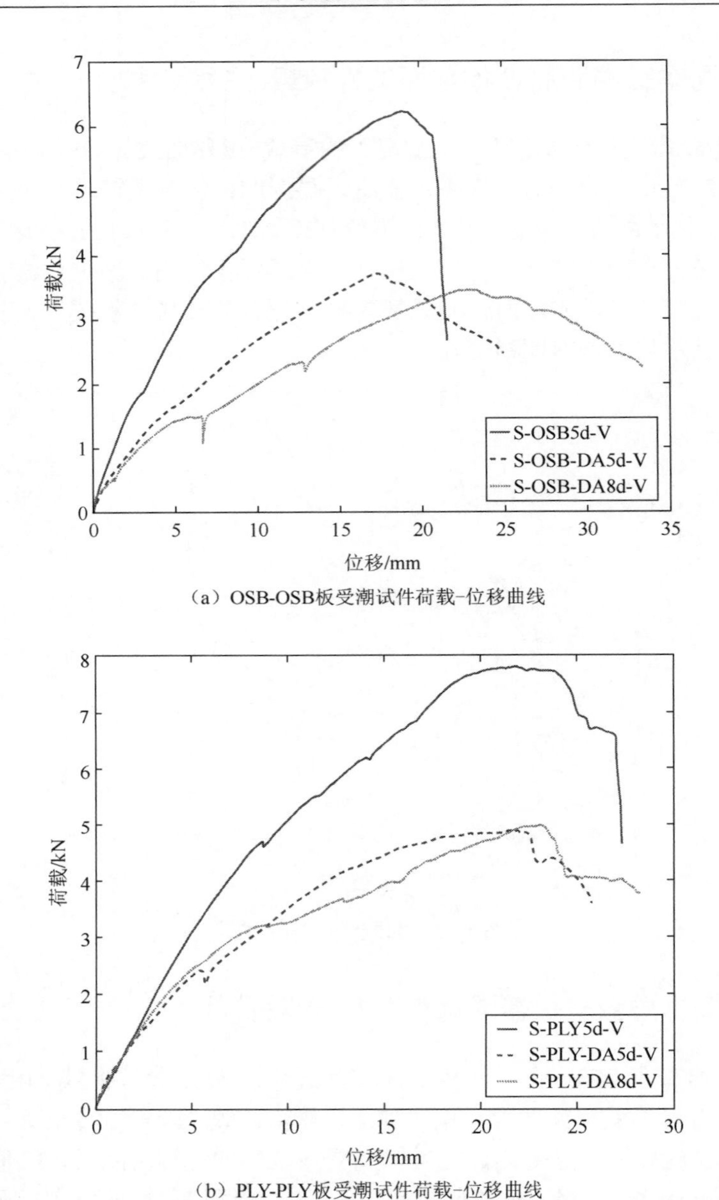

（a）OSB-OSB板受潮试件荷载-位移曲线

（b）PLY-PLY板受潮试件荷载-位移曲线

图 5.14　荷载-位移曲线图

5.3.5　试验数据处理及主要试验结果

为了便于分析，确定各试件荷载-位移曲线特征点及特征参数，对试验结果按照以下依据及方法进行处理。

（1）取上升段 0.4 倍峰值荷载处的点作为弹性点，该点所对应的荷载和位移分别为弹性荷载 F_e 和弹性位移 δ_e，即弹性刚度表达式为

$$K_e = F_e / \delta_e \tag{5.1}$$

（2）屈服点根据《建筑抗震试验规程》（JGJ/T 101—2015）[74]，按照面积互等确定屈服荷载 F_y 和屈服位移 δ_y。

（3）取荷载-位移曲线最高点作为峰值点，以确定峰值荷载 F_m 和峰值位移 δ_m。

（4）破坏点根据《建筑抗震试验规程》（JGJ/T 101—2015），取峰值荷载出现以后的下降段 0.85 倍峰值荷载处的点，以确定破坏荷载 F_u 和极限位移 δ_u。

（5）延性系数 μ 根据《建筑抗震试验规程》（JGJ/T 101—2015），取极限位移与屈服位移之比，即

$$\mu = \delta_u / \delta_y \tag{5.2}$$

通过以上方法处理后得到 OSB、胶合板与冷弯薄壁型钢自攻螺钉连接的主要试验结果，如表 5.2 所示。

表 5.2 主要试验结果

试件编号	K_e/（kN/mm）	F_y/kN	δ_m/mm	F_m/kN	δ_u/mm	F_u/kN	μ
S-OSB5d-V	0.58	4.83	18.90	6.23	20.99	5.29	1.86
S-PLY5d-V	0.62	5.99	21.77	7.8	26.62	6.63	2.02
S-OSB5d-H	0.65	5.27	16.64	6.36	18.46	5.40	1.66
S-PLY5d-H	0.35	6.79	25.24	8.02	29.59	6.81	1.54
S-OSB-DA5d-V	0.36	2.49	17.28	3.71	20.90	3.15	2.33
S-OSB-DA8d-V	0.29	1.86	22.90	3.45	29.15	2.93	3.18
S-PLY-DA5d-V	0.49	3.26	21.54	4.88	24.66	4.14	2.7
S-PLY-DA8d-V	0.54	3.24	23.05	4.98	24.34	4.24	2.56
S-OSB-PLY5d-V	0.58	6.71	20.35	8.01	22.15	6.80	1.56
S-OSB-ST5d-V	0.22	3.35	15.32	3.62	19.88	3.08	1.61
S-PLY-ST5d-V	0.50	6.51	14.72	7.12	16.52	6.04	1.27
S-OSB-ST5d-H	0.23	2.03	9.28	2.34	10.35	1.97	1.35
S-PLY-ST5d-H	0.41	3.82	17.24	4.84	20.30	4.11	2.00
S-PLY3d-V	0.69	4.62	10.76	5.21	11.68	4.45	1.34
S-PLY4d-V	0.68	4.55	14.31	5.85	17.25	4.97	2.00
S-PLY7d-V	0.54	5.34	26.39	7.58	30.33	6.45	2.57

5.4 连接性能影响因素分析

1. 覆面板类型的影响

由表 5.2 可知，垂直纹理时，PLY 覆面试件峰值荷载高出 OSB 覆面试件 25.20%，水平纹理时，PLY 覆面试件峰值荷载高出 OSB 覆面试件约 26.10%；PLY 覆面试件极限变形均大于 OSB 覆面试件；相同纹理情况下，两种板材延性系数无明显变化，水平纹理 PLY 覆面试件弹性刚度最小。

2. 板块与板条试件对比

为了研究拉伸试验中试件极限承载力和刚度是否与板条、整体板有关，本次试验进行了相应的板条试件的对比试验。从试验结果可以看出，板条试件承载力较低，相同纹理时，板条试件的承载力为整体板试件的 40%左右，板条试件的初始刚度与整体试件相比，降低了 60%。板条试件达到极限承载力后，荷载迅速衰减，可见，板条的整体刚度较小，螺钉周围板材破坏后，承载力下降迅速。

3. 螺钉端距对垂直纹理胶合板试件的影响

不同螺钉端距时，其各项特征参数的比值如图 5.15 所示，以 $3d$（15mm）螺钉端距试件 S-PLY3d-V 为基准。当螺钉端距从 $3d$ 逐渐增大至 $7d$ 时，弹性刚度呈小幅度下降趋势，峰值位移和极限位移、延性系数均大幅增加；螺钉端距从 $3d$ 到 $4d$ 再到 $5d$ 时，峰值荷载逐渐增加，分别提高 12.28%和 49.71%，比值为 1∶1.12∶1.5（比较顺序为 PLY3d∶PLY4d∶PLY5d）；而从 $5d$ 增大至 $7d$ 时，峰值荷载无明

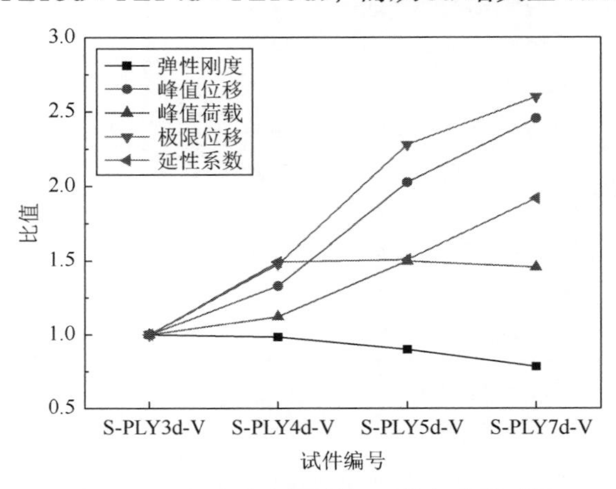

图 5.15 不同螺钉端距情况下特征参数对比

显变化；7*d* 螺钉端距试件延性系数最大，与 5*d*、3*d* 螺钉端距试件比值为 1∶1.51∶1.92（比较顺序为 PLY3d∶PLY5d∶PLY7d）。

4. 含水量与螺钉端距对定向刨花板试件的影响

图 5.16 为试件 S-OSB5d-V、S-OSB-DA5d-V、S-OSB-DA8d-V 连接性能的特征参数比较，各参数比值均以 S-OSB5d-V 作为基准，分别分析了受潮后含水量增加对弹性刚度、峰值荷载和位移、极限位移、延性系数的影响。

当湿重与原材重比值为 1.29、1.33 时（S-OSB-DA5d-V），相较于 S-OSB5d-V，弹性刚度和峰值荷载分别下降了 37.93%和 40.45%，下降幅度明显，峰值位移下降了 8.57%，无明显变化，延性系数提高了 25.27%；当湿重与原材重比值为 1.35、1.27 且螺钉端距增加到 8d 时（S-OSB-DA8d-V），相较于 S-OSB5d-V，弹性刚度和峰值荷载分别下降了 50%、44.62%，下降幅度明显，峰值位移、极限位移和延性系数分别提高了 21.16%、38.88%和 70.97%，变形能力大幅提高，破坏时螺钉基本完全拔出板材。相较于 S-OSB-DA5d-V，S-OSB-DA8d-V 的弹性刚度、峰值荷载无明显变化，即受潮后增加螺钉端距对连接承载力无明显影响，但峰值位移、极限位移和延性系数分别提高了 32.52%、39.47%和 36.48%。

可见，经受潮处理含水量增加后，试件抗剪承载力大幅下降，随着螺钉端距的增大，试件抗剪承载力没有明显的变化，但是试件的变形能力得到大幅提高。

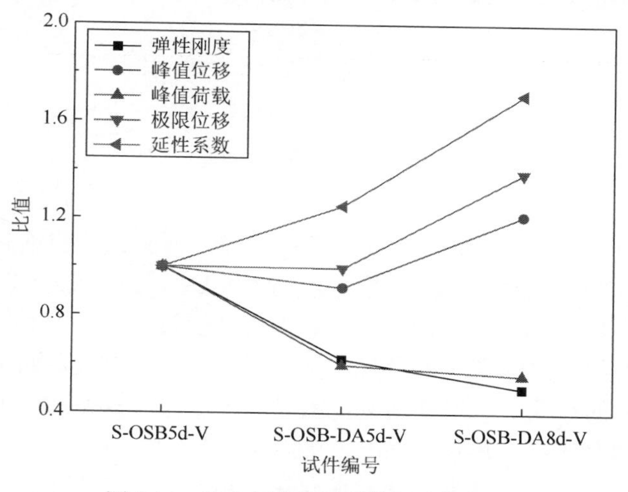

图 5.16　定向刨花板试件特征参数对比

5. 含水量与螺钉端距对胶合板试件的影响

图 5.17 为试件 S-PLY5d-V、S-PLY-DA5d-V、S-PLY-DA8d-V 连接性能的特征

参数比较，各参数比值均以 S-PLY5d-V 作为基准。

相比 S-PLY5d-V，S-PLY-DA5d-V 和 S-PLY-DA8d-V 的弹性刚度分别下降了 20.97%和 12.90%，峰值荷载分别下降 37.44%和 36.15%，而延性系数分别提高了 33.66%、26.73%，且两试件破坏现象基本相同（螺钉从板材中斜拔出，孔壁承压后轻微变形）。除峰值荷载大幅下降，延性系数明显提高，峰值位移、极限位移均无明显变化规律，且受潮后增大螺钉端距对峰值荷载也无明显影响。

经受潮处理含水量增加后，试件连接承载力和弹性刚度虽下降明显，但不如 OSB 试件下降幅度大。

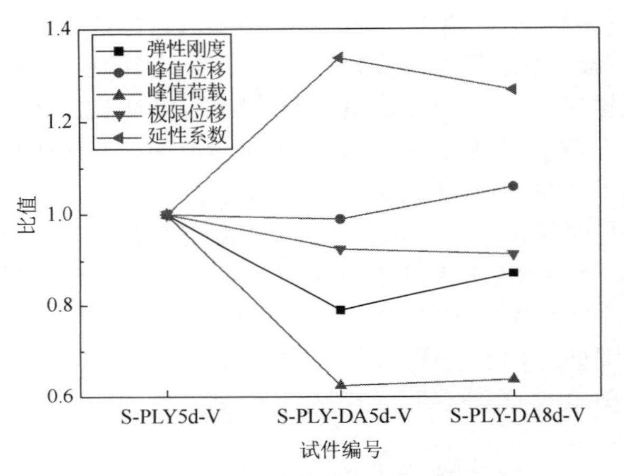

图 5.17　胶合板试件特征参数对比

5.5　小　　结

（1）垂直和水平纹理情况下，胶合板（PLY）覆面试件的承载力均明显大于定向刨花板（OSB）覆面试件，分别高出 25%和 26%左右。胶合板（PLY）垂直、水平纹理最大承载力相当，但水平纹理时弹性刚度较小。

（2）板条覆面试件承载力、变形能力远小于同类型板块覆面试件。此时胶合板板条（PLY）的承载力、弹性刚度均明显大于刨花板板条（OSB）试件。相比板块，失去了整体连接强度的板条，其连接区域更为薄弱。

（3）随着螺钉端距的不断增大，胶合板（PLY）覆面试件的承载力、峰值位移和极限位移在 $3d$（15mm）至 $5d$（25mm）螺钉端距范围内有明显增大，当螺钉端距从 $5d$（25mm）增大至 $7d$（35mm）时，试件承载力没有发生显著的变化，峰值位移、极限位移和延性系数仍明显增大。对于胶合板（PLY）覆面试件，增大螺钉端距，可以在保证其弹性刚度不明显下降的情况下提高其变形能力。

（4）试件覆面板材经受潮处理，OSB覆面试件承载力和弹性刚度下降约40%，延性系数提高约25%，胶合板覆面试件承载力下降约37%，弹性刚度无明显下降，延性系数提高约33%。

（5）OSB覆面试件经过受潮处理后，在5*d*（25mm）至8*d*（40mm）范围内增大螺钉端距，并不能提高试件承载力和弹性刚度，但可以增大峰值位移和延性系数，大幅提高其变形能力，而对经受潮处理后的胶合板覆面试件各项特征参数无明显影响。

（6）板材经相同受潮方式处理后，含水量的增加对OSB试件连接性能的影响更为显著，主要表现在弹性刚度，受潮前OSB试件的弹性刚度约为胶合板试件的93.55%，受潮后OSB试件的弹性刚度约为胶合板试件的73.47%。而相较于S-OSB5d-V各项特征参数（除K_e）与S-PLY5d-V各项特征参数（除K_e）的比值，S-OSB-DA5d-V各项特征参数（除K_e）与S-PLY-DA5d-V各项特征参数（除K_e）的比值均无明显变化。

第 6 章　冷弯薄壁型钢-单片刨花板组合墙试验研究

冷弯薄壁型钢-单片刨花板组合墙是冷弯薄壁型钢体系中主要抗侧力构件。结构的抗侧力体系一般为多个单片墙面板的组合墙构成，研究单片墙面板的冷弯组合墙的力学性能是分析整个结构抗侧力体系的基础。目前，国内外学者对冷弯薄壁型钢-刨花板组合墙力学性能进行了研究[75-79]，但考虑组合墙边梁、石膏板及墙面板缝对组合墙力学性能影响的研究相对较少。为此，本章通过试验研究，分析了边梁、水平缝、垂直缝及石膏板等对组合墙的抗剪承载力、滞回性能及延性的影响。

6.1　试 验 概 况

本次试验共进行了 10 个冷弯薄壁型钢-单片定向刨花板组合墙（简称单片板组合墙）试件试验，加载方式为静力加载和循环加载。试验主要研究了单片板组合墙的边梁、墙面板板缝、内侧石膏板等参数对力学性能的影响。

6.1.1　试件设计

单片板组合墙尺寸为 1.22m×2.74m，刨花板尺寸为 1.22m×2.44m 和 1.22m×0.3m，水平缝在 2.44m 处。采用带卷边的 C 型截面立柱，上下导轨截面为 C 型，“背靠背”卷边立柱作为边立柱，截面尺寸如图 6.1 所示。

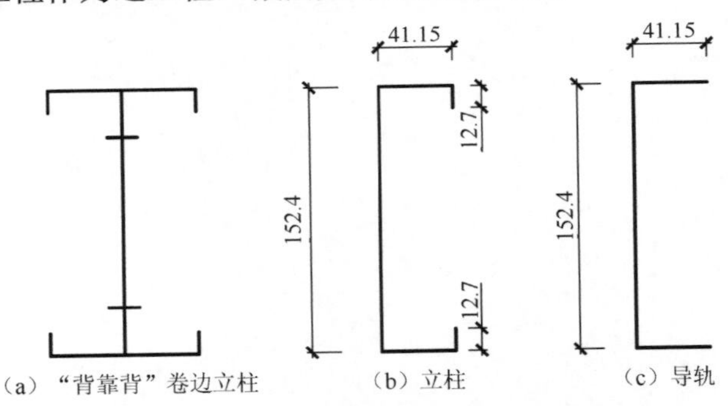

图 6.1　组合墙立柱及导轨截面图（单位：mm）

组合墙的自攻螺钉间距为 153mm，边柱和边梁的螺钉交叉布置；水平缝处采用钢条连接刨花板；冷弯槽钢在组合墙中部加劲，与立柱用角钢相连，冷弯薄壁型钢组合墙的细部尺寸和自攻螺钉布置图如图 6.2 所示，对应组合墙试件的实物照片如图 6.3 所示。

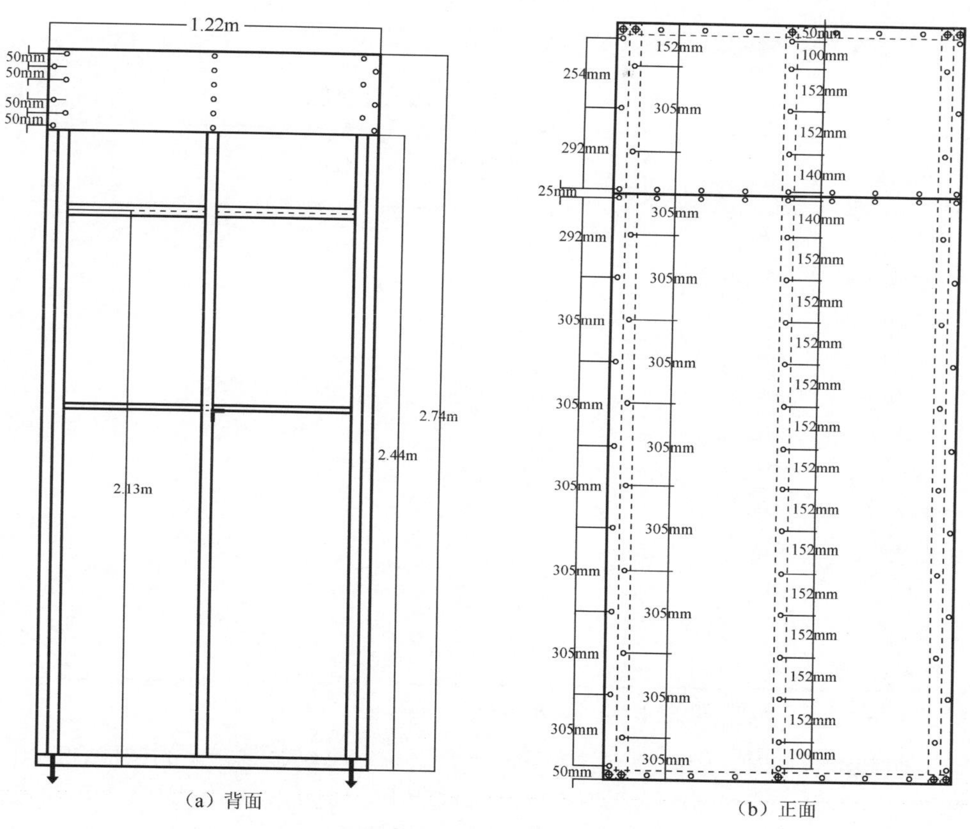

（a）背面　　（b）正面

图 6.2　组合墙细部尺寸和自攻螺钉布置图

（a）背面

（b）正面

图 6.3　组合墙试件照片

单片板组合墙的设计参数如表 6.1 所示。

表 6.1　单片板组合墙的设计参数

试件名称	加载类型	前墙面板（刨花板）	后墙面板（石膏板）	边梁	水平缝高度/m	垂直缝偏离中线/m
SSW-1a	刚度测试	—	—	—	—	—
SSW-1b	刚度测试	—	—	√	—	—
SSW-1c	静力	√	—	√	2.44	—
SSW-2	循环	√	—	√	2.44	—
SSW-3	循环	√	√	√	2.44	—
SSW-4	循环	√	—	—	2.44	—
SSW-5	循环	√	—	√	2.13	—
SSW-6	循环	√	—	—	2.13	—
SSW-7	循环	√	—	—	2.44	0.3
SSW-8	循环	√	—	—	2.44	0.6
SSW-9	循环	√	—	—	2.44	0.6
SSW-10	循环	√	—	—	1.37	0.6

注：试件 SSW-7 和试件 SSW-8 在距边柱 0.3m 处添加额外立柱

组装组合墙时，组装完立柱和导轨的冷弯薄壁型钢框架，此为试件 SSW-1a，如图 6.4（a）所示。进行刚度测试后，安装边梁，此为试件 SSW-1b，再次进行刚度测试，如图 6.4（b）所示。最后安装墙面板组装成组合墙 SSW-1c。

（a）SSW-1a

（b）SSW-1b

（c）SSW-1c

图 6.4　组合墙试件

6.1.2 材料性能

1. 钢材

本次试验采用的边梁、立柱及上下导轨基材的厚度分别为 t=1.37mm，0.84mm，2.46mm，相同厚度的不同构件都进行了试件取样。根据 ASTM A370[80]进行材料试验，试件尺寸如图 6.5 所示。试验是由位移控制的，速率为 1.27mm/min。每个构件选取三组试件。试验前对试件进行了去镀锌层的处理，以防止镀层对试件试验结果的影响，材料试验结果如表 6.2 所示。

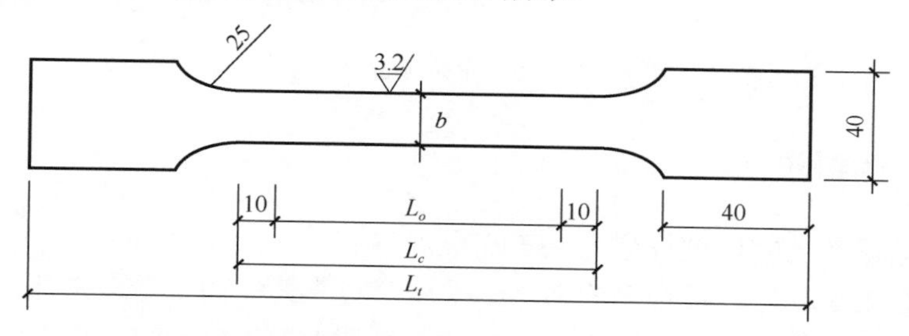

图 6.5　材料试件尺寸（单位：mm）

表 6.2　材料试验结果

名称	屈服强度/MPa	去镀锌层厚度/mm	屈服强度实测值 f_y/MPa	极限强度 f_u/MPa	f_u / f_y	伸长率（50mm）/%
立柱 1	345	1.438	345	543	1.40	14.9
导轨	345	1.481	443	499	1.13	16.5
立柱 2	228	0.927	355	413	1.16	18.0
立柱 3	228	1.433	381	547	1.43	19.1
边梁	345	2.576	313	424	1.35	30.5

材料试验结果表明，试验材料所使用的钢板都去掉镀层后，厚度都符合 AISI S201-07[81]的最小厚度要求，且所有试件都满足了 NASPEC 2007[82]中对延性的要求，即拉伸强度和屈服强度的比值都大于 1.08 且伸长率都大于 10%。

2. 定向刨花板及石膏板

定向刨花板的厚度为 11.11mm，石膏板的尺寸为 1.22m×2.44m，厚度为 12.7mm，组合墙面板如图 6.6 所示。

（a）定向刨花板

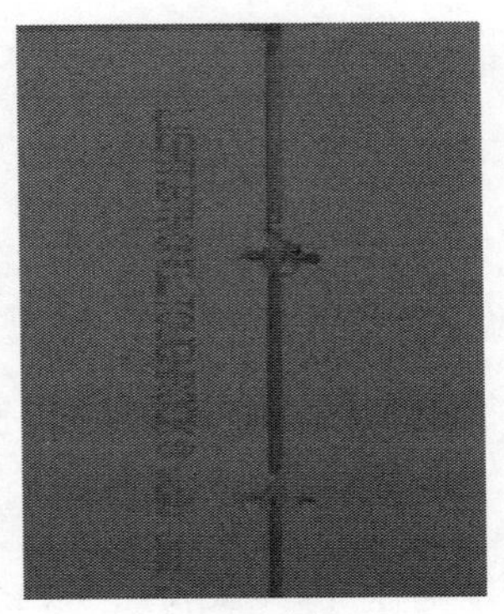

（b）石膏板

图 6.6　组合墙面板

6.1.3　试件制作

组合墙试件的制作过程分为以下几个步骤：

（1）组装边立柱。组合墙的钢框架采用“背靠背”的双卷边立柱作为边柱，两个立柱的腹板相对，如图 6.7（a）所示，采用双#10 自攻螺钉进行连接，螺钉间距为 305mm。连接时，立柱两端用卡钳进行固定以便于用螺钉进行连接，如图 6.7（b）所示。

（a）边柱组装

（b）卡钳固定

图 6.7　“背靠背”边立柱的组装

（2）预偏转紧固件。预偏转紧固件能有效防止组合墙破坏前边柱局部屈曲的发生[83]。本次试验采用 SIMPSON Strong-Tie® S/HDU6 预偏转紧固件，如图 6.8（a）所示。使用 14 个#14 的自攻螺钉连接在边柱内侧底部，如图 6.8（b）所示。预偏转紧固件底部采用周长为 15.8mm、长度为 63.5mm 的 A325 螺栓，螺栓与基底连接。

（a）安装位置

（b）预偏转紧固件

图 6.8　预偏转紧固件安装

（3）组装钢框架。立柱插入上下导轨中，采用#8 自攻螺钉进行连接。组装时，用直角卡尺校正连接处的垂直度，如图 6.9（a）所示。然后安装上边梁，边梁螺钉间距为 51mm，边梁与边立柱连接的自攻螺钉交错排列。墙加劲采用角钢和 C 型压型钢条进行连接，组装完后将钢框架颠倒准备安装定向刨花板，如图 6.9（b）所示。

（a）立柱与导轨连接

（b）边梁-钢框架

图 6.9　钢框架的组装

（4）安装定向刨花板。定向刨花板的尺寸为 1.22m×2.44m，板缝预留在 2.44m 高度处，板缝上部刨花板尺寸为 1.22m×0.3m，切割时确保刨花板纹理与原刨花板相同方向，试件刨花板安装如图 6.10 所示。定向刨花板上的自攻螺钉间距为 153mm，边柱与定向刨花板的自攻螺钉为交错排列。中间副立柱的自攻螺钉间距为 304.8mm。安装定向刨花板时采用辛普森螺钉枪，可以有效地控制自攻螺钉转入深度，自攻螺钉适当的转入深度应保持螺钉帽和板载一个水平面上，如图 6.11 所示。

（a）水平缝下部定向刨花板安装

（b）水平缝上部定向刨花板安装

图 6.10　定向刨花板的安装

（a）定向刨花板

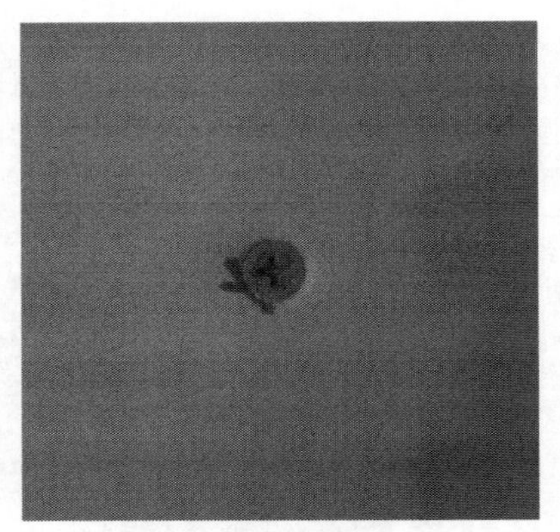

（b）石膏板

图 6.11　适当的螺钉转入深度

（5）水平缝的连接。水平缝之间采用钢条连接，上下两排自攻螺钉，如图 6.12 所示，自攻螺钉为#8，长度为 49mm，螺钉间距为 153mm，钢条厚度为 1.37mm，宽度为 38mm。自攻螺钉将定向刨花板和钢板条连接，传递剪力。

（a）水平缝处自攻螺钉（正面）

（b）水平缝处钢板条（反面）

图 6.12　水平缝处的连接

（6）垂直缝的连接。垂直缝处并没有采用钢条连接，而是在垂直缝处添加额外立柱，如试件SSW-7和试件SSW-8，两排自攻螺钉将定向刨花板和立柱翼缘连接起来共同受力，如图6.13所示。

（a）垂直缝

（b）额外立柱

图6.13　垂直缝处的连接

（7）钢框架加劲和支座的连接。组合墙框架的加劲是通过冷弯薄壁C型槽钢、角钢与立柱相连，连接形式如图6.14（a）所示，组合墙底部导轨处采用螺栓与基座相连，预偏转紧固件安装在边柱内侧，如图6.14（b）所示。

（a）墙加劲与副立柱连接

（b）基座螺栓连接

图6.14　墙加劲和基座处连接

（8）加载传力梁和加载反力架的平面内支撑。传力梁为“T”形面，通过两排#6自攻螺钉与组合墙的上导轨相连，如图6.15（a）所示。传力梁与液压千斤顶铰接，将力传递给组合墙。通过平面内支撑确保试验过程中组合墙的平面运动，平面内支撑由两排可移动的滚轮组成，T型传力梁在两排滚轮中运动，如图6.15（b）所示。试验时，T型传力梁和滚轮之间预留一定的间隙以防止摩擦产生的影响。

（a）传力梁的安装

（b）平面内支撑

图 6.15　传力梁和平面内支撑

（9）试件组装完成。组合墙组装完成后吊装到试验框架上，测量实验室室内温度和湿度并做好记录，如图 6.16 所示。

（a）反面

（b）正面

图 6.16　带边梁的单片板组合墙

（10）测量端部立柱和导轨间距。试验之前，测量了立柱和导轨的间距、位置和编号，如图 6.17 所示。测量数据如表 6.3 所示。

图 6.17 测量间距的位置

表 6.3 导轨与立柱的缝隙 （单位：mm）

试件编号	缝隙 1	缝隙 2	缝隙 3	缝隙 4
SSW-1c	2.03	2.97	1.04	1.50
SSW-2	0.76	1.83	0.66	3.90
SSW-3	2.46	4.06	1.60	2.67
SSW-4	1.65	3.68	0.68	1.98
SSW-5	3.48	4.49	0.79	2.36
SSW-6	3.38	2.01	2.56	1.83
SSW-7	0.94	3.35	1.60	2.21
SSW-8	1.19	1.24	0.84	2.56
SSW-9	0.99	1.55	0.97	1.96
SSW-10	1.32	1.19	1.83	2.18

6.1.4 加载方案

试验试件在加载框架上进行，荷载由液压千斤顶提供，通过 T 型传力梁传递给组合墙，T 型传力梁与液压千斤顶通过一个钢棒铰接，平面内支撑保持试验时组合墙在平面内运动，底部加载框架为 W16×67 工字钢梁，与混凝土基座固结。组合墙底部左右两侧布置两个位移计，分别测量在循环荷载下试件是否有水平位移或垂直位移。顶部位移计是采集组合墙顶部水平位移。试验加载装置和位移计布置如图 6.18 所示。组合墙底部导轨与空心矩形钢管用螺栓连接，空心矩形钢管与底部工字钢梁用螺栓连接，如图 6.19 所示，小圆点•代表螺栓，大圆点◎代表预偏转紧固件的螺栓位置，空心点∘代表螺栓预留孔。

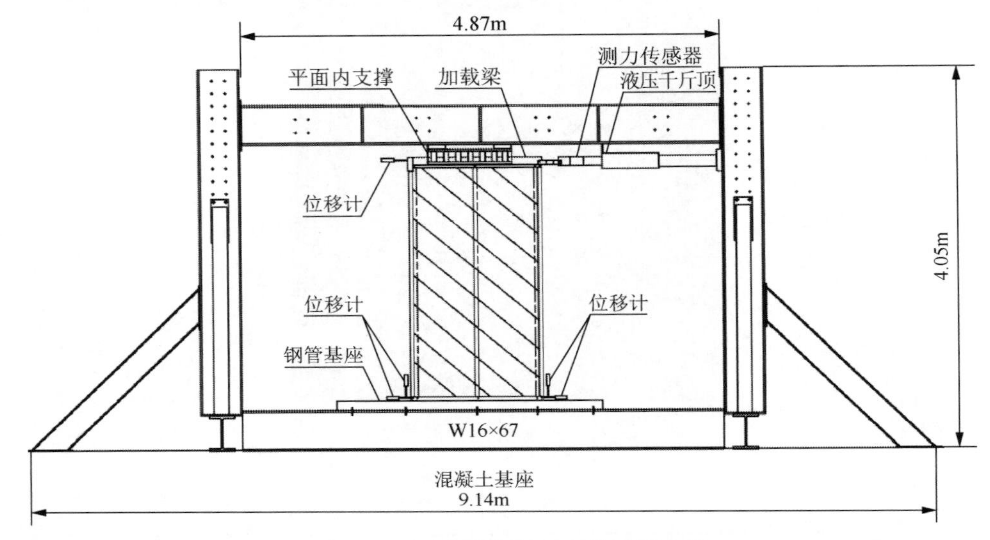

图 6.18　试验加载框架以及位移计布置

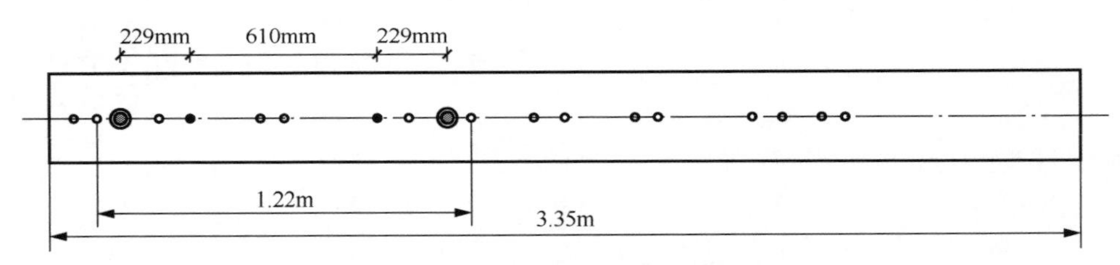

图 6.19　单片板组合墙底部螺栓间距

1. **静力加载**

静力加载采用位移控制，进行静力加载试验，具体步骤如下：

（1）估算组合墙的抗剪承载力。根据规范 AISI S213-07[62]获得组合墙承载力。

（2）对组合墙预加载 10%的估算抗剪承载力，持荷 5 分钟后再完全卸载，其目的是密实试件各部分的缝隙。

（3）试验正式开始，先加载 1/3 的估算抗剪承载力，然后完全卸载，等待墙体变形恢复，接着再加载到 2/3 的估算承载力，完全卸载，加载的增量是 1/3 的估算承载力，最后一直加载到试件破坏为止。

2. 循环加载

循环加载采用地震工程研究大学联盟（Consortium of Universities for Research in Earthquake Engineering，CUREE）准则。CUREE 准则是针对加州地区轻钢框架结构的抗震需求、基于统计分析而形成的，加载历史曲线如图 6.20 所示。使用 CUREE 准则前首先确定参考位移，参考位移可以衡量构件在承受循环荷载时的变形能力，确定的方法可以通过以前相同试验的经验数值，或者通过一个相同参数的静力试验确定。本次试验根据静力试验数值确定参考位移。

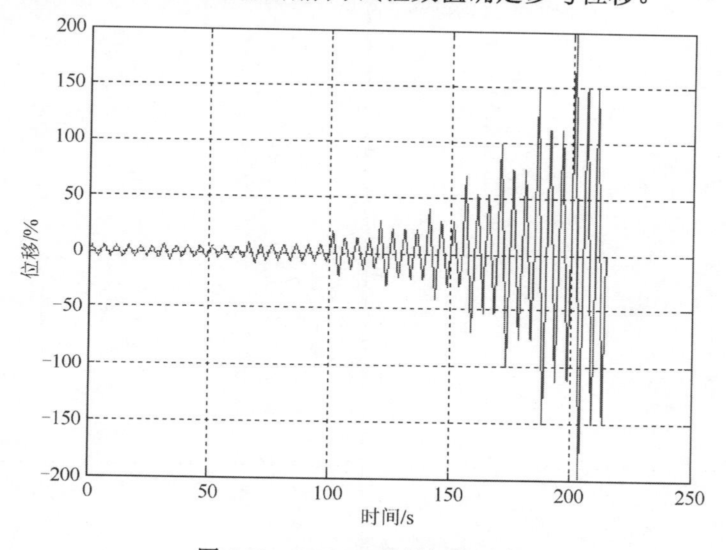

图 6.20　CUREE 准则加载历史

循环加载试验依据 ASTM E2126-11[83]中的 CUREE 准则进行试验，具体步骤如下：

（1）计算参考位移。根据静力试验的极限承载力对应的位移乘以相应的系数计算得出参考位移。

（2）试验采取 43 个循环加载。如果组合墙的墙面板在 40 个循环后没有破坏，则需要添加额外循环数。添加的位移是在前一级较大位移基础上增加 50%，后面跟着两个循环较小的位移循环，较小位移的数值是本级较大位移的 75%，具体加载细节如表 6.4 所示。

表 6.4　CUREE 准则加载

循环数	参考位移/%	循环数	参考位移/%
1	5	23	15
2	5	24	15
3	5	25	30
4	5	26	23
5	5	27	23
6	5	28	23
7	7.5	29	40
8	5.6	30	30
9	5.6	31	30
10	5.6	32	70
11	5.6	33	53
12	5.6	34	53
13	5.6	35	100
14	10	36	75
15	7.5	37	75
16	7.5	38	150
17	7.5	39	113
18	7.5	40	113
19	7.5	41	200
20	7.5	42	150
21	20	43	150
22	15		

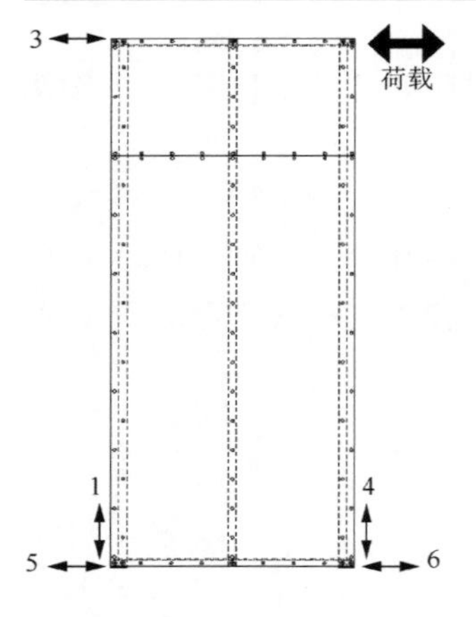

图 6.21　位移计布置图

6.1.5　测量内容

测试框架上右侧安装 150kN 液压伺服作动器，量程是±127mm。采用 5 个位移计测量垂直位移和水平位移，具体布置如图 6.21 所示。位移计 1、5 和 4、6 的目的是监测在试验中试件是否有水平或者垂直方向的位移，顶部位移计 3 采集试件水平位移。数据采集系统由 National Instruments® Unit 和桌面电脑组成。

6.2　试验现象与破坏形态

本次试验共用了 10 个试件，试验中观察到连接刨花板与立柱破坏模式，如图 6.22 所示。其中螺钉剪切破坏出现在组合墙角部，螺钉拔出墙面板及部分拔出墙面板破坏多出现在预偏转紧固件附近，板缝处的破坏多为墙面板撕裂，刨花板破坏常见于组合墙立柱的中部位置，内侧石膏板的破坏主要有螺钉孔扩大和墙面板撕裂破坏。

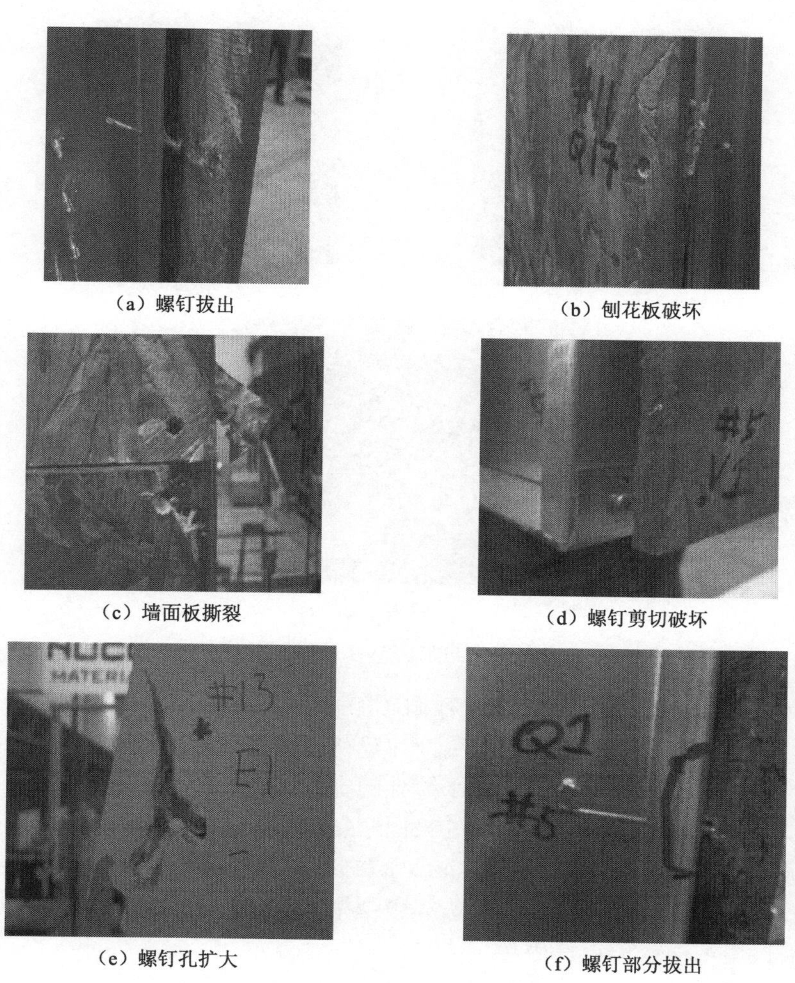

（a）螺钉拔出　（b）刨花板破坏

（c）墙面板撕裂　（d）螺钉剪切破坏

（e）螺钉孔扩大　（f）螺钉部分拔出

图 6.22　墙面板和自攻螺钉破坏模式

试件 SSW-1c：对试件 SSW-1c 进行静力试验，有边梁，水平缝在 2.44m 处，无垂直缝。荷载作用初期，试件变形很小，组合墙处于弹性阶段。随着荷载的增加，当荷载达到约 60%的抗剪承载力时，试件底部发出清脆响声，同时观察到水平缝处有错动，钢条处的螺钉发生倾斜。当荷载继续增加时，试件底部的螺钉连接发生破坏，自攻螺钉拔出定向刨花板，在水平缝的左侧角部，发现墙面板撕裂破坏。底部右侧边立柱有 6 个螺钉拔出，右侧边龙骨有 5 个螺钉拔出墙面板，如图 6.23 所示。与下导轨相连的自攻螺钉全部发生拔出破坏，试件破坏。

（a）右侧面

（b）左侧面

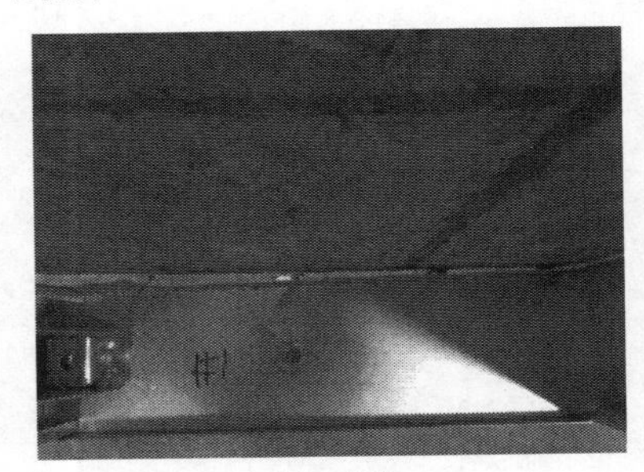

（c）底部

图 6.23　试件 SSW-1c 破坏图片

试件 SSW-2：对试件 SSW-2 进行循环加载，有边梁，水平缝在 2.44m 处，无垂直缝。循环加载使用 CUREE 准则，加载初期试件变形较小，组合墙处于弹性阶段。随着位移的增大，观察到水平缝处的定向刨花板相互错动，在组合墙的背面观察到水平缝，自攻螺钉在钢条处来回倾斜摇摆，水平缝处定向刨花板螺钉发生剥离破坏，螺钉被拔出，如图 6.24 所示。此时，试件仍可继续承受荷载，随着循环加载位移增加，水平缝下螺钉破坏范围增大，水平缝下左右边梁处 6～7 个螺钉都被拔出墙面板，试件破坏。

（a）水平缝

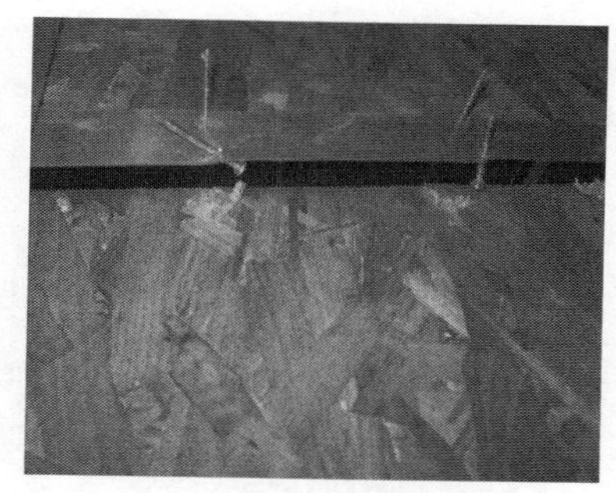

（b）水平缝的钢条

图 6.24　试件 SSW-2 破坏图片

试件 SSW-3：试件 SSW-3 有边梁、石膏板，水平缝在 2.44m 处，无垂直缝。循环加载初期，试件变形较小，组合墙处于弹性阶段。由于 CUREE 准则的特点，前期循环加载位移增量较小，随着循环加载位移的增加，试件破坏逐渐累积。每一级的增加，都比前一级的基础上有更多的螺钉连接发生拔出破坏或者剪切破坏。在第 35 个循环取得极限承载力，定向刨花板的破坏主要集中在左侧的边柱，表现为墙面板的破坏，如图 6.25 所示。其中水平缝角部和组合墙下导轨角部都发现刨花板撕裂破坏。石膏板的破坏主要是螺钉空洞扩大和螺钉从石膏板中拔出，石膏板已经完全脱离组合墙。

（a）石膏板破坏

（b）定向刨花板破坏

图 6.25　试件 SSW-3 破坏图片

试件 SSW-4：试件 SSW-4 有边梁，水平缝在 2.44m 处，无垂直缝。循环加载初期，试件变形较小，组合墙处于弹性阶段。随着循环增加，试件水平缝处的错动明显，在试件的正面可以观察到水平缝处螺钉的倾斜摇摆。当达到 35 个循环时，有清脆的刨花板撕裂的声音。当达到 38 个循环时，听见刨花板清脆的撕裂声音并观察到水平缝处已经发生错动，不再是整体承受荷载，试件破坏。破坏主要集中在水平缝，板缝处所有的螺钉都被拔出了刨花板，如图 6.26 所示。角部发生刨花板撕裂破坏，底部螺钉连接未见破坏。

（a）水平缝破坏（背面）

（b）水平缝破坏（正面）

图 6.26　试件 SSW-4 破坏图片

试件 SSW-5：试件 SSW-5 有边梁，水平缝在 2.13m 处。试件 SSW-5 与试件 SSW-2 相比较，水平缝由 2.44m 变成了 2.13m。循环加载初期，试件变形较小，组合墙处于弹性阶段。随着循环的增加，观察到水平缝处相互错动。当达到 35 个循环时，能听到清脆的刨花板撕裂响声。当达到 38 个循环时，底部导轨以及立柱周围的螺钉连接先发生破坏，如图 6.27 所示。随着循环继续增加，可明显观察到底部刨花板已经和钢框架分离，试件破坏。

（a）刨花板连接破坏（右侧）

（b）刨花板连接破坏（左侧）

（c）下导轨连接破坏

图 6.27　试件 SSW-5 破坏图片

试件 SSW-6：试件 SSW-6 无边梁，水平缝在 2.13m 处。循环加载初期，试件变形较小，组合墙处于弹性阶段。随着循环的增加，观察到水平缝处板的相互错动。当达到 33 个循环时，能听到连续刨花板撕裂响声。当达到 38 个循环时，听到清脆的刨花板撕裂声音，底部导轨以及立柱周围的螺钉连接先发生破坏，如图 6.28 所示。循环继续增加，可明显观察到底部刨花板已经和钢框架分离，试件破坏。

（a）右侧立柱

（b）左侧立柱

（c）左侧底部螺钉

（d）右侧底部螺钉

图 6.28　试件 SSW-6 破坏图片

试件 SSW-7：试件 SSW-7 无边梁，水平缝在 2.44m 处，垂直缝在 0.304m 处。循环加载初期，试件变形较小，组合墙处于弹性阶段。随着循环的增加，观察到垂直缝的相互错动。当达到 33 个循环时，听到连续刨花板撕裂响声。当达到 38 个循环时，垂直缝处螺钉连接破坏，随着位移增加，水平缝结合处也遭到破坏，如图 6.29 所示。底部观察到有 2 个螺钉从刨花板中拔出。

（a）垂直缝与水平缝破坏（正面）

（b）垂直缝处破坏（背面）

图 6.29　试件 SSW-7 破坏图片

试件 SSW-8：试件 8 无边梁，水平缝在 2.44m 处，垂直缝居中。试件 SSW-8 在距离边柱 0.3m 处添加额外立柱。循环加载初期，试件变形较小，组合墙处于弹性阶段。随着循环的增加，观察到垂直缝上螺钉倾斜摆动。当达到 33 个循环时，听到连续刨花板撕裂响声。当达到 38 个循环时，垂直缝处右侧螺钉连接全部破坏，随着位移增加，水平缝与右下窄板结合处也遭到破坏，破坏进一步扩大，并未发现底部有螺钉破坏，如图 6.30 所示。

（a）板缝交界处破坏

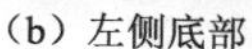
（b）左侧底部

（c）右侧底部

图 6.30　试件 SSW-8 破坏图片

试件 SSW-9：试件 SSW-9 无边梁，水平缝在 2.44m，垂直缝在 0.6m 处居中，无额外立柱。与试件 SSW-8 对比，研究组合墙垂直缝位于组合墙中线时，在 0.3m 处添加额外立柱。循环加载初期，试件变形较小，组合墙处于弹性阶段。随着循环的增加，观察到垂直缝上螺钉倾斜摆动。当达到 38 个循环时，听到连续刨花板撕裂响声。当达到 41 个循环时，垂直缝处右侧螺钉连接全部破坏。随着位移增加，水平缝与右下窄板结合处发生破坏，如图 6.31 所示。

（a）水平缝（正面）

（b）水平缝（背面）

图 6.31　试件 SSW-9 破坏图片

试件 SSW-10：试件 SSW-10 无边梁，水平缝在 1.37m 处，垂直缝在 0.60m 处，无额外立柱。循环加载初期，试件变形较小，组合墙处于弹性阶段。随着循环的增加，观察到板缝处有相互作用，其中上下两部分作用剧烈，垂直缝处的螺钉倾斜摇摆明显。当达到 38 个循环时，听到连续刨花板撕裂响声，4 块板载之间存在接触。当达到 41 个循环时，垂直缝处右侧螺钉连接全部破坏，其中底部角部发现刨花板撕裂，如图 6.32 所示。

（a）试件 SSW-10

（b）底部

（c）竖向缝角部螺钉

图 6.32　试件 SSW-10 破坏图片

6.3　试验结果分析

为了分析钢框架的刚度以及边梁对钢框架刚度的影响，试验首先进行了 1.22m×2.74m 钢框架的刚度测试。试件 SSW-1a 为钢框架，试件 SSW-1b 是在试件 SSW-1a 基础上添加了边梁。

由试验得到试件 SSW-1a 和试件 SSW-1b 的荷载-位移关系曲线，如图 6.33 所示。由于只进行刚度测试，因此只在框架顶部施加 50.8mm 侧向位移，为估测位移的 30%，确保试件处于弹性阶段。由试验结果可得，试件 SSW-1a 的刚度是 10kN/m，加上边梁后，试件 SSW-1b 的刚度是 20kN/m。

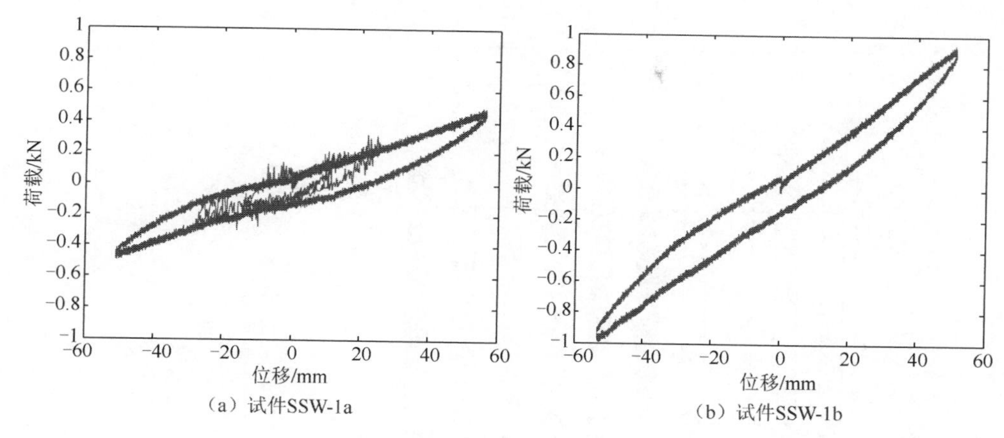

（a）试件SSW-1a　（b）试件SSW-1b

图 6.33　刚度测试

循环加载测得组合墙试件有正方向和负方向两个承载力极值及相应位移，抗剪承载力为正负两个极值的平均值，试验结果如表 6.5 所示。

表 6.5　组合墙的试验结果

试件编号	*P*+ /kN	*P*− /kN	平均值 /kN	Disp+ /mm	Disp− /mm	平均值 /mm
SSW-1c	21.80	—	21.80	75.26	—	75.18
SSW-2	20.64	−18.57	19.61	74.09	−68.94	71.51
SSW-3	22.51	−17.04	19.77	72.92	−61.85	67.39
SSW-4	18.61	−17.13	17.87	73.08	−48.90	60.99
SSW-5	18.20	−16.91	17.55	71.78	−49.78	60.78
SSW-6	21.92	−14.77	18.34	70.69	−42.98	56.83
SSW-7	15.58	−16.34	15.96	64.77	−48.54	56.65
SSW-8	18.43	−16.53	17.48	92.84	−76.28	84.56
SSW-9	16.38	−15.84	16.11	106.71	−74.12	90.41
SSW-10	16.92	−16.90	16.91	73.94	−75.64	74.79

注：*P*+和 *P*−分别是组合墙正向最大荷载和负向最大荷载；Disp+和 Disp−分别是正向最大荷载和负向最大荷载对应的位移

单片板（1.22m×2.74m）组合墙试件的抗剪承载力比较如图 6.34 所示。图中的水平线为 AISI S213-07 规定承载力 14.87kN，从图中可以看出，所有试件都达到了规定的承载力，说明参数的变化会造成承载力有一定的浮动，但一般不会低于规范要求的标准。

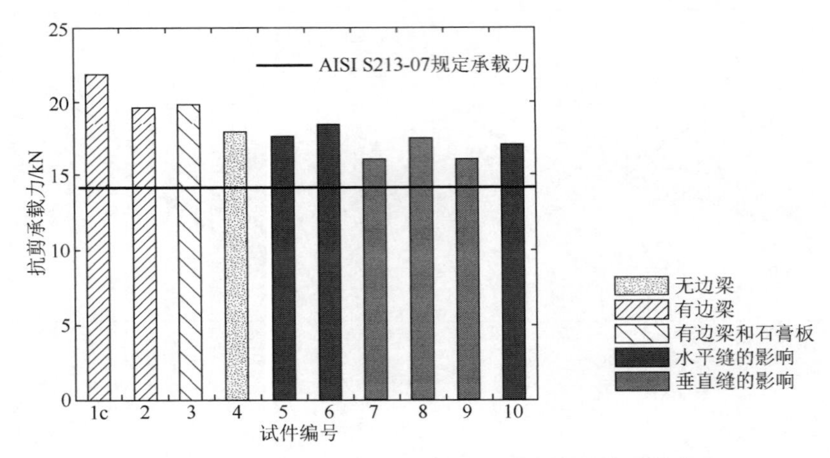

图 6.34　单片板（1.22m×2.74m）组合墙抗剪承载力

由试验得单片板组合墙初始刚度、抗剪承载力对应位移、荷载下降到 80%承载力对应的位移及延性比的柱状图，如图 6.35 所示。由图可以看出，垂直缝对组合墙的承载力、初始刚度、延性比有一定的削弱，承载力对应的位移和荷载下降到 80%承载力的位移较大，如垂直缝处添加额外的立柱，对垂直缝不利的作用有所缓解，边梁、水平缝对组合墙的影响较小，内侧石膏板可以提高组合墙的初始刚度，但对抗剪承载力影响较小。

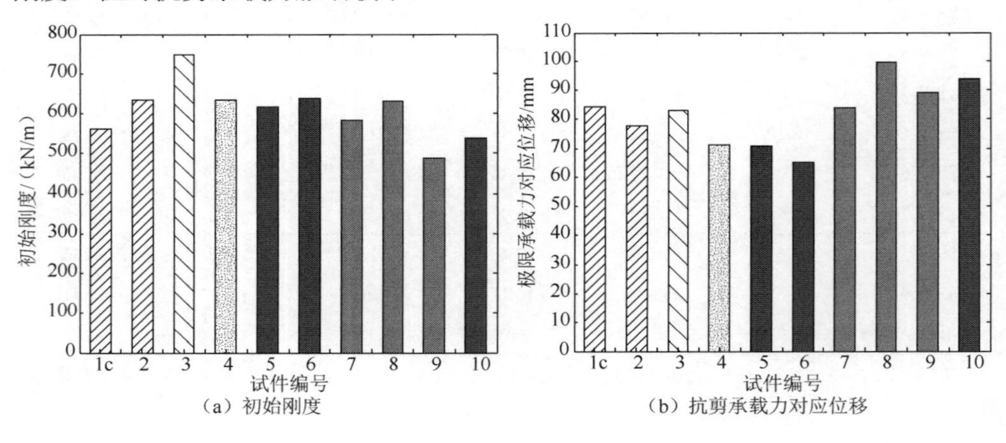

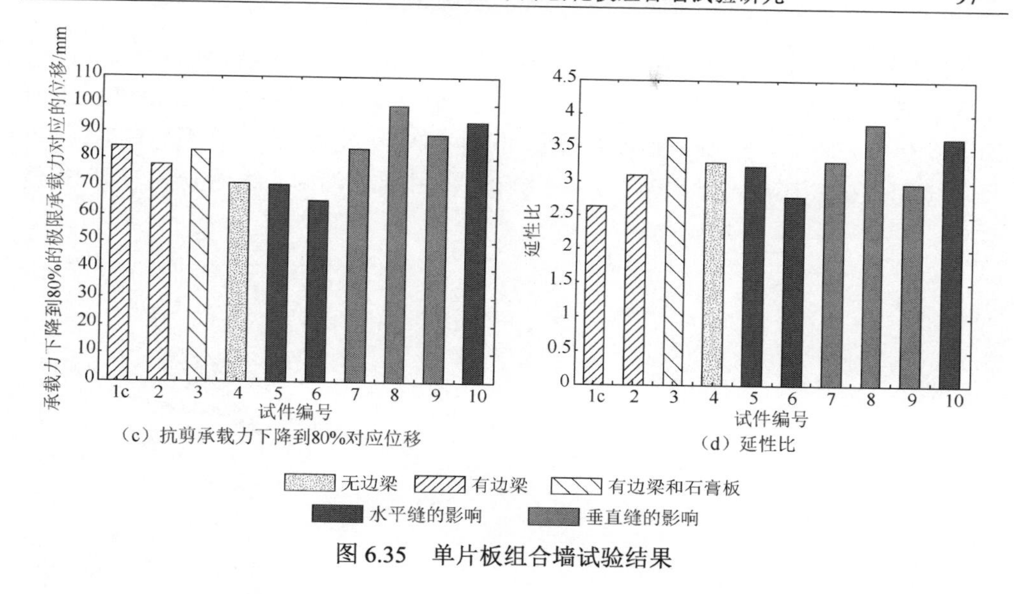

（c）抗剪承载力下降到80%对应位移　（d）延性比

图 6.35　单片板组合墙试验结果

6.4　滞回性能分析

6.4.1　滞回曲线及参数影响

单片板组合墙（1.22m×2.74m）试件的荷载-位移关系曲线如图 6.36 所示。从图中可以看出，静力加载下，组合墙达到抗剪承载力后，荷载急剧下降，荷载-位移关系曲线没有明显的屈服平台，如图 6.36（a）所示。加载初期，荷载-位移滞回曲线比较稳定，组合墙达到最大荷载后，荷载明显降低，组合墙取得最大荷载后，循环耗能较差，并且相对不稳定，同时，循环加载的荷载-位移滞回曲线“捏缩”效应明显。

组合墙试件 SSW-2 滞回曲线如图 6.36（b）所示。滞回曲线呈现明显“捏缩”效应，组合墙取得（正向或负向）最大荷载后，下一个循环不稳定，耗能较差。组合墙试件 SSW-3 是在组合墙试件 SSW-2 基础上内侧添加石膏板，其滞回曲线如图 6.36（c）所示。每一组较大位移幅值的循环包裹面积大，耗能较好，但最大荷载值循环后两个位移幅值较小的循环耗能较差。试件 SSW-4 是在组合墙 SSW-2 基础上去掉了边梁，滞回曲线如图 6.36（d）所示。每一组循环中较大位移幅值的循环包裹面积较大，特别是组合墙取得正向最大荷载后，下一组循环中，耗能较好。试件 SSW-5 与 SSW-2 相比，水平缝变为 2.13m 高，滞回曲线如图 6.36（e）所示。组合墙试件 SSW-5 取得（正向或负向）最大荷载后，下一组循环耗能表现较差。相比之下试件 SSW-6 在 SSW-5 基础上去掉边梁，其滞回曲线耗能表现有一定提高，如图 6.36（f）所示。组合墙试件 SSW-7 和 SSW-8 有垂直缝，分别在距边柱 0.3m 和 0.6m 处，其滞回曲线如图 6.36（g）、图 6.36（h）所示，可以看出，试件 SSW-8 的滞回耗能明显好于试件 SSW-7。与试件 SSW-8 相比，试件 SSW-9 无额外立柱，其滞回曲线如图 6.36（i）所示。与试件 SSW-8 相比，试件 SSW-9 最大荷载所在循环耗能较差。与试件 SSW-9 相比，试件 SSW-10 水平缝在试件中部，滞回曲线更饱满，滞回耗能较好，如图 6.36（j）所示。

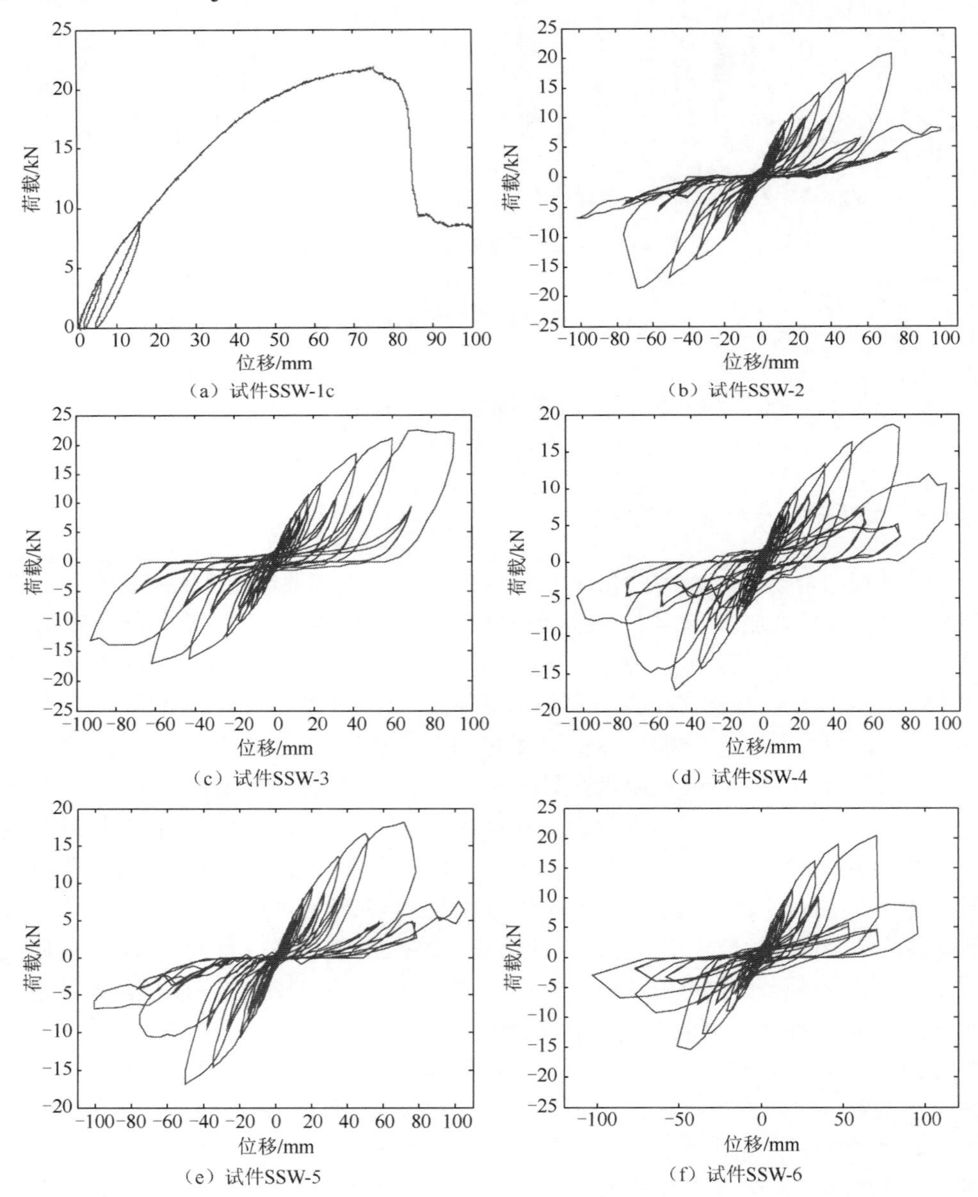

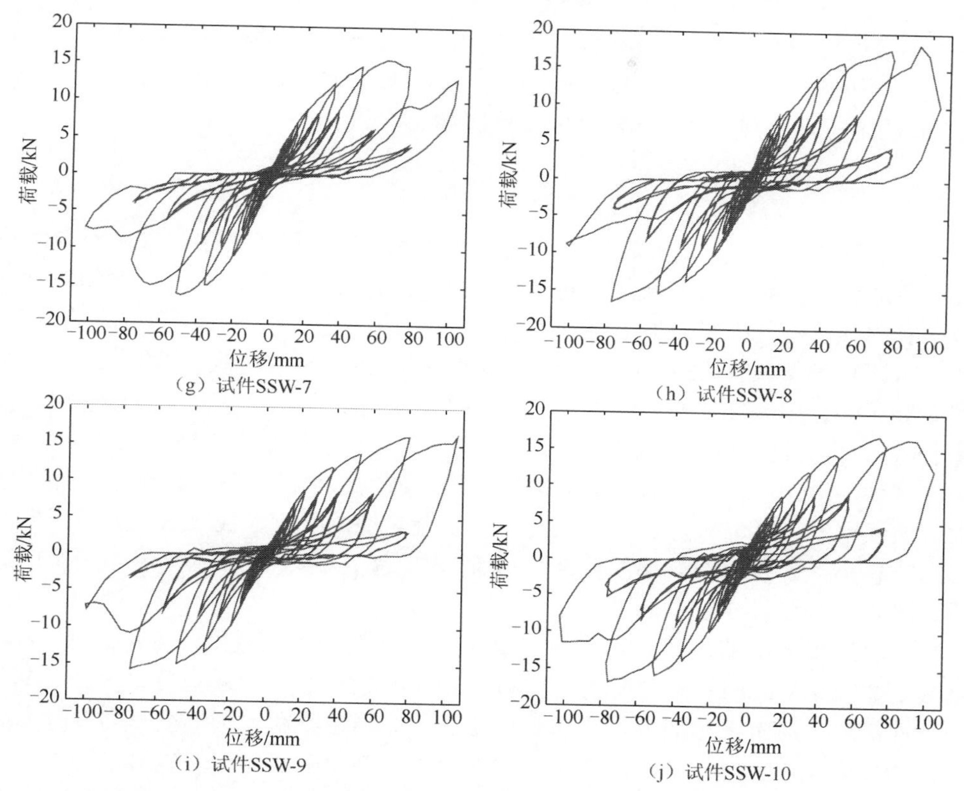

图 6.36　单片板（1.22m×2.74m）组合墙荷载-位移关系曲线

1. 边梁

边梁-框架的冷弯薄壁型钢体系，边梁在组合墙内侧的上部，通过自攻螺钉与组合墙钢框架连接。冷弯薄壁型钢结构体系中，边梁承受楼板传递的荷载并传递给墙体。

（1）边梁对刚度影响。试件 SSW-1a 为“背靠背”边柱和导轨组成的钢框架，试件 SSW-1b 是在 SSW-1a 基础上添加了边梁。为了确定边梁对钢框架刚度的作用，对 SSW-1a 和 SSW-1b 进行刚度测试。试件 SSW-1a 的刚度是 10 kN/m，试件 SSW-1b 的刚度增加为 20 kN/m。加上边梁后，框架刚度增加了一倍。

（2）边梁对整体性能影响。试件 SSW-2 有边梁，定向刨花板为墙面板，无石膏板的基准对比试件，试件 SSW-4 是在试件 SSW-2 的基础上去掉了边梁，由试验可得试件 SSW-2 和试件 SSW-4 的荷载-位移滞回曲线如图 6.36(b)、图 6.36(d) 所示，试件 SSW-4 比试件 SSW-2 的滞回曲线更加饱满，因此，试件 SSW-4 的耗能稍好。试件 SSW-4 去掉了边梁，在一定程度上耗能程度有所提高，最关键的作用在于无边梁的组合墙能在极限承载力取得 1～2 圈稳定的循环。在试验过程中观察到，边梁的存在限制了水平缝上面 0.3m 处墙体的变形，也就是把 1.22m×2.74m 的组合墙变成了 1.22m×2.44m 的组合墙。

2. 水平缝

定向刨花板的出厂尺寸固定为 1.22m×2.74m，在实际工程中，层高不同而不可避免地出现板缝，板缝预留的高度在规范中并没有统一的要求，一般情况下，水平缝的预留位置在组合墙上部。

由试验可得试件 SSW-2、SSW-4、SSW-5 和 SSW-6 的荷载-位移滞回曲线如图 6.36（b）、图 6.36（d）、图 6.36（e）、图 6.36（f）所示。从图中可以看出，试件 SSW-2 的承载力更高，试件 SSW-4 的滞回曲线在取得最大荷载的循环更饱满；相比试件 SSW-6，试件 SSW-4 的滞回曲线在取得最大荷载后的循环包裹面积较大，曲线饱满，耗能较好。总体来看，水平缝对初始刚度、极限承载力和延性比的影响较小，这表明组合墙的构造（边梁+定向刨花板+2.44m 水平缝）是可以满足 AISI S213-07 要求的。

试验结果对比图如图 6.34 和图 6.35 所示。从图中可以看出，SSW-2、SSW-4、SSW-5 和 SSW-6 的初始刚度基本相同；SSW-8 的承载力对应位移最大；SSW-6 的延性最差。对水平缝的分析是和边梁相关的。当边梁和水平缝同一高度时（如试件 SSW-2 和试件 SSW-4），带边梁试件取得最高的承载力。但当边梁和水平缝不在同一高度时（如试件 SSW-5，边梁在 2.44m，板缝在 2.13m，或试件 SSW-6，板缝在 2.13m，无边梁），边梁对试件承载力有一定的削弱。由于边梁刚度较大，试件边梁和水平缝不在同一高度时，对距离较近的柔性的水平缝有一个削弱作用，同时也会对承载力有 10%左右的削减。初始刚度、最大位移以及延性比都表现出较小幅度的波动。但是板缝-边梁的作用可以改变试件的破坏形式，例如试件 SSW-2，水平缝和边梁在相同高度，破坏在水平缝，然而试件 SSW-5，板缝在 2.13m 高度，边梁在 2.44m，破坏却在试件底部。尽管如此，所有试件的破坏都是自攻螺钉拔出墙面板的破坏，并未发现立柱局部屈曲破坏或弯扭屈曲破坏。如果试件板缝在中部，其削减作用与试件板缝在 2.13m 相似。板缝最恰当的位置是在 2.44m 的高度并且与水平缝对齐，实质上是在板缝高度上形成了完全覆盖的作用。

3. 垂直缝

试件 SSW-7 垂直缝在距边柱 0.3m 处，试件 SSW-8 垂直缝在距边柱 0.6m 处。垂直缝在 0.3m 时，没有立柱（中间立柱在垂直中线）与之对应连接垂直缝，为此，试件 SSW-7 在 0.3m 处添加立柱。作为对比件，试件 SSW-8 也在相应位置添加了立柱。

由试验得到试件 SSW-7 和试件 SSW-8 的荷载-位移滞回曲线如图 6.36（g）和图 6.36（h）所示。从图中可以看出，垂直缝居中的试件 SSW-8 的荷载-位移滞回曲线相对试件 SSW-7 更加饱满，“捏缩”效应有所缓解。

试验结果对比图如图 6.34 和图 6.35 所示。从图中可以看出，试件 SSW-8 比试件 SSW-7 的抗剪承载力高出 9.5%；在初始刚度和抗剪承载力对应位移上有 15%左右差异；承载力下降到 80%对应位移和延性比，试件 SSW-8 都比试件 SSW-7 高出 20%左右，说明垂直缝居中的组合墙具有更高的承载力和较好的延性。

4. 石膏板

石膏板一般作为防火和装饰材料装饰内墙。与定向刨花板相比，石膏板刚度较小且易碎。实际建筑中，石膏板作为墙体内板，定向刨花板作为外墙面板。试件 SSW-3 为内侧石膏板，外侧定向刨花板，对比件为试件 SSW-2，由试验数据可得试件 SSW-2 和试件 SSW-3 的荷载-位移的滞回性能曲线如图 6.36（b）和图 6.36（c）所示。从图中可以看出，石膏板对组合墙的滞回曲线“捏缩”现象有所缓解，在衰减循环中能消耗更多的能量。试验结果对比图如图 6.34 和图 6.35 所示，组合墙内侧添加石膏板对承载力和初始刚度稍有提高，但墙体后峰值的力学性能表现主要靠强度更高的定向刨花板的连接提供，所以石膏板对后峰值的墙体力学性能几乎没有贡献。运用等效能量弹塑性（equivalent energy elastic plastic，EEEP）[84]法计算试件的延性比，带石膏板组合墙比与无石膏板的延性比稍大。

5. 额外立柱

试件 SSW-8 的水平缝在 2.44m 高度，无边梁，垂直缝在墙体中间，并在距离边柱 0.3m 位置布置了额外的立柱。试件 SSW-9 与试件 SSW-8 相比少了额外添加的立柱。需要说明的是，额外的立柱与定向刨花板连接的自攻螺钉间距是 0.3m。

由试验数据可得试件 SSW-8 和试件 SSW-9 的荷载-位移的滞回性能曲线，如图 6.35（h）、图 6.35（i）所示。从图中可以看出，试件 SSW-8 的滞回曲线比试件 SSW-9 的略微饱满，尤其是在取得承载力所在的循环，以及接下来的两个小循环可以看出，额外立柱的作用就是在极限承载力和后峰值循环能消耗更多的能量。从破坏形式上看，试件 SSW-8 和试件 SSW-9 破坏都在水平缝和垂直缝，表现为螺钉脱离刨花板，并无大的差异。

试验结果对比图如图 6.34 和图 6.35 所示。相比试件 SSW-9，带额外立柱的试件 SSW-8 的初始刚度和延性比提高 20%左右，极限承载力提高 10%。试件 SSW-8

和试件 SSW-9 都达到了北美规范 AISI S213-07 规定的承载力。对于抗剪承载力对应位移，试件 SSW-8（额外立柱）对应的位移更小，但对于承载力下降到 80%后对应的位移，试件 SSW-9 对应的位移小。总体来看，添加额外立柱能大幅提高初始刚度和延性，使得带垂直缝的组合墙试件承载力达到 AISI S213-07 的要求，有一定的保证，同时控制减小极限承载力对应的位移。

6.4.2 骨架曲线

由试验得到组合墙试件的骨架曲线如图 6.37 所示。从图中可以看出，试件 SSW-3 取得了最大承载力和最大的初始刚度。试件 SSW-4 与试件 SSW-2 相比，水平缝高度在 2.44m 处，有边梁的组合墙取得相对较大的初始刚度和最大荷载。试件 SSW-5 和试件 SSW-6 相比，水平缝高度在 2.13m 处，无边梁组合墙有相对较高的初始刚度和最大荷载，试件 SSW-6 达到最大荷载后，承载能力急剧下降，延性较差，相比之下，带边梁试件 SSW-5 较为平缓。试件 SSW-7、SSW-8、SSW-9 对比，垂直缝居中且带有额外立柱的试件 SSW-8 取得最大荷载，带垂直缝且无额外立柱的试件 SSW-9 的荷载最小。试件 SSW-10 的水平缝和垂直缝在组合墙中线处，最大荷载仍高于试件 SSW-7～SSW-9。

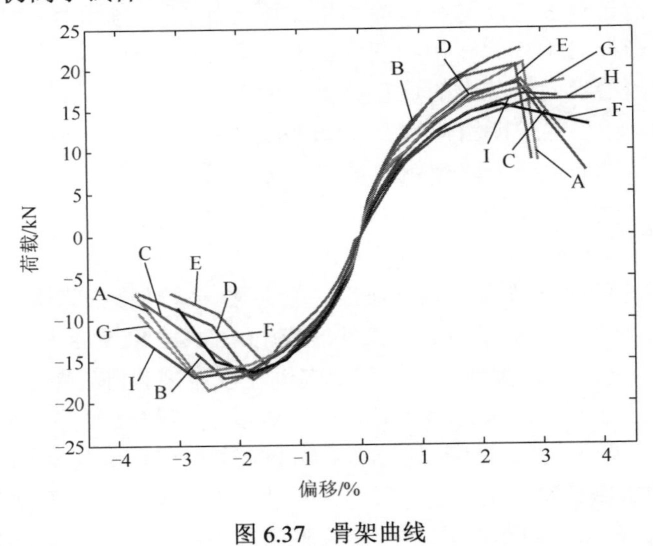

图 6.37　骨架曲线

A. SSW-2；B. SSW-3；C. SSW-4；D. SSW-5；E. SSW-6；F. SSW-7；G. SSW-8；H. SSW-9；I. SSW-10

6.4.3 最大荷载下滞回曲线

由试验得到组合墙最大荷载的滞回曲线，如图 6.38 所示。从图中可以看出，带石膏板和边梁的组合墙试件SSW-3的滞回曲线饱满，包裹面积最大，耗能最好。试件SSW-9最大荷载所在循环的刚度最小，达到最大荷载时偏移最大。除了试件SSW-9之外，其余试件都是在第38个循环取得最大荷载，试件SSW-9在第35个循环取得最大荷载。由于组合墙在正向加载过程中已经发生连接破坏，反向加载时，试件无法承受同样的荷载，因此出现正向和负向的曲线不对称性；最大荷载滞回曲线“捏缩”现象严重，加载到正向和负向最大荷载后卸载，偏移到2%左右时组合墙几乎没有任何刚度和承载能力。

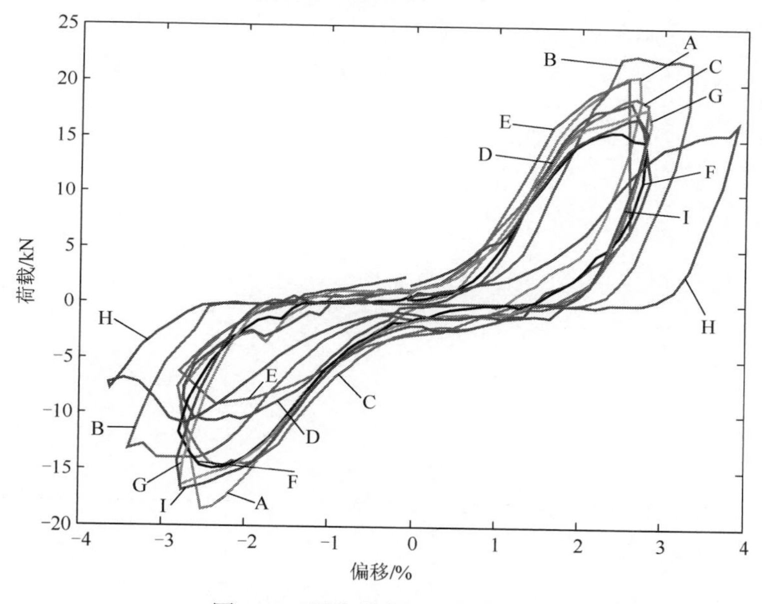

图 6.38　最大荷载下的滞回曲线

A. SSW-2-38th；B. SSW-3-38th；C. SSW-4-38th；D. SSW-5-38th；E. SSW-6-38th；F. SSW-7-38th；G. SSW-8-38th；H. SSW-9-35th；I. SSW-10-38th

6.5　小　　结

通过10个单片定向刨花板为墙面板的冷弯薄壁型钢组合墙试验研究，分析试验结果，得到如下结论：

（1）组合墙的破坏位置发生在板缝处、刨花板与底部导轨连接处、墙体底部的刨花板与边立柱连接处等，未见立柱局部屈曲破坏；自攻螺钉倾斜并拔出刨花板，墙角部发生螺钉剪断及刨花板撕裂破坏。

（2）所有试件均满足北美AISI S213-07的规范承载力要求，边梁、石膏板及板缝等参数变化对组合墙的承载力有一定的影响，但所有单片板组合墙都可达到北美规范要求。组合墙的滞回曲线呈现明显的“捏缩”效应，取得最大荷载后，承载力衰减和刚度退化较大，且耗能较差。

（3）边梁对框架刚度提高 50%左右；边梁对承载力提高或削弱取决于水平缝高度，水平缝高度为 2.44m，即边梁的高度与水平缝相同，边梁的存在提高组合墙承载力 10%左右，水平缝高度为 2.13m，边梁的存在降低组合墙承载力 5%左右；组合墙内侧添加石膏板能提高墙体初始刚度 15%左右，但对承载力和延性提高不明显。水平缝和垂直缝对初始刚度影响较小，垂直缝对组合墙承载力和延性有削弱作用，尤其是不对称的垂直缝，通过增加额外立柱可提高带不对称垂直缝的组合墙试件承载力和延性，建议设计及施工中应避免不对称垂直缝。

第 7 章　冷弯薄壁型钢-双片刨花板组合墙试验研究

冷弯薄壁型钢-双片刨花板组合墙（简称双片板组合墙）中，沿轴线整片组合墙是以单片墙面板并行排列组成，因此，研究多片墙面板组合墙的力学性能和破坏机理对研究整体抗侧力系统有现实意义。国内外许多学者对冷弯薄壁型钢-刨花板组合墙进行了研究[84-88]，但多片墙面板的冷弯薄壁型钢组合墙的力学性能的研究尚为少见。为此，本章通过双片定向刨花板为墙面板的组合墙的静力和循环加载试验，分析边梁、内侧石膏板及较弱副立柱等主要参数对组合墙抗剪性能和滞回性能的影响。

7.1　试 验 概 况

本次试验共制作 6 个双片板组合墙，进行静力加载试验和循环加载试验，分析边梁、石膏板及副立柱等对组合墙的力学性能的影响。

7.1.1　试件设计

双片板组合墙的尺寸为 2.44m×2.74m，墙面板采用两片 1.22m×2.44m 定向刨花板，水平缝位置在 2.44m 高度处，无垂直缝，采用三个副立柱，间距为 610mm，副立柱的螺钉间距为 306mm。组合墙的试件设计参数如表 7.1 所示。

表 7.1　双片板组合墙的设计参数

试件名称	加载类型	前墙面板（定向刨花板）	后墙面板（石膏板）	立柱厚度/mm	边梁
DSW-11c	静力	√	—	1.37	√
DSW-12	循环	√	—	1.37	√
DSW-13	循环	√	√	1.37	√
DSW-14	循环	√	—	1.37	—
DSW-15	循环	√	—	0.84	—
DSW-16	循环	—	√	1.37	√

双片板组合墙试件如图 7.1 所示，试验参数为边梁、水平缝。

图 7.1 为组合墙试件，试件的正面墙面板由 4 片定向刨花板组成，其中上部两块窄板，下部两块宽板。板缝处的螺钉间距为 152mm，副立柱所在的位置与刨花板连接的螺钉间距为 0.3m。组合墙背面顶部为边梁，在建筑中的作用是承担楼

板梁传递的荷载并传递给组合墙。中部用 C 型截面的槽钢把钢架连接起来，边立柱是“背靠背”的组合立柱。预偏转紧固件安装在背靠背立柱内侧，抵抗试验中产生的向上的拉力以及防止局部屈曲。

（a）正面

（b）背面

图 7.1　双片板组合墙试件

7.1.2　试件制作

双片板组合墙与单片板组合墙试件制作相似，其中两片 1.22m× 2.44m 刨花板垂直缝，将中间副立柱翼缘与刨花板连接，螺钉间距为 153mm。边梁和边柱的自攻螺钉交叉布置，间距为 153mm，冷弯槽钢在组合墙中部加劲，螺钉及板缝布置如图 7.2 所示。

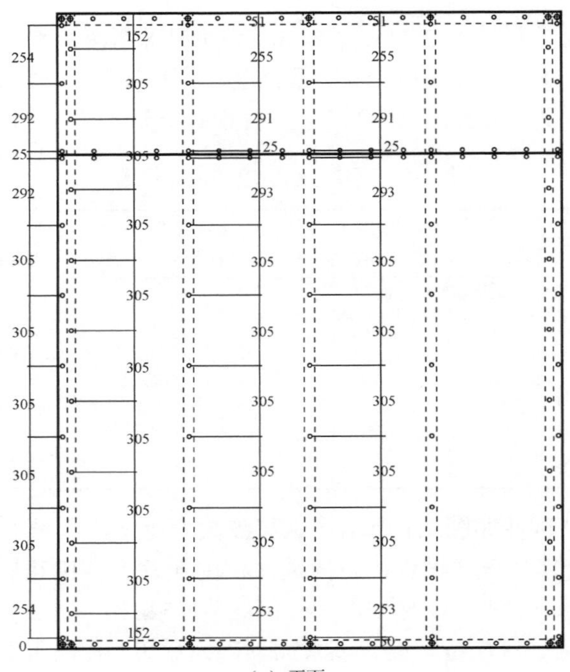

（a）正面

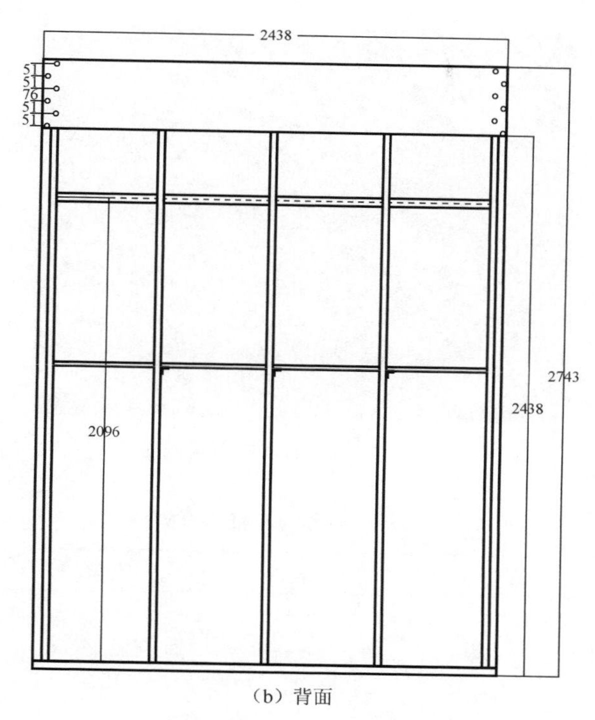

（b）背面

图 7.2　双片板组合墙的示意图（单位：mm）

组合墙的底部与钢基座采用螺栓连接，螺栓采用 A325 型号，螺栓间距如图 7.3 所示。小圆点•代表螺栓，大圆点◎代表预偏转紧固件的螺栓位置，空心点∘代表螺栓预留孔（本次实验未使用）。

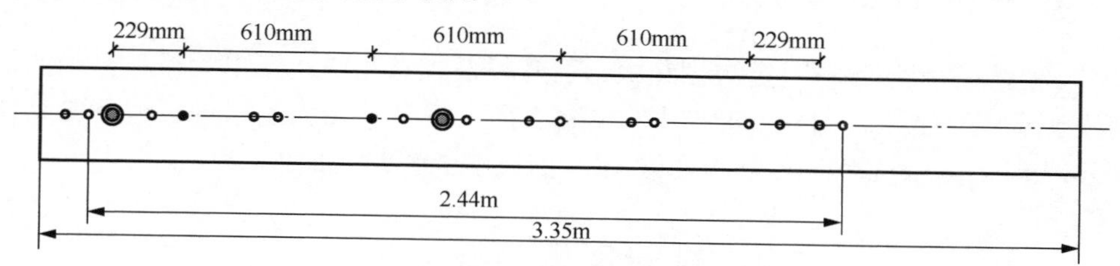

图 7.3　双片板组合墙底部螺钉间距

组装导轨和立柱的过程中，导轨和立柱的连接并不能完全紧密相连，加载前先进行导轨和立柱间隙的测量，测量的位置如图 7.4 所示，测量结果如表 7.2 所示。

图 7.4　立柱与导轨间隙测量的位置

表 7.2　导轨与立柱的缝隙　（单位：mm）

试件编号	缝隙 1	缝隙 2	缝隙 3	缝隙 4
DSW-11c	2.95	2.54	2.64	2.13
DSW-12	1.65	3.25	3.63	2.28
DSW-13	0.86	1.90	2.11	1.80
DSW-14	2.11	3.68	1.98	1.65
DSW-15	0.635	3.48	3.76	3.05

注：试件 DSW-16 的钢框架是由试件 DSW-15 试验后继续组装使用的，因此没有记录缝隙数据

7.1.3　材料性能与量测内容

试验所采用的钢材，定向刨花板、石膏板及螺钉与第 3 章单片板组合墙的材料来源于同一批次，材料试验参数如表 6.2 所示。位移和力均通过数据采集系统 National Instruments® Unit 自动采集，位移计的布置以及加载方案见 6.1 节。

7.2　试验现象与破坏形态

试验 DSW-11c：试件 DSW-11c 有边梁，尺寸为 2.44m×2.74m。静力加载采用的准则为 ASTM E564-06[89]。定向刨花板连接都处在弹性阶段。随着荷载的增加，位移逐渐增大，最终破坏出现在水平缝处，其中一侧刨花板侧向螺钉连接全部拔出，刨花板破坏，如图 7.5 所示。

（a）正面

（b）背面

图 7.5　试件 DSW-11c 破坏现象

试验 DSW-12：试件 DSW-12 与试件 DSW-11c 具有相同参数。不同的是，加载方式为循环加载。在循环荷载作用初期，边梁连接、定向刨花板连接都处在弹性阶段。随着循环的增加，位移逐渐增大，当达到 35 个循环时，观察到水平缝处出现破坏，伴随着刨花板撕裂的声音。循环继续增加，接下来第 35、36 个循环的加载位移是在最大位移基础上减小了 75%，所以并没有发生破坏，当达到 37 个循环时，底部导轨和刨花板的连接全部破坏，同时伴随响亮的刨花板撕裂声音。底部破坏同时发生在边立柱上高度为 600mm 左右，如图 7.6 所示。在定向刨花板的角部多发生螺钉的剪切破坏，螺钉帽被刨花板剪断。多见破坏为螺钉拔出刨花板和刨花板的剪切破坏。

（a）正面

（b）背面

（c）北侧面

（d）南侧面

（e）底面

图 7.6　试件 DSW-12 破坏现象

试验 DSW-13：试件 DSW-13 是在试件 DSW-12 的基础上背面添加石膏板，如图 7.7 所示。加载方式为循环加载。循环加载初期，边梁、定向刨花板、石膏板边梁连接都处于弹性阶段。随着循环的增加，位移逐渐增大，当达到 31 个循环时，底部立柱与定向刨花板的连接发生破坏。随着循环的增加，位移加大，之后的每次位移更大的循环石膏板和刨花板底部连接都有螺钉被拔出，出现破坏，直到 39 个循环时，刨花板一侧的底部导轨螺钉连接全部破坏，可以看出刨花板和钢框架的运动不同步，同时石膏板上部角部发生剪切破坏，如图 7.7（a）所示。边梁附近发生了剥离破坏，如图 7.7（b）所示。由于循环加载的后半段石膏板已经几乎脱离了钢框架，底部发生了与钢管制作接触破坏，如图 7.7（d）所示。刨花板板缝处和边柱的连接并未发现破坏。

（a）北侧面

（b）南侧面

（c）底导轨

图 7.7　试件 DSW-13 破坏现象

试件 DSW-14：试件 DSW-14 无边梁，板缝在 2.44m 高度处，螺钉间距为 153mm，与试件 DSW-12 相比少了边梁，其余参数都相同，如图 7.8 所示。循环荷载作用初期，边梁和刨花板的连接都处于弹性阶段。随着循环的增加，当达到 32 个循环时，听见刨花板撕裂的声音。由于试件 DSW-14 没有边梁，在加载过程中，水平缝的相对运动较小，说明整体性更好。当达到 38 个循环时，底导轨和定向刨花板的连接完全受剪切破坏，如图 7.8 所示。底部边柱 600mm 高度处的刨花板连接发生螺钉拔出破坏。观察到，底部刨花板和钢框架运动的不同步，试件破坏。试验中未见预偏转紧固件和水平缝处连接破坏。

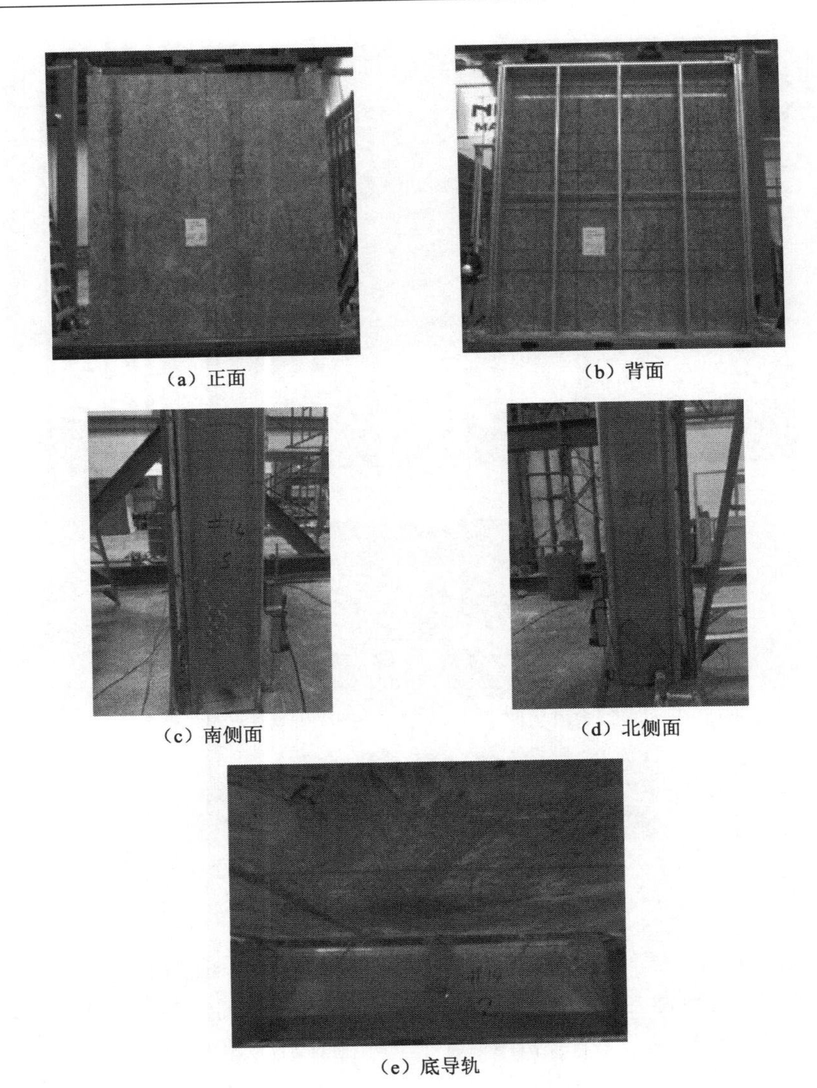

（a）正面　（b）背面

（c）南侧面　（d）北侧面

（e）底导轨

图 7.8　试件 DSW-14 破坏现象

试件 DSW-15：试件 DSW-15 无边梁，板缝在 2.44m 高度处，螺钉间距为 153mm，如图 7.9（a）和图 7.9（b）所示。与试件 DSW-14 相比，试件 DSW-15 选用了强度较弱、厚度较小的副立柱。型号为 600S162-33，屈服强度为 207MPa，厚度为 0.8382mm。试件 DSW-14 及其余试件的副立柱的屈服强度为 345MPa，厚度为 1.372mm。循环荷载加载初期，位移较小，试件处于弹性阶段。随着循环的增加，位移增大，当达到 32 个循环时，水平缝处发生少许相对错动，同时听到了刨花板撕裂响声，但刨花板仍然能保持整体受力。循环继续增加，位移逐渐增大，当达到 35 个循环时，水平缝处相对错动加剧。当达到第 38 个循环时，右侧下部 1.22m×2.44m 的刨花板与中间的副立柱连接全部破坏，如图 7.9（d）所示。同时观察到，当板缝连接处发生破坏后，循环加载上部窄板和下部宽板产生接触挤压作用，导致上部窄板发生破坏，如图 7.9（c）、图 7.9（e）、图 7.9（f）所示。

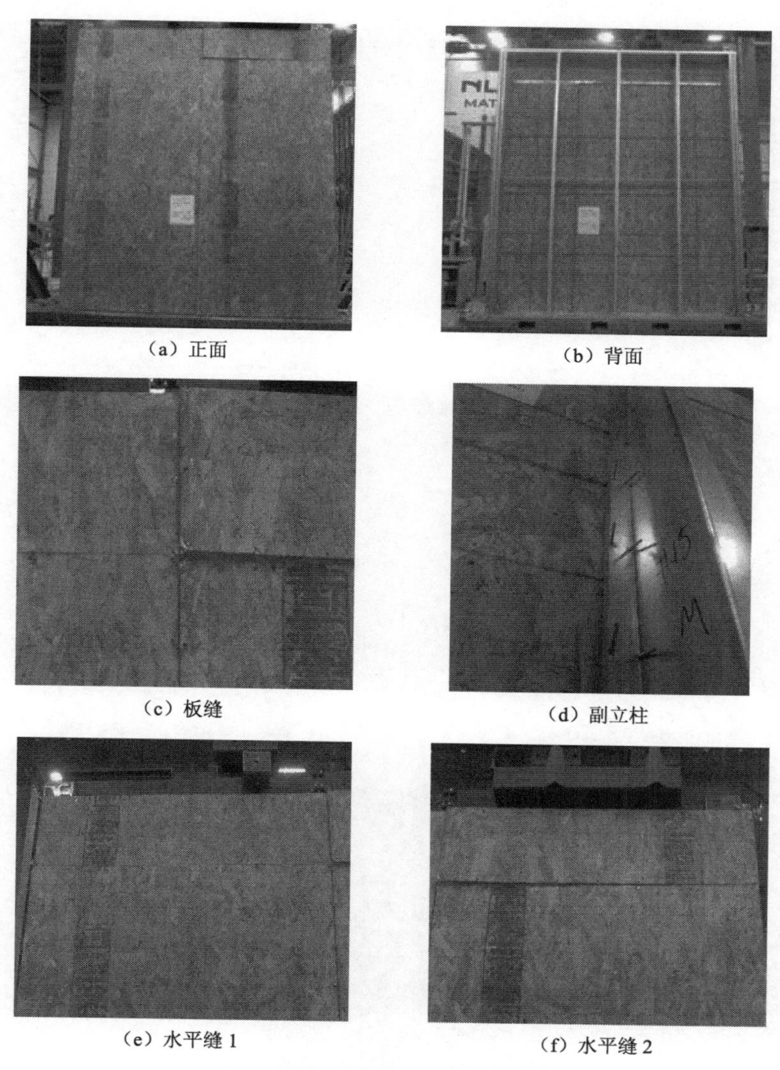

（a）正面　（b）背面

（c）板缝　（d）副立柱

（e）水平缝 1　（f）水平缝 2

图 7.9　试件 DSW-15 破坏现象

试件 DSW-16：试件 DSW-16 有边梁，墙面板为石膏板，螺钉间距为 153mm，如图 7.10（a）、图 7.10（b）所示。为了分析石膏板对组合墙性能的作用，试件

DSW-16 只安装了石膏板。循环荷载作用初期，试件均处于弹性阶段。随着循环的增加，当达到 38 个循环时，右侧石膏板的顶部沿着左侧边立柱的连接发生破坏，明显观察到石膏板上部脱离立柱，另一块石膏板的底部边立柱的连接发生破坏，如图 7.10（c）、图 7.10（d）所示。循环继续增加，立柱的连接破坏进一步扩大，当达到 41 个循环时，破坏发生在两块石膏板组合成长方形的对角线区域、两个角部区域发生螺钉连接破坏，并导致边立柱和石膏板几乎没有有效的螺钉连接，如图 7.10（e）所示。

（a）正面

（b）背面

（c）南侧面

（d）北侧面

（e）侧面

图 7.10　试件 DSW-16 破坏现象

7.3　试验结果分析

试验首先进行钢框架的刚度测试，如图 7.11 所示。试件 DSW-11a 测试钢框架本身的刚度，如图 7.11（a）所示；试件 DSW-11b 是在 DSW-11a 基础上添加边梁，分析边梁对整个框架的刚度影响。如图 7.11（c）所示，在宽度是 2.44m 的钢框架中间等间距布置 3 个副立柱。

（a）DSW-11a

（b）DSW-11b

（c）DSW-11c

图 7.11　双片板组合墙试件

为了研究钢框架本身的刚度及边梁对钢框架刚度影响，试验进行了冷弯薄壁型钢组合墙的刚度测试。加载方式采用位移控制，分别对 DSW-11a 和 DSW-11b 施加 25mm 位移，保证钢框架在弹性范围内，测得相应的荷载-位移关系曲线如图 7.12 所示。试件 DSW-11a 的刚度为 12kN/m，试件 DSW-11b 的刚度为 28kN/m，边梁对框架刚度提高了 57%。

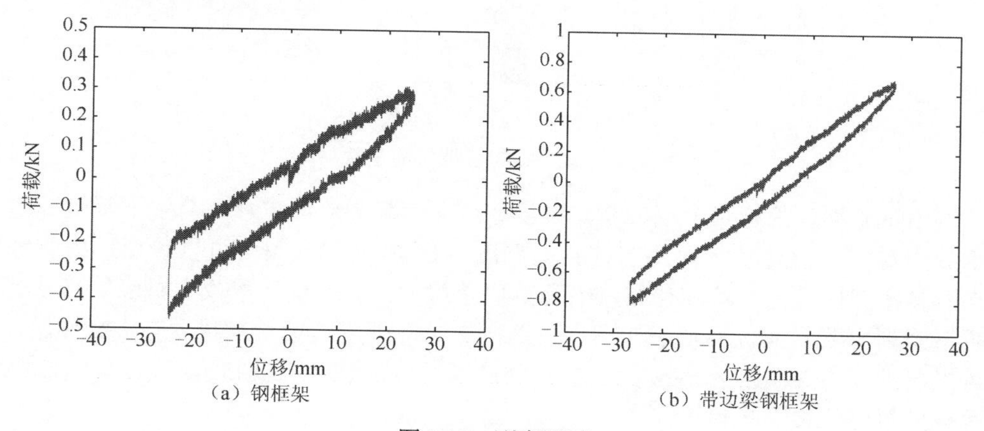

（a）钢框架　（b）带边梁钢框架

图 7.12　刚度测试

循环加载测得组合墙试件有正方向和负方向两个承载力极值及相应位移，极限承载力为正负两个极值的平均值，试验结果如表 7.3 所示。

表 7.3　组合墙的试验结果

试件编号	$P+$ /kN	$P-$ /kN	平均值 P_{avg} /kN	Disp+ /mm	Disp− /mm	平均值 $Disp_{avg}$ /mm
DSW-11c	38.73	—	38.73	61.42	—	61.42
DSW-12	44.70	−37.55	41.13	57.59	−42.20	49.90
DSW-13	47.22	−40.49	43.86	55.85	−41.09	48.47
DSW-14	37.56	−35.23	36.40	56.39	−42.06	49.23
DSW-15	31.42	−29.85	30.64	41.05	−42.50	41.78
DSW-16	9.21	−7.20	8.21	30.93	−44.00	37.46

双片板组合墙试件的承载力比较如图 7.13 所示。图中的水平线为 AISI S213-07 规定承载力 33.45kN。从图中可以看出，除试件 DSW-15 和试件 DSW-16 之外，其他试件都达到了规定的抗剪承载力，其中试件 DSW-13（定向刨花板加石膏板）抗剪承载力最大，试件 DSW-16（单面石膏板）抗剪承载力最小。

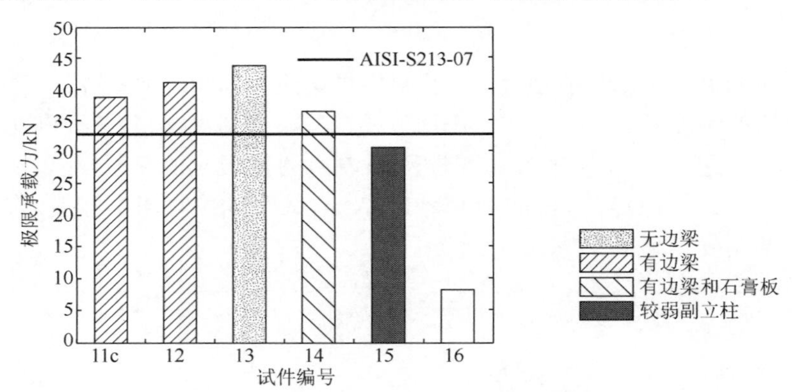

图 7.13　双片板组合墙抗剪承载力

由试验得双片板组合墙的初始刚度、抗剪承载力对应位移、荷载下降到 80%承载力对应的位移及延性比的柱状图如图 7.14 所示。从图中可以看出，内侧添加石膏板能提升组合墙的初始刚度和抗剪承载力，但对抗剪承载力对应位移及荷载下降到 80%对应位移影响较小。板缝在 2.44m 处，边梁对承载力有贡献作用，可提高承载力 6%左右。较弱副立柱对降低了试件的初始刚度和承载力，但对 80%承载力对应位移影响较小。

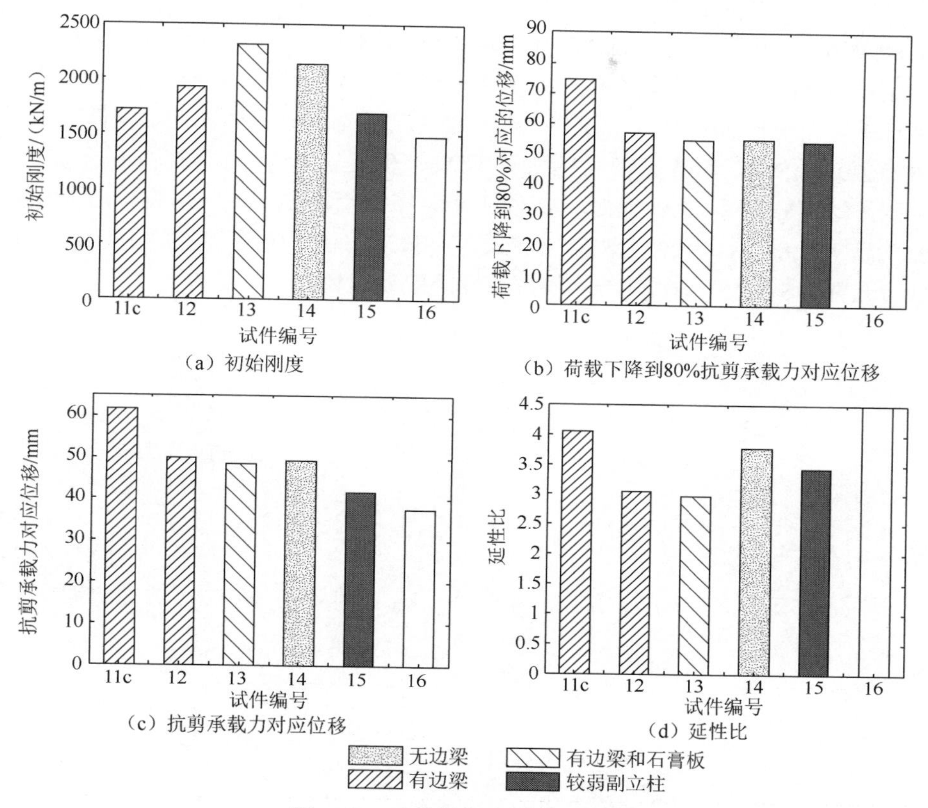

(a) 初始刚度

(b) 荷载下降到80%抗剪承载力对应位移

(c) 抗剪承载力对应位移

(d) 延性比

图 7.14　双片板组合墙试验结果

7.4　滞回性能分析

7.4.1　滞回曲线及参数影响

双片板组合墙试件的荷载与位移关系曲线如图 7.15 所示。从图中可以看出，静力加载方式下，荷载与位移关系曲线没有明显的屈服平台，组合墙达到抗剪承载力后，荷载急剧下降，如图 7.15（a）所示。循环加载条件下，加载初期，组合墙的滞回循环比较稳定，组合墙达到最大荷载后，荷载明显降低，组合墙取得最大荷载后，循环耗能较差，循环加载下的荷载与变形滞回曲线“捏缩”效应明显。组合墙试件 DSW-12 和试件 DSW-13 滞回曲线如图 7.15（b）、图 7.15（c）所示。从图中可以看出，后峰值的耗能表现，试件 DSW-13 的耗能要好于试件 DSW-12。取得最大荷载的下一个循环，由于石膏板的存在，试件 DSW-13 的耗能明显好于试件 DSW-12。组合墙试件 DSW-14 滞回曲线如图 7.15（d）所示，试件 DSW-12（带边梁）后峰值耗能明显好于试件 DSW-14（不带边梁）。组合墙试件 DSW-15 滞回曲线如图 7.15（e）所示。试件 DSW-15（较弱副立柱）与试件 DSW-12 对比，虽然峰值过后并没有出现较大的强度衰减，但是副立柱的存在降低了其承载力，试件 DSW-12 耗能表现好于试件 DSW-15。组合墙试件 DSW-16 滞回曲线如图 7.15（f）所示。试件 DSW-16（只有石膏板）由于石膏板和螺钉连接较弱，所以与试件 DSW-12 相比较，承载力和耗能都明显降低。

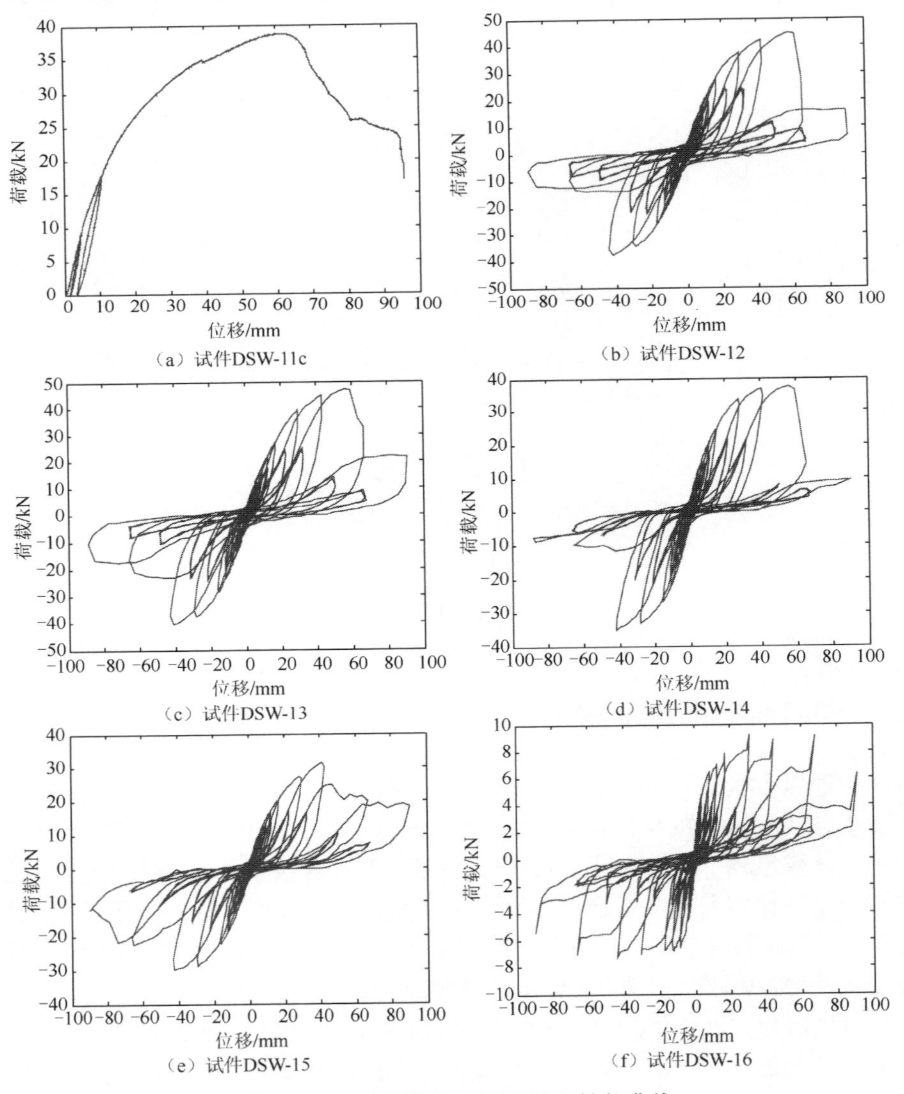

图 7.15　组合墙静力加载和滞回性能曲线

1. 边梁

双片板组合墙的边梁长度为 2.44m，边梁的存在降低了试件的初始刚度，增加边梁对抗剪承载力略有提高，但是峰值位移和承载力下降到 80%对应的位移及延性比等参数基本相同，如图 7.14 所示。

2. 石膏板

由试验可得试件 DSW-12 和试件 DSW-13 的荷载与变形的滞回曲线如图 7.15（b）、图 7.15（c）所示。从图中可以看出，试件 DSW-13 的滞回曲线比试件 DSW-12 略微饱满。试验结果对比如图 7.15 所示。通过对试件 DSW-12 和试件 DSW-13 承载力的对比，内置石膏板对抗剪承载力提高了 5.7%；石膏板在一定程度上增加了抗剪强度和初始刚度，但后峰值的滞回性能主要依靠更强的立柱和刨花板的连接，试件 DSW-13 的延性比与不带石膏板的试件 DSW-12 基本相同，说明刨花板对延性比贡献较小。

3. 副立柱

冷弯薄壁型钢组合墙的副立柱作用是支撑框架和承载竖向的重力荷载。本次试验改变副立柱的厚度和强度，研究副立柱对组合墙力学性能的影响。试件 DSW-14 的副立柱为 1.37mm，强度为 345MPa；试件 DSW-15 的副立柱为 0.83mm，强度为 283MPa，两个试件的立柱、边梁、导轨及墙面板等参数完全相同。试验结果对比如图 7.15 所示。从图中可以看出，试件 DSW-14 的抗剪承载力比试件 DSW-15 提高了 16%，初始刚度提高了 28%，延性比和抗剪承载力对应位移相差较小。由于两个试件螺钉的周长相同，并都是基于连接处刨花板围绕着螺杆转动来消耗能量，但副立柱强度和厚度的不同导致副立柱处螺钉连接强度降低而影响到整个组合墙试件的抗剪承载力。为此，建议在使用 AISI S213-07 获得组合墙承载力时，采用厚度较小的立柱作为计算组合墙承载力的标准。

7.4.2 骨架曲线

由试验得到试件的骨架曲线如图 7.16 所示。从图中可以看出，具有石膏板和边梁的试件 DSW-13 取得了最大的承载力。与基准试件 DSW-12 相比，无边梁的试件 DSW-14 抗剪承载力较低。较弱副立柱不但影响了试件 DSW-15 的抗剪强度，同时对初始刚度有一定的削弱。试件 DSW-16 的墙面板为石膏板，相比于墙面板为定向刨花板的试件 DSW-12，试件 DSW-16 有较长的平台、良好的延性，但抗剪强度是所有试件中最低的。整体来看，试件在循环荷载作用下，当取得最大承载力后，荷载有较大的下降。

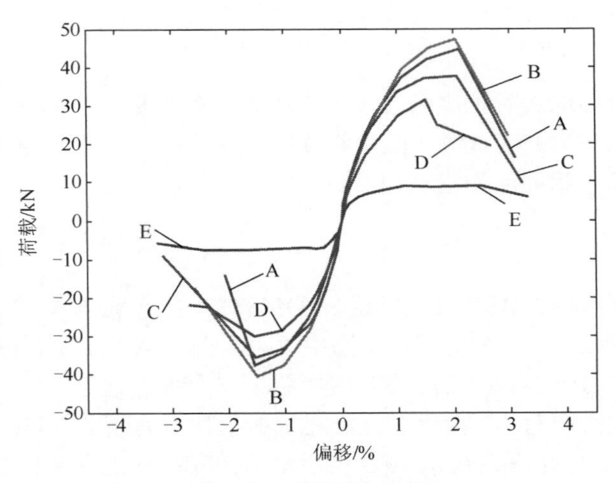

图 7.16　试件骨架曲线

A. DSW-12；B. DSW-13；C. DSW-14；D. DSW-15；E. DSW-16

7.4.3　最大荷载下滞回曲线

由试验得到的最大荷载所在循环如图 7.17 所示。从图中可以看出，带石膏板和边梁的试件 DSW-13 组合墙最大荷载所在循环包围的面积最大，即耗能最好。试件DSW-12和试件DSW-14相比，带边梁的试件DSW-12的耗能好于试件DSW-14。

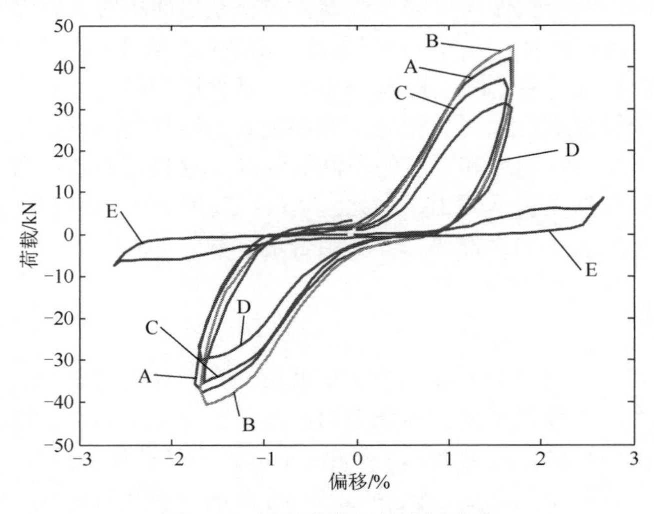

图 7.17　最大荷载下的滞回曲线

A. DSW-12-35th；B. DSW-13-35th；C. DSW-14-35th；D. DSW-15-35th；E. DSW-16-38th

试件 DSW-15 是外墙面板为定向刨花板的试件中耗能最差的，较弱副立柱不但影响试件的抗剪承载力，同时也影响试件耗能能力。由于以石膏板作为外墙面板，试件 DSW-16 耗能是所有试件中最差的。

7.4.4 预偏转紧固件

1. 预偏转紧固件刚度处理

单片板组合墙和双片板组合墙试验使用的都是 SIMPSON Strong-Tie®S/HDU6 预偏转紧固件，布置在边立柱内侧，图 7.18（a）显示了预偏转紧固件的实物图。预偏转紧固件通过螺栓与底部导轨相连，其中抵抗拉力主要由底部厚钢片承担，如图 7.18（b）所示。试验后并未发现预偏转紧固件与边立柱自攻螺钉连接破坏，但从连接件中取出的抗拉部件发生了微小的变形。

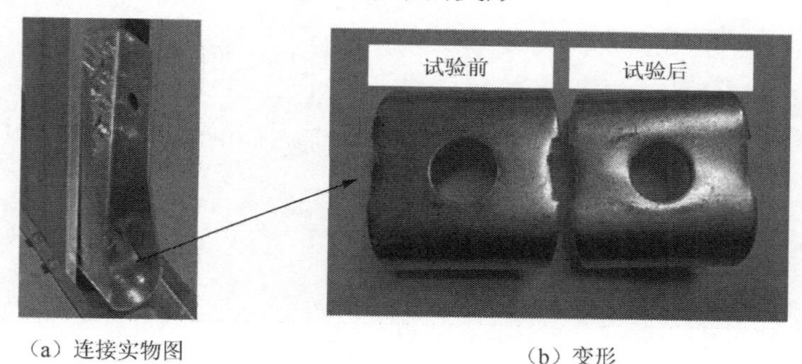

（a）连接实物图　　（b）变形

图 7.18 预偏转紧固件

布置在组合墙左右两侧的竖向位移计记录了墙体在循环加载作用下的竖向变形，试件 SSW-8 的荷载-竖向位移曲线如图 7.19 所示。从图中可以看出，墙体的最大竖向位移约为 5mm，随着循环加载的增大，竖向位移逐渐增大，竖向位移在墙体立柱产生提拉力的一侧，另一侧墙体的立柱产生下压力，竖向位移约为 0.5mm。

预偏转紧固件的刚度随着荷载变化及试件的正向骨架曲线如图 7.20 所示。图 7.20（a）中直线为刚度回归曲线。从图中可以看出，连接件的刚度在不同荷载等级是不同的，特别是在加载初期表现出的刚度变化较大，当荷载曲线极限承载力时，刚度趋于稳定。

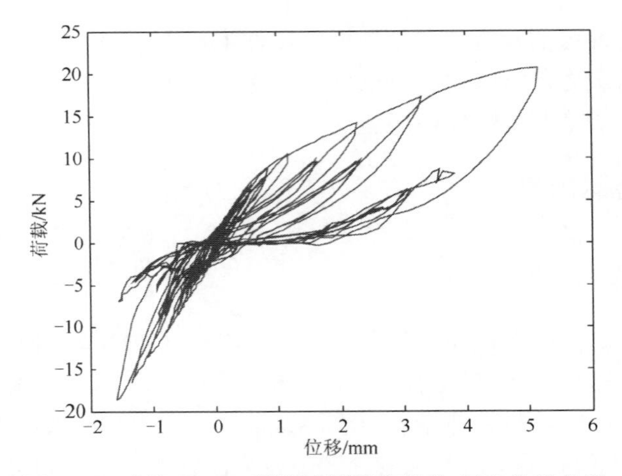

图 7.19　试件 SSW-8 预偏转紧固件荷载-竖向位移曲线

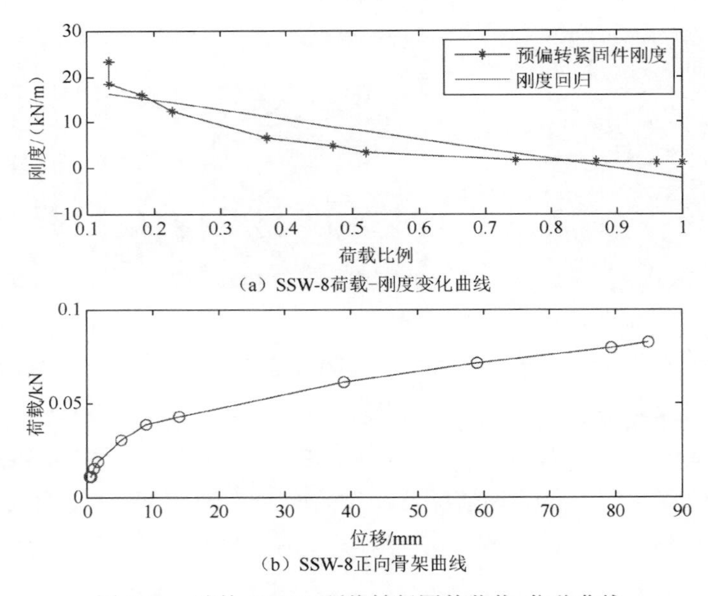

图 7.20　试件 SSW-8 预偏转紧固件荷载-位移曲线

2. 预偏转紧固件刚度与规范比较

本次试验使用的是 SIMPSON Strong-Tie®S/HDU6 型号的预偏转紧固件，连接自攻螺钉为 12 个#14，不同荷载阶段预偏转紧固件的刚度如图 7.21 所示。试验的数据来源于组合墙底部的竖向位移计。从图中可以看出，根据测得的试验数据，预偏转紧固件的刚度在试验过程中并不是一个常数。刚度的计算选择了两个不同的荷载等级，在 50%的抗剪承载力和 100%的极限承载力下，根据位移计测得的试验数据来计算刚度。同时根据辛普森众泰公司提供的设计参数也可计算出预偏转紧固件的刚度。从图 7.21 中可以看出，试验计算得到的刚度比设计值略大，在加载初期，刚度计算值偏大，随着荷载的增加，刚度逐渐降低并趋于设计值。

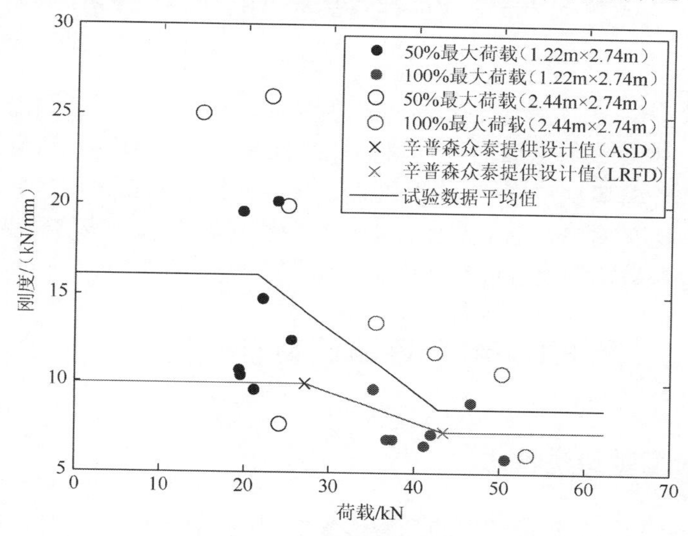

图 7.21　预偏转紧固件刚度

7.5　小　　结

通过双片板（2.44m×2.74m）组合墙的静力加载和循环加载试验，分析试验结果，可以得到如下结论：

（1）除了试件 DSW-15 的破坏发生在水平缝外，其余破坏均发生在组合墙边立柱的底部与定向刨花板的连接处和垂直缝处，未见立柱局部屈曲破坏，破坏模式为螺钉左右倾斜并拔出刨花板，组合墙角部发现螺钉剪断及刨花板撕裂。循环加载试验采用 CUREE 准则，试件取得最大荷载所在循环一般在第 35 个循环（试件 DSW-16 在第 38 个循环），试件取得极限承载力后，承载力衰减刚度退化较大。

（2）双片板组合墙只有水平缝且水平缝在 2.44m 处，边梁的存在提高了组合墙承载力 12%左右；存在内侧石膏板、定向刨花板、边梁的试件 DSW-13 取得了最大抗剪承载力，内侧添加石膏板对组合墙的初始刚度提高 20%左右，但对于延性比和峰值位移影响较小，说明后峰值试件的力学表现主要依靠更强的定向刨花板和立柱的连接，较弱副立柱对组合墙的承载力、初始刚度及峰值位移等有削弱作用。

（3）与单片板组合墙滞回曲线特性相似，双片板组合墙滞回曲线呈现“捏缩”现象，后峰值的强度衰减和刚度退化明显，且耗能较差。

第 8 章　组合墙滞回性能分析

冷弯薄壁型钢-刨花板组合墙构造较为复杂，其循环荷载下的滞回曲线呈现高度非线性，主要原因是墙面板材料的非线性和组合墙构造及约束的几何非线性。为了描述冷弯薄壁型钢-刨花板组合墙滞回特征，本章采用等效能量弹塑性法和捏缩模型法[90]对组合墙的滞回性能进行分析，给出组合墙的屈服强度、延性比及强屈比等参数，为组合墙设计提供参考。

8.1　组合墙滞回特征化方法

8.1.1　等效能量弹塑性法

EEEP 法是最简单和最常用的冷弯薄壁型钢框架组合墙的特征化方法。

EEEP 法通过弹性和塑性两段直线来对试验结果进行特征化。EEEP 法的基本原理是将试件消耗的能量和 EEEP 法提供的能量等同，试件达到后峰值 80%时认为是试件的最终破坏。EEEP 法的原理如图 8.1 所示，以原点和 40%的抗剪承载力及对应的位移确定 EEEP 法第一段直线斜率，即 EEEP 法初始刚度；EEEP 法第二段水平线根据骨架曲线与 EEEP 法曲线上方和下方围成的面积相等来确定，即面

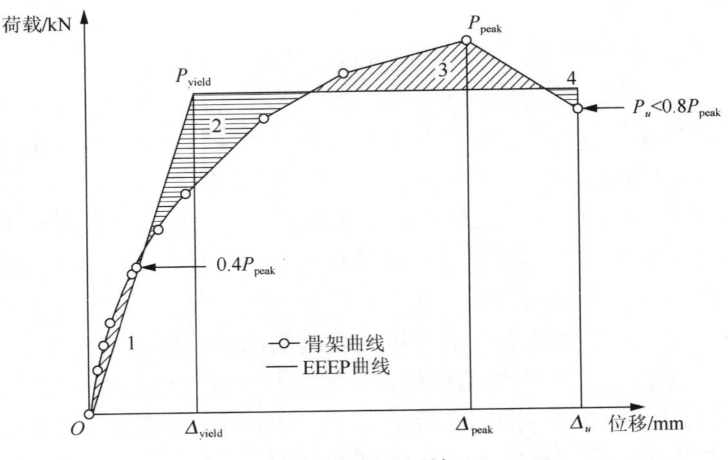

图 8.1　EEEP 法

P_{peak} 为最大荷载；P_u 为 Δ_u 对应荷载

积 1 与面积 3 的和等于面积 2 与面积 4 的和。骨架曲线下降段的最小荷载不能小于 80%的最大荷载。根据 EEEP 确定水平线即屈服荷载 P_{yield} 和对应的位移 $\varDelta_{\text{yield}}$，其中最大位移 $\varDelta_u$，延性比定义为 $\varDelta_u$ 与 $\varDelta_{\text{yield}}$ 的比值。

通过 EEEP 法对试验结果进行特征化应满足以下条件：

（1）如果当试件达到后峰值承载力时对应的位移大于 100mm，则认定为 100mm。

（2）如果试件在发生破坏后，最终后峰值荷载小于 80%峰值荷载，侧向位移大于 100mm，此时取 80%后峰值强度对应的位移为最终位移。

（3）如果没有上述情况发生，则取 80%后峰值强度和对应的位移。

通过 EEEP 法可以确定试验中的一些参数，其中最重要的是试件的屈服强度。从图 8.1 中可见，试件的屈服强度在弹性阶段直线和塑性阶段的交点是 V_y，屈服荷载相应的位移是 $\varDelta_e$。EEEP 法的曲线的最终位移是后峰值为 80%最大承载力对应的位移 $\varDelta_{\max}$。初始弹性刚度 K_e 是另一个重要的参数，K_e 取值为 40%的最大承载力和相应的位移，见式（8.1）。屈服荷载 V_y 可以通过初始刚度和最大位移来计算，见式（8.2）。屈服荷载对应的位移 $\varDelta_e$ 可通过初始刚度和屈服荷载取得，见式（8.3）。在试验中，累计耗能可由荷载-位移曲线下方与坐标轴组成的面积取得，但 EEEP 法只考虑后峰值达到 80%的最大承载力。延性比是 80%最大承载力对应的位移与屈服荷载对应位移的比值，计算公式见式（8.4）。EEEP 法的塑性平台越长，其延性越好。

$$K_e = \frac{0.4V_{\max}}{\varDelta_{0.4}} \tag{8.1}$$

$$V_y = \frac{-\varDelta_{\max} \pm \sqrt{\varDelta_{\max}^2 - \dfrac{2A}{K_e}}}{-\dfrac{1}{K_e}} \tag{8.2}$$

$$\varDelta_e = \frac{V_y}{K_e} \tag{8.3}$$

$$\mu = \frac{\varDelta_{\max}}{\varDelta_e} \tag{8.4}$$

式中，V_y ——屈服荷载；

$V_{\max}$ ——最终承载力；

A ——EEEP 法曲线下与骨架曲线或静力加载曲线组成的面积；

K_e ——初始弹性刚度；

$\varDelta_{\max}$ ——后峰值为 80%最大荷载时对应的位移；

Δ_e——屈服荷载对应的位移；

μ——组合墙的延性比。

8.1.2　捏缩模型法

捏缩模型法最早是在处理混凝土梁柱节点的滞回性能中提出的力学模型，主要模拟混凝土梁柱节点在循环荷载下荷载-位移曲线的“捏缩”效应，而后在开源有限元程序 OpenSEES 中定义成 Pinching4 的材料模型，简称 Pinching4 模型，它可以定义骨架曲线形状以及滞回曲线的强度和刚度衰减，如图 8.2 所示。冷弯薄壁型组合墙的滞回曲线呈现明显的“捏缩”效应，因此，本章采用了 Pinching4 模型进行组合墙滞回特性的描述。

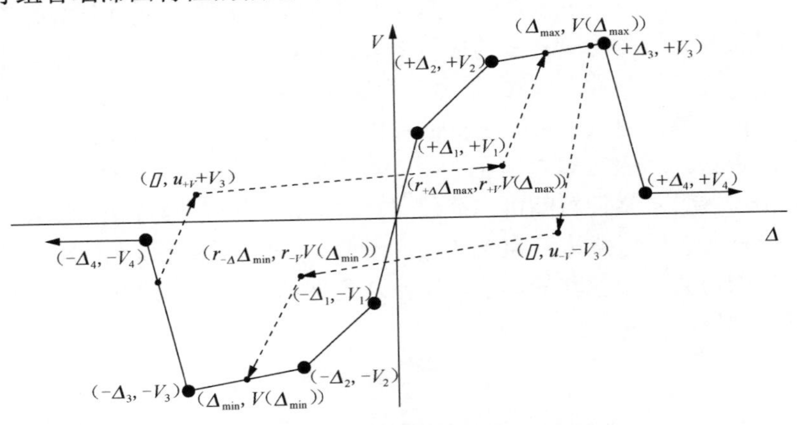

图 8.2　组合墙捏缩模型单轴材料模型

▯表示缺省

Pinching4 单元可以模拟结构节点由于螺栓破坏以及核心区受剪破坏的结构塑性状态。通过定义荷载-位移曲线的参数来实现整体模型的力学行为。

1. 状态定义

Pinching4 对于一维模型定义了 4 个材料，如图 8.3（a）所示。从图中可以看出，骨架曲线由 8 个点来确定，其中荷载作用初期为状态 1 和状态 2。为了模拟材料滞回性能中的强度退化，荷载变形的路径也随之改变。状态 3 和状态 4 的荷载变形路径在每个循环都被重新定义。状态 1、3 和状态 2、4 连接处是状态改变的转折点，荷载-位移曲线达到该点时，状态由加载变为卸载，到达下一个转折点时，又开始重复加载。

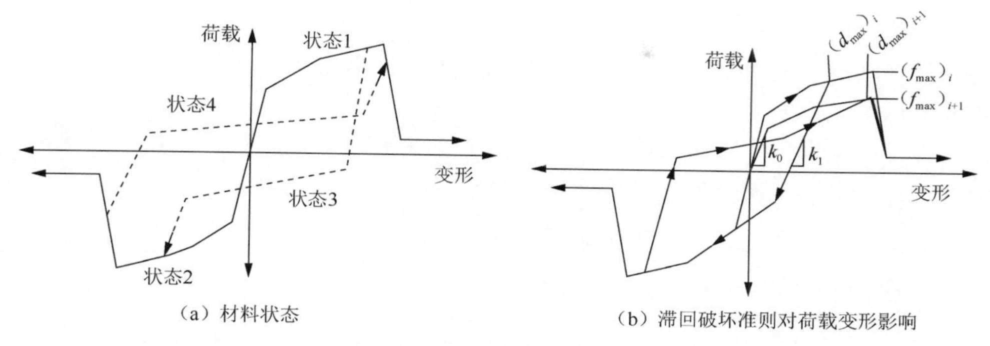

图 8.3　一维材料 Pinching4 模型

2. 滞回性能

模型的滞回破坏是通过卸载的刚度退化、强度退化及重复加载后的强度退化等方式来实现。滞回破坏在荷载-位移曲线中的反映，如图 8.3（b）所示。从图中可以看出，三种破坏模式在滞回性能中的影响。模型中对滞回破坏的模拟采用一体化破坏模式进行定义：

$$\delta_i = \left[\alpha_1 \cdot (d_{\max})^{\alpha_3} + \alpha_2 \cdot \left(\frac{E_i}{E_m}\right)^{\alpha_4}\right] \leqslant \text{limit} \tag{8.5}$$

$$d_{\max} = \max\left[\frac{(d_{\max})_i}{D_{\max}}, \frac{(d_{\min})_i}{D_{\min}}\right]$$

$$E_i = \int_{\text{load history}} \mathrm{d}E$$

$$k_i = k_0(1-\delta k_i) \tag{8.6}$$

式中，δ_i——损伤指标；

α_1、α_2、α_3、α_4——卸载刚度退化系数；

limit——损伤指标最大极限值；

k_i——卸载刚度；

$D_{\max}$——试件破坏时正向变形；

$D_{\min}$——试件破坏时负向变形；

k_0——初始卸载刚度；

δk_i——损伤刚度指标。

$$(f_{\max})_i = (f_{\max})_0 \cdot (1-\delta f_i) \tag{8.7}$$

式中，$(f_{\max})_i$——骨架曲线最大强度；

$(f_{\max})_0$——初始骨架曲线最大强度；

δf_i——强度损失指标。

强度削减是在重复加载后运用损伤准则来定义最大历史变形的增量，如图 8.3（b）所示。

$$\left(d_{\max}\right)_i=\left(d_{\max}\right)_0\cdot\left(1+\delta d_i\right) \tag{8.8}$$

式中，$\left(d_{\max}\right)_i$——重复加载循环增量变形需求；

$\left(d_{\max}\right)_0$——最大历史变形需求；

δd_i——重复加载强度退化指标。

8.2　组合墙的滞回特征

8.2.1　基于 EEEP 法的滞回性能分析

EEEP 法是最简单、最常用的特征化冷弯薄壁型钢组合墙非线性力学行为的方法。组合墙在循环加载下表现出高度的非线性，本次试验采用 EEEP 法进行特征化。

应用 EEEP 法编写程序对组合墙静力试验和循环加载试验进行特征化，如图 8.4 所示。由图 8.4（a）可以看出，静力加载方式下，EEEP 法应用于试件的荷载-位移曲线上，根据 EEEP 法给出静力加载下屈服荷载；EEEP 法对于没有明显屈服荷载的构件，以 EEEP 法给出屈服荷载。

由图 8.4（b）可以看出，循环荷载条件下，试件的骨架曲线根据 EEEP 法给出屈服荷载，同时可以给出组合墙试件的正向、负向循环的初始刚度和延性比等参数，如表 8.1 所示，可以看出，双片板组合墙的初始刚度是单片板组合墙的 3 倍左右，延性比没有较大差异。

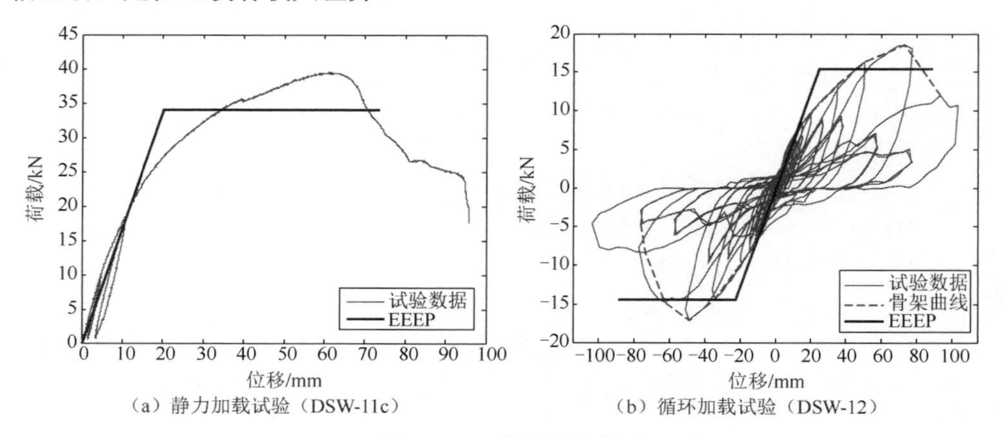

（a）静力加载试验（DSW-11c）　（b）循环加载试验（DSW-12）

图 8.4　EEEP 法特征化

表 8.1　组合墙 EEEP 法特征化参数

试件编号	$P_{0.4u-}$ /kN	$\Delta_{0.4u-}$ /mm	$k+$	$P_{0.8u+}$ /kN	$\Delta_{0.8u+}$ /mm	P_{y+} /kN	延性比	$P_{0.4u-}$ /kN
SSW-1c	8.70	15.50	0.56	17.40	80.26	19.17	2.35	—
SSW-2	8.25	12.64	0.65	11.91	74.08	16.66	2.99	7.43
SSW-3	9.00	12.49	0.72	17.96	90.83	19.24	3.40	6.81
SSW-4	7.44	11.96	0.63	14.88	84.22	15.36	.363	6.85
SSW-5	7.28	14.25	0.51	14.56	82.09	15.82	3.41	6.76
SSW-6	8.76	9.80	0.89	16.28	73.16	19.00	3.45	5.57
SSW-7	6.23	13.10	0.48	13.09	103.58	13.90	3.54	6.53
SSW-8	7.37	11.48	0.64	14.74	98.06	15.71	4.01	6.61
SSW-9	6.55	15.32	0.43	13.10	106.68	14.68	3.11	6.33
SSW-10	6.76	14.14	0.48	13.51	95.70	14.55	3.15	6.75
DSW-11c	15.45	9.03	1.71	30.89	73.99	34.02	3.72	—
DSW-12	17.87	8.88	2.01	35.73	66.19	39.00	3.40	15.01
DSW-13	18.88	10.18	1.85	37.75	65.61	41.49	2.93	16.19
DSW-14	15.01	6.91	2.17	30.03	64.88	33.58	4.20	14.08
DSW-15	12.56	7.82	1.61	24.93	46.93	26.22	2.88	11.93
DSW-16	3.68	2.57	1.43	7.31	83.32	8.41	14.18	2.88

试件编号	$\Delta_{0.4u-}$ /mm	$k-$	$P_{0.8u-}$ /kN	$\Delta_{0.8u-}$ /mm	P_{y-} /kN	延性比	刚度平均值	延性比平均值
SSW-1c	—	—	—	—	—	—	0.56	2.63
SSW-2	12.03	0.62	12.70	85.44	15.49	3.17	0.64	3.08
SSW-3	8.78	0.78	13.97	74.68	14.96	3.87	0.75	3.64
SSW-4	10.59	0.65	14.79	62.51	14.45	2.94	0.63	3.28
SSW-5	9.37	0.72	13.51	59.33	14.10	3.04	0.62	3.22
SSW-6	14.66	0.38	11.14	56.77	11.49	2.12	0.64	2.78
SSW-7	9.43	0.69	13.06	63.08	14.26	3.06	0.58	3.30
SSW-8	10.68	0.62	13.20	87.25	14.59	3.70	0.63	3.85
SSW-9	11.59	0.55	12.66	74.43	14.40	2.82	0.49	2.97
SSW-10	11.33	0.60	13.51	92.22	14.66	4.14	0.54	3.65
DSW-11c	—	—	—	—	—	—	1.71	4.04
DSW-12	8.10	1.85	30.01	46.69	32.60	2.66	1.93	3.03
DSW-13	6.69	2.42	32.37	42.85	35.00	2.96	2.14	2.95
DSW-14	5.69	2.47	26.51	42.06	30.88	3.37	2.32	3.78
DSW-15	6.71	1.78	23.95	60.21	26.66	4.01	1.69	3.44
DSW-16	1.87	1.54	5.75	84.43	6.78	19.25	1.48	16.71

注：$P_{0.4u+}$、$P_{0.4u-}$、$P_{0.8u+}$、$P_{0.8u+}$是正向、负向循环荷载 40%和 80%承载力，其中 $P_{0.8u}$ 为后峰值荷载；$\Delta_{0.4u+}$、$\Delta_{0.4u-}$、$\Delta_{0.8u+}$、$\Delta_{0.8u-}$是正向、负向循环荷载为 40%和 80%承载力对应位移；P_y 为屈服荷载；初始刚度 $k+$、$k-$ 为正向、负向初始刚度，初始刚度为 40%承载力和对应位移的比值

8.2.2　基于 Pinching4 的滞回性能分析

Pinching4 中的材料模型共有 40 个参数，其中 8 个参数用来定义骨架曲线，其余参数用来定义循环荷载下强度衰减和刚度退化。强度衰减与刚度退化主要通过三种途径进行描述：卸载刚度退化、重复加载刚度退化和强度衰减。

采用 Pinching4 模型，并通过组合墙试验确定加载卸载比例系数如表 8.2 所示。表中的 r_{+D} 是正向循环中，重复加载发生时的位移与最大历史位移的比值，r_{+V}、r_{-V} 分别是正向和负向循环中，重复加载时的荷载与最大历史荷载的比值，u_{+V} 是静力加载卸载时从负向到最大荷载的比值。Pinching4 模型荷载-位移曲线中 4 点定义正向骨架曲线，4 点负向骨架曲线，具体特征化的数据如表 8.3 所示。

表 8.2　Pinching4 特征描述-加载卸载比例系数

试件编号	r_{+D}	r_{+V}	u_{+V}	r_{-V}
SSW-2	0.60	0.10	−0.08	0.20
SSW-3	0.31	0.15	−0.08	0.25
SSW-4	0.50	0.32	−0.08	0.35
SSW-5	0.60	0.11	−0.08	0.11
SSW-6	0.30	0.15	−0.08	0.35
SSW-7	0.38	0.15	−0.08	0.12
SSW-8	0.30	0.15	−0.08	0.18
SSW-9	0.35	0.10	−0.08	0.30
SSW-10	0.28	0.16	−0.08	0.16
DSW-12	0.14	0.16	−0.08	0.18
DSW-13	0.28	0.16	−0.08	0.16
DSW-14	0.50	0.18	−0.08	0.15
DSW-15	0.50	0.16	−0.08	0.18
DSW-16	0.60	0.10	−0.08	0.16

第 1 点取最大荷载的 40%和对应位移，第 2 点取最大荷载的 80%和对应位移，第 3 点取最大荷载和对应位移，第 4 点取后峰值阶段最大荷载的 80%和对应位移。

表 8.3　Pinching4 特征描述-骨架曲线

试件编号	+V1 /kN	+V2 /kN	+V3 /kN	+V4 /kN	+D1 /mm	+D2 /mm	+D3 /mm	+D4 /mm	−V1 /kN	−V2 /kN	−V3 /kN	−V4 /kN	−D1 /mm	−D2 /mm	−D3 /mm	−D4 /mm
SSW-2	8	17	21	8	12.59	44.97	74.08	75.01	−7	−15	−19	−5	−12.08	−41.80	−68.93	−71.71
SSW-3	9	18	22	11	12.51	39.65	72.92	90.83	−7	−14	−17	−9	−8.76	−29.08	−61.84	−93.04
SSW-4	7	15	19	9	11.98	43.13	73.10	103.20	−7	−14	−17	−9	−10.57	−31.86	−48.88	−103.53
SSW-5	7	15	18	6	14.24	39.57	71.77	75.96	−7	−14	−17	−11	−9.37	−30.37	−49.78	−56.17
SSW-6	8	16	20	9	11.64	33.48	70.69	77.70	−6	−12	−15	−9	−12.33	−34.35	−42.97	−52.10
SSW-7	6	12	16	8	13.04	35.86	64.76	103.58	−7	−13	−16	−8	−9.47	−27.10	−48.53	−102.39
SSW-8	7	15	18	9	11.45	41.95	92.83	104.55	−7	−13	−16	−8	−10.70	−33.10	−76.28	−101.90
SSW-9	7	13	16	8	15.44	45.32	106.72	106.72	−6	−13	−16	−8	−11.50	−30.11	−74.10	−99.06
SSW-10	7	14	17	8	14.11	42.58	73.95	104.14	−7	−13	−17	−8	−11.35	−33.50	−75.64	−103.12
DSW-12	18	36	45	16	8.86	27.52	57.57	61.66	−15	−30	−38	−14	−8.12	−22.93	−42.22	−49.79
DSW-13	19	38	47	19	10.18	27.98	55.85	58.80	−16	−32	−40	−23	−6.70	−21.21	−41.10	−49.53
DSW-14	15	30	38	7	6.87	22.82	56.37	56.57	−13	−26	−35	−10	−5.28	−15.48	−42.09	−48.58
DSW-15	13	25	31	16	7.79	24.97	41.02	90.68	−12	−24	−30	−16	−6.74	−19.81	−42.53	−89.15
DSW-16	4	7	9	4	2.74	14.99	30.94	91.44	−3	−6	−4	−4	−1.70	−6.64	−43.99	−89.41

注：*V*、*D* 为骨架曲线的荷载和位移；+、−号为正向、负向循环

运用 Pinching4 模型对试件 DSW-12 进行特征化如图 8.5 所示。从图中可以看出，Pinching4 模型可以较准确地捕捉到组合墙每个循环的最大荷载、刚度和强度

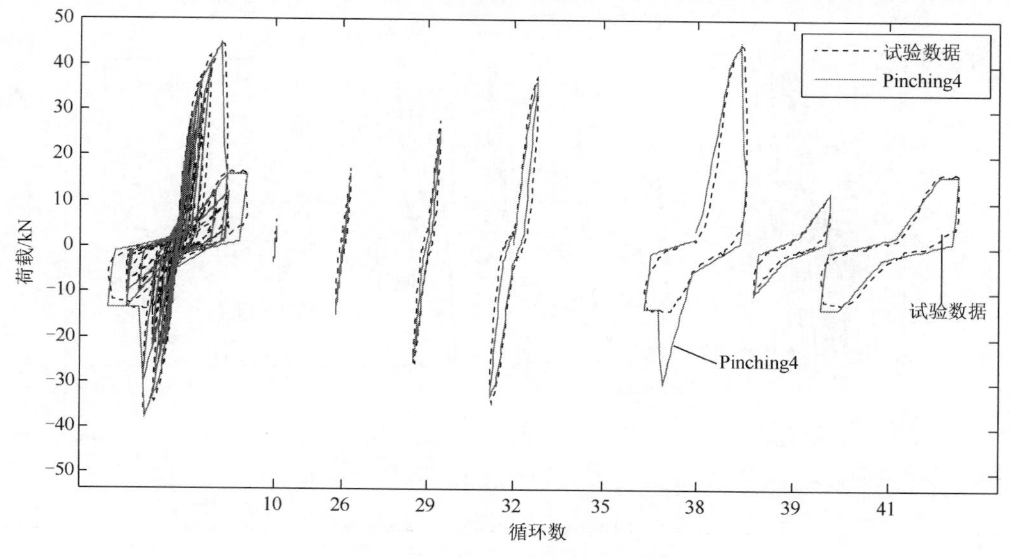

图 8.5　试件 DSW-12 Pinching4 特征化

衰减，同时 Pinching4 模型也具有捕捉“捏缩”效应的能力。但在特征化中也出现了一定的不准确预测，比如在组合墙取得最大承载力时对应的第 38 个循环，由于组合墙在正向的受拉过程中取得最大荷载并伴随着一定的螺钉连接破坏，在负向荷载时，已经不能达到正向的最大荷载，因此 Pinching4 模型在预测第 38 个循环负向荷载时出现不准确的现象。

8.2.3　模型对比分析

试验选取了组合墙试件 DSW-12 进行 EEEP 法和 Pinching4 模型对组合墙滞回性能特征描述，如图 8.6 所示。从图 8.6 中可以看出，图中左侧为组合墙试件 DSW-12 分别运用 EEEP 法和 Pinching4 模型进行特征描述的结果，图中右侧展示了在选定的循环加载循环数中两种不同特征化方法的比较。循环加载循环数在 38 个循环时，试件取得极限荷载；循环加载第 39 个循环对应的位移是第 38 个循环对应位移的 75%；41 个循环对应的位移是第 39 个循环的 150%。循环加载过程中，EEEP 法过高的预测了滞回的能量，同时 EEEP 法并没有捕捉到组合墙在循环加载方式下滞回曲线的“捏缩”效应。显然，EEEP 法不适合循环加载下的非线性分析。适当地选取捏缩模型参数，模型可以对组合墙滞回性能进行合理、准确的预测。捏缩模型对组合墙滞回性能提供了一个准确的模拟方法，但是在单个循环的模拟中，捏缩也会出现预测错误，例如图 8.6 第 38 个循环，试验中组合墙由于循环加载累计损伤破坏等因素，负向荷载并没有达到模型预测的荷载。

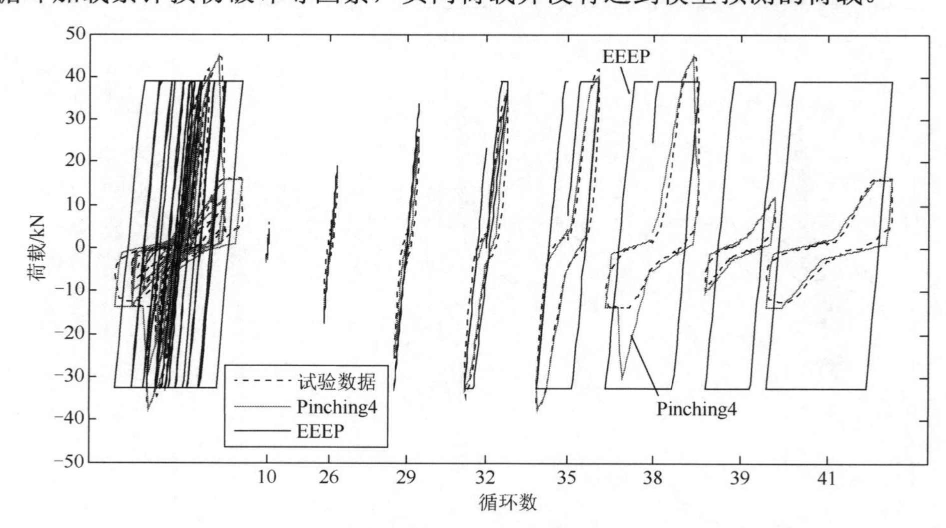

图 8.6　EEEP 法与 Pinching4 模型的对比

考虑耗能是滞回性能中一个重要因素，利用荷载-位移曲线计算每个循环耗能，给出了捏缩模型和试件耗能的对比图，如图 8.7 所示。从图中可以看出，循环荷载在 20 个循环以前，组合墙与模型耗能能完全吻合，随着位移进一步增大，试件耗能逐步增大，捏缩模型提供的耗能与试件耗能产生不同程度偏差，一般 5%左右。但在试件取得最大荷载时，捏缩模型预测的耗能偏于保守。后峰值阶段，试验与模型的耗能吻合良好。

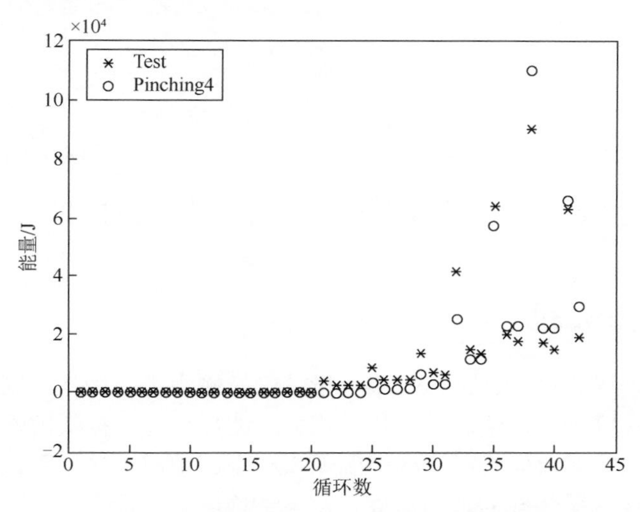

图 8.7　试件 DSW-12 循环能量与 Pinching4 模型循环能量对比

计算得到 CUREE 准则循环加载下组合墙 DSW-12 与 Pinching4 总体耗能对比，如图 8.8 所示。从图中可以看出，第 38 个循环耗能最大，捏缩模型预测总体耗能与组合墙试件总体耗能的比值为 0.9462，总体耗能略小于组合墙试验试件耗能。总体来看，刚度和强度在后峰值的大幅衰减时，捏缩模型都给出了较为精确的非线性模拟，同时考虑整体耗能，捏缩模型能够给出合理的结果，因此，建议采用捏缩模型模拟冷弯薄壁型钢组合墙荷载变形滞回性能。

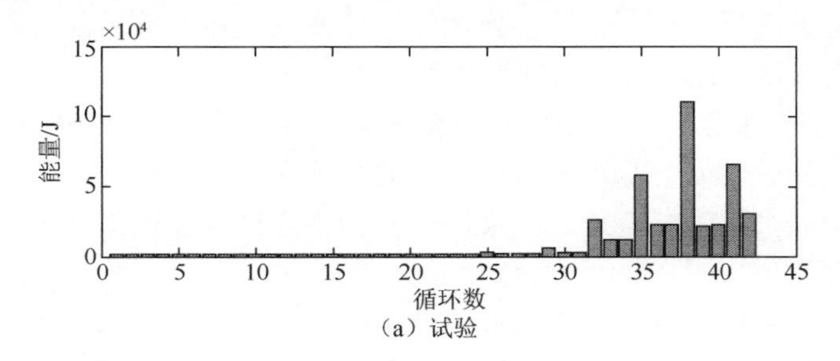

（a）试验

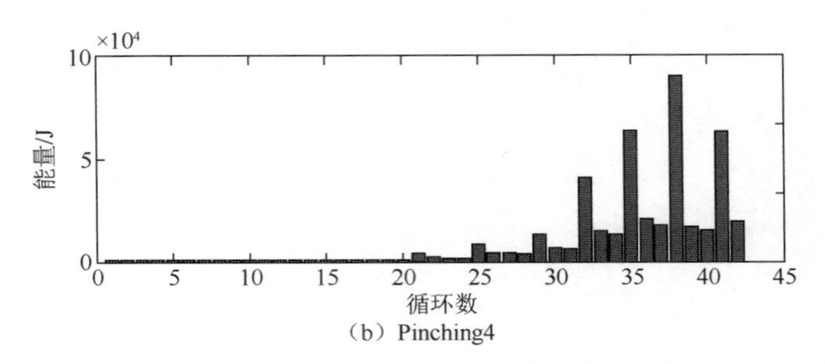

（b）Pinching4

图 8.8　组合墙耗能与 Pinching4 耗能对比

8.3　基于 EEEP 法的组合墙设计

8.3.1　组合墙承载力

北美规范采用延性设计，组合墙应设计成抗侧力耗能构件，同时具有一定的延性。对于组合墙本身，期望的破坏模式应为墙面板和钢框架的螺钉连接处的破坏，而不是立柱的屈曲失稳。这样能确保在一定的地震力作用下，组合墙能有效地耗能同时又能承受竖向的重力荷载，不会造成结构的倒塌。

AISI S213-07 中规定，结构设计时如考虑抗震，可遵循基于构件承载力的设计方法。基于承载力的设计方法中构件的耗能是通过塑性变形来实现的。设计构件时，构件应具有足够的延性。耗能构件在产生塑性变形时，结构在地震力作用下的其他构件仍然处在弹性阶段同时承受相应的设计荷载。

针对定向刨花板作为墙面板的组合墙，耗能部位在墙面板和冷弯薄壁型钢框架的连接。组合墙延性的体现是通过连接处的承受变形来体现的。组合墙中的其他构件，如抗拉件、螺栓、导轨、立柱和螺钉等在地震力作用下仍然保持原有的设计强度。但墙面板与钢框架连接处螺钉破坏或立柱屈曲破坏都会导致组合墙延性降低，从而使组合墙出现脆性破坏的可能性增大。

EEEP 法基于承载力设计使用超越强度系数（强屈比）来粗略估计组合墙的设计承载力，并做出如下基本假定：组合墙在承受抗震设计荷载时达到抗剪承载力，同时组合墙产生塑性变形，其余的结构构件通过强屈比进行承载力设计时，不应产生塑性变形。

强屈比是组合墙极限承载力和屈服荷载的比值，如图 8.9 所示。图中的虚线为组合墙的荷载与位移关系曲线，黑色粗实线是通过 EEEP 法确定的双线性曲线，初始刚度取值为组合墙实际刚度的 40%，屈服荷载通过 EEEP 法确定。

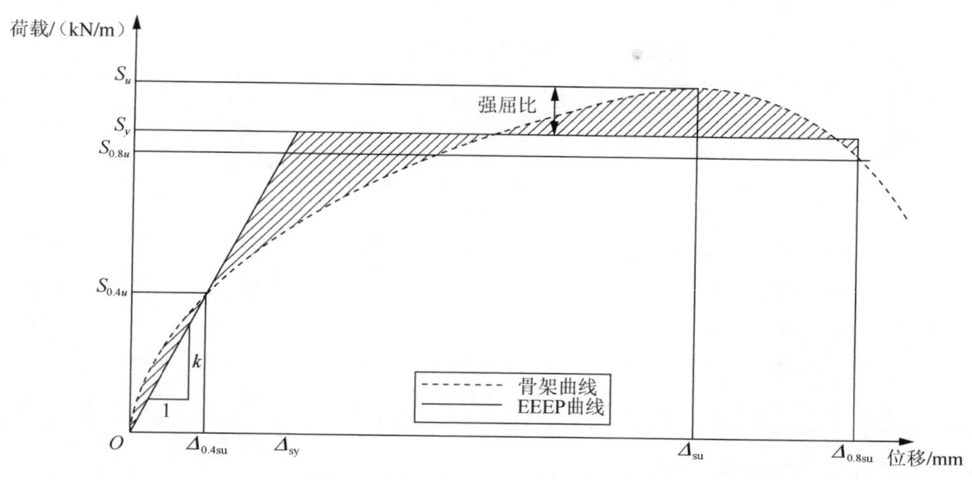

图 8.9　强屈比与屈服荷载关系图

由试验和 EEEP 法可得单片板和双片板组合墙的承载力以及强屈比，如表 8.4 和表 8.5 所示，可以看出，根据 EEEP 法计算出的组合墙循环加载下的屈服荷载与组合墙抗剪承载力的比值为 1.05～1.20；带内侧石膏板的试件 SSW-3 及 DSW-13 并没有表现较高的强屈比，说明石膏板对强屈比影响较小；组合墙含有不对称垂直缝的试件影响强屈比最大，使组合墙的安全储备最低，因此进行组合墙的设计时涉及不对称板缝问题时，工程设计时应谨慎对待。

表 8.4　单片板组合墙承载力及强屈比

试件名称	加载方式	极限承载力/kN		屈服荷载/kN		极限承载力平均值/kN	屈服荷载平均值/kN	强屈比
		$P+$	$P-$	P_{y+}	P_{y-}			
SSW-1c	单调加载	21.80	—	19.18	—	21.80	19.18	1.14
SSW-2	循环加载	20.64	−18.57	16.66	−15.49	19.61	16.08	1.21
SSW-3	循环加载	22.51	−17.04	19.25	−14.97	19.77	17.11	1.16
SSW-4	循环加载	18.61	−17.13	15.37	−14.46	17.87	14.91	1.20
SSW-5	循环加载	18.20	−16.91	15.82	−14.10	17.55	14.96	1.17
SSW-6	循环加载	21.92	−14.77	19.01	−11.49	18.34	15.25	1.20
SSW-7	循环加载	15.58	−16.34	13.90	−14.27	15.96	14.08	1.13
SSW-8	循环加载	18.43	−16.53	15.71	−14.59	17.48	15.15	1.15
SSW-9	循环加载	16.38	−15.84	14.68	−14.41	16.11	14.54	1.05
SSW-10	循环加载	16.92	−16.90	14.55	−14.67	16.91	14.61	1.16

表 8.5　双片板组合墙承载力及强屈比

试件名称	加载方式	极限承载力/kN		屈服荷载/kN		极限承载力平均值/kN	屈服荷载平均值/kN	强屈比
		$P+$	$P-$	P_{y+}	P_{y-}			
DSW-11c	单调加载	38.73	—	34.04	—	38.73	34.04	1.14
DSW-12	循环加载	44.70	−37.55	39.02	32.62	41.13	35.82	1.15
DSW-13	循环加载	47.22	−40.49	41.52	35.03	43.86	38.28	1.15
DSW-14	循环加载	37.56	−35.23	33.60	30.90	36.40	32.25	1.13
DSW-15	循环加载	31.42	−29.85	26.24	26.67	30.64	26.46	1.16
DSW-16	循环加载	9.21	−7.20	8.41	6.78	8.21	7.60	1.08

8.3.2　组合墙侧向位移

组合墙在受侧向力作用下的侧向位移是设计时验算组合墙的一个重要参数。目前，我国轻钢结构的发展并不完善，没有相应的设计规程。在北美地区，轻钢结构和木结构使用非常广泛，尤其是民居建筑中的应用，因此，北美规范中针对轻钢结构和木结构有着较为完善的设计规程，其中 AISI S213-07 是冷弯薄壁型钢结构抗侧力构件的设计规程。AISI S213-07 中把组合墙分成两类，第一类墙体是墙面板完全覆盖和两端有预偏转紧固件，并对墙体的开口位置和墙体的高宽比给出了限制；第二类墙体可以抵抗风荷载和地震荷载，并同时满足第一类墙体的所有要求。

对于墙面板为定向刨花板或者是钢板的组合墙，侧向位移可根据以下公式进行计算：

$$\delta=\frac{2vh^3}{3E_sA_cb}+\omega_1\omega_2\frac{vh}{\rho Gt_{\text{sheathing}}}+\omega_1^{5/4}\omega_2\omega_3\omega_4\left(\frac{v}{\beta}\right)^2+\frac{h}{b}\delta_v \tag{8.9}$$

式中，A_c——立柱截面的毛面积（mm^2）；

b——组合墙的宽度（mm）；

E_s——钢的弹性模量（MPa）；

G——墙面板材料的剪切模量（MPa）；

h——墙体高度（mm）；

$t_{\text{sheathing}}$——名誉板厚（mm）；

v——设计剪力（N/mm）；

β——墙面板为胶合板时，取 2.35；墙面板为定向刨花板时，取 1.91；墙面板为 0.457mm 钢板时，取 1.45；

δ_v——垂直位移（mm）；

ρ——墙面板为胶合板时，取 1.85；

ω_1——长度单位为 mm 时，取 s/152.4mm，s 为墙面板边缘的最大螺钉间距（mm）；

ω_2——长度单位为 mm 时，取 $0.838/t_{\text{stud}}$，t_{stud} 为钢立柱的设计厚度（mm）；

$\omega_3=\sqrt{\dfrac{h\ /\ b}{2}}$；

ω_4——墙面板为木质墙面板时，取值为 1，当强度单位为 MPa 时，取值 $\sqrt{\dfrac{227.5}{F_y}}$。

式（8.9）可以用来预算和估测组合墙的侧移。此公式是基于组合墙的简单模型和使用经验系数来计算墙面板中的非线性行为和有效剪力。尤其是公式假设了组合墙侧向位移的四个基本来源——线性的悬臂受弯、线性的墙面板受剪、组合墙的非线性影响和螺栓、预偏转紧固件对整体侧向位移的贡献，分别对应公式中的 $\dfrac{2vh^3}{3E_sA_cb}$、$\omega_1\omega_2\dfrac{vh}{\rho Gt_{\text{sheathing}}}$、$\omega_1^{5/4}\omega_2\omega_3\omega_4\left(\dfrac{v}{\beta}\right)^2$ 和 $\dfrac{h}{b}\delta_v$。

墙体底部螺栓和预偏转紧固件对侧向位移的贡献依赖于墙体的高宽比。式（8.9）中的经验系数是将循环荷载测试的试验数据进行回归和插值得到的。其中在线弹性墙面板受剪表达式中参数 ρ 考虑了相同钢框架、相同螺钉间距、不同墙面板材料的组合墙的受剪性能。如果 ρ 值较小，钢板作为墙面板容易产生受剪屈曲破坏。位移公式基于第一类型组合墙，不带洞口。如果此位移公式应用于带洞口的第二类组合墙时应谨慎使用，因为设计位移公式并没有考虑由于其他构件发生变形额外产生位移对组合墙总体位移的影响。

试验试件与 AISI S213-07 规范承载力及位移公式进行对比，如表 8.6 所示。从表 8.6 中的 AISI S213-07 设计荷载和最大荷载相比，最大荷载高出设计值 20%～50%；AISI S213-07 位移设计值与试验测得的位移相比，AISI S213-07 位移设计值是试验值的 3 倍左右。由于 AISI S213-07 中提供组合墙承载力设计值和位移设计值都没有考虑板缝、边梁等因素的影响，AISI S213-07 位移计算公式对带板缝组合墙的预测远远高出了试验值，组合墙设计承载力与试验值相比，有一定的安全储备，设计值相对合理。由此可知，AISI S213-07 规范计算带板缝、边梁等参数的组合墙位移时，设计值远远大于试验值，工程设计时应谨慎对待。

表 8.6　组合墙的试验值与设计值比较

试件编号	墙体尺寸/m	前墙面板	后墙面板	边梁	最大荷载平均值/kN	位移平均值/mm	荷载设计值/kN	位移设计值/mm
SSW-2	1.22×2.74	定向刨花板	—	√	19.61	71.12	15.30	250
SSW-4		定向刨花板	—	—	17.87	60.96	15.30	213
SSW-3		定向刨花板	石膏板	√	19.77	68.58	15.30	254
DSW-12	2.44×2.74	定向刨花板	—	√	41.13	50.80	33.45	177
DSW-14		定向刨花板	—	—	36.40	48.26	33.45	146
DSW-13		定向刨花板	石膏板	√	43.86	48.26	33.45	203

8.4　小　　结

运用 EEEP 法和捏缩模型法对冷弯薄壁型钢组合墙循环加载试验结果进行特征分析，给出了组合墙的初始刚度、屈服荷载、延性比，同时与北美规范 AISI S213-07 进行了比较，主要结论如下：

（1）在静力加载和循环加载方式下，利用 EEEP 法和捏缩模型法分别对组合墙进行了特征描述，给出了组合墙的初始刚度、屈服荷载及延性比等参数。比较两种方法表明，EEEP 法无法捕捉到组合墙的“捏缩”效应，模型过高地预测了滞回的能量；捏缩模型能准确捕捉到“捏缩”效应，对强度衰减和刚度退化进行了合理的预测。

（2）根据 EEEP 法给出了组合墙屈服荷载和强屈比。结果表明，带板缝、边梁、内侧石膏板和副立柱等参数的组合墙，强屈比为 1.05～1.20，不对称垂直缝是影响组合墙强屈比最不利的因素。

（3）北美现行冷弯薄壁型钢组合墙规范 AISI S213-07 中没有考虑边梁、板缝等参数，本次组合墙试验值与此规范进行对比。结果表明，除试件 DSW-15（较弱副立柱）和 DSW-16（只有石膏板）之外，其余组合墙的承载力比设计值高 20%～50%，设计位移一般是试验位移的 3～5 倍。采用现行规范 AISI S213-07 进行带边梁、板缝等参数的组合墙设计时，承载力设计值仍有 20%～50%安全储备，但位移设计值过于保守。

第 9 章　定向刨花板组合墙有限元分析

传统的试验方法很难对影响结构的每一个因素做详尽分析，同时受客观条件及测量手段局限性的限制，结合计算机技术、数值方法可以模拟分析结构的性能，进行大量的参数分析，考虑影响结构的详尽因素等。本章利用有限元软件 Abaqus 对冷弯薄壁型钢-刨花板组合墙的静力加载进行模拟和参数分析，同时利用 SAPWood 软件对组合墙的板缝进行模拟，并分析板缝对组合墙承载力的影响。本章主要分析组合墙在受侧向力时自攻螺钉应力分布，因此仅对组合墙模型进行静力加载模拟。

9.1　单片板与双片板的组合墙模型

9.1.1　组合墙模型

使用 Abaqus 创建模型，完成组装和划分网格以及边界条件和施加荷载等。本章采用的组合墙模型较为复杂，尤其是自攻螺钉数量多、分布密集，划分网格需要精密计算，从而确保钢框架上的节点和定向刨花板上的节点重合，这样有利于自攻螺钉的连接模拟。组合墙有限元模型中没有考虑接触和墙面板在板缝处的相互作用。

通过 Abaqus 建立单片板和双片板的组合墙模型，如图 9.1 所示。组合墙模型

（a）单片板组合墙

（b）双片板组合墙

图 9.1　组合墙模型

中的所有连接，如钢-钢、钢-木连接都采用弹簧单元。定向刨花板材料的弹性模量为 3.5×10^3MPa，屈服强度为 21.87MPa，泊松比为 0.3。Abaqus 提供钢材的等向弹塑性模型，满足 von Mises 屈服准则，弹性和塑性数据采用第 3 章的材料张拉试验数据。

9.1.2　模型的刚度校验

建立可靠的有限元模型依赖于选择合适的单元和相应试验校验。组合墙模型按照组合墙的施工顺序依次将组合墙钢框架、带边梁的钢框架进行刚度校验，如图 9.2 所示。校验后的模型与实际刚度完全吻合，从而有利于下一步定义刨花板与钢框架的刚度，也增加了模型的可靠度。

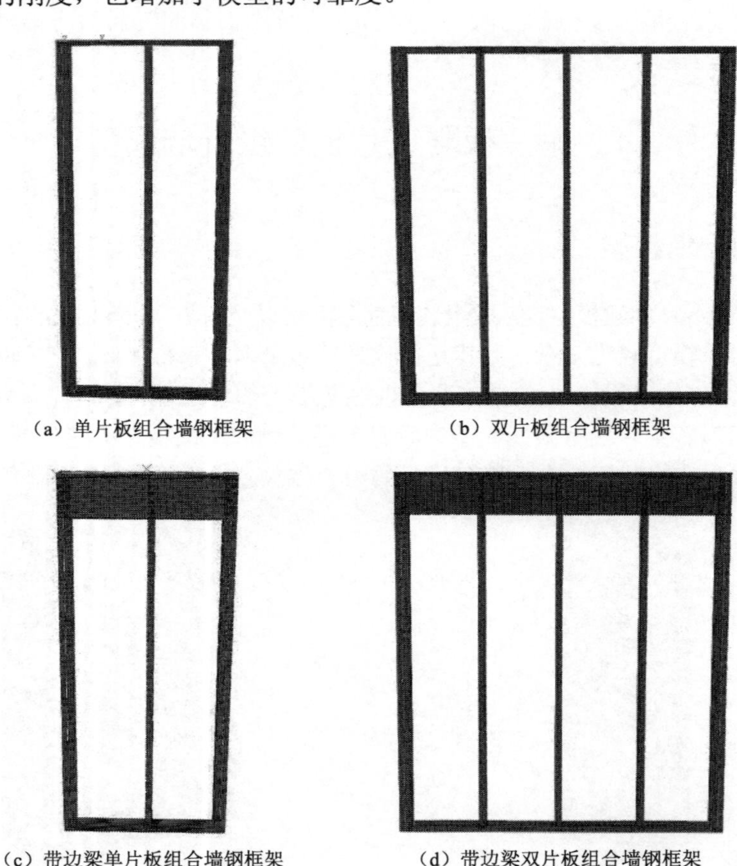

（a）单片板组合墙钢框架　（b）双片板组合墙钢框架

（c）带边梁单片板组合墙钢框架　（d）带边梁双片板组合墙钢框架

图 9.2　组合墙钢框架模型

9.1.3　单元选取与网格划分

1. 钢框架及刨花板单元选取

冷弯薄壁型钢板和定向刨花板的模拟都采用 S4R 壳单元。Abaqus 提供了一定数量的壳单元用来模拟材料的非线性和大转角。S4R、S9R5 是最为常用的壳单元。S4R 是 4 个节点的带缩减积分的壳单元，S9R5 是 9 个节点的 5 个自由度的缩减积分壳单元，同时可以耦合温度位移效应。以 25 个节点为例对 S4R、S9R5 壳单元进行比较，如图 9.3 所示。从图中可以看出，S9R5 需要比 S4R 更多的节点组成壳单元，相同节点数时，S4R 组成的单元数量是 S9R5 的 4 倍。

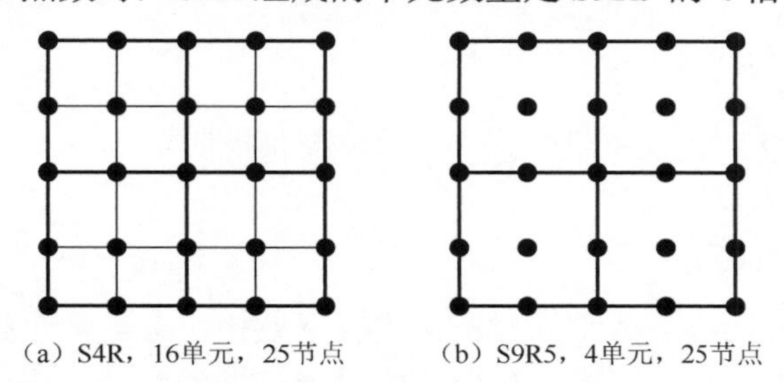
（a）S4R，16单元，25节点　（b）S9R5，4单元，25节点

图 9.3　S4R 与 S9R5 单元节点对比

相比 S9R5，S4R 具有更高的计算效率、更容易收敛等特点。

2. 弹簧单元的选取

Abaqus 中有三种类型的弹簧单元：Spring1，Spring2，SpringA。定向刨花板和钢框架的连接模拟采用 Spring2 单元进行力和相对位移非线性模拟。Spring2 单元在第 i 个节点和第 j 个节点间的相对位移为

$$\Delta u = u_i^1 - u_j^2$$

式中，i、j——构件编号；

1、2——节点编号。

通过荷载和位移关系来定义弹簧单元的属性（Spring2），如图 9.4 所示。从图中可以看出，当荷载达到给定的最大荷载时，尽管位移继续增大，Abaqus 假定荷载不再继续增加，数值等于给定的最大荷载。

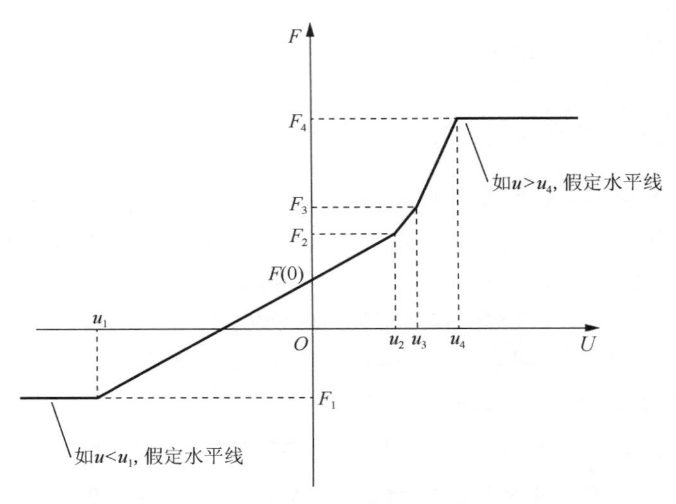

图 9.4　弹簧单元荷载-位移曲线

3. 网格划分

采用结构化的网格划分方法对构件进行离散化。有限元计算中，网格的划分密度将对计算精度有较大影响。对于 C 型截面立柱的卷边一般少于 2 个单元，同时建议翼缘有 4～5 个单元，从而保证结果的计算精度。边梁和定向刨花板采用相同的网格密度进行网格划分，如图 9.5 所示。由于组装构件中需要在不同构件的相同位置的节点进行弹簧单元定义，因此在划分定向刨花板时考虑了立柱和边梁等构件的网格密度，使得有弹簧单元定义出的两个节点尽量在相同的广义坐标下。

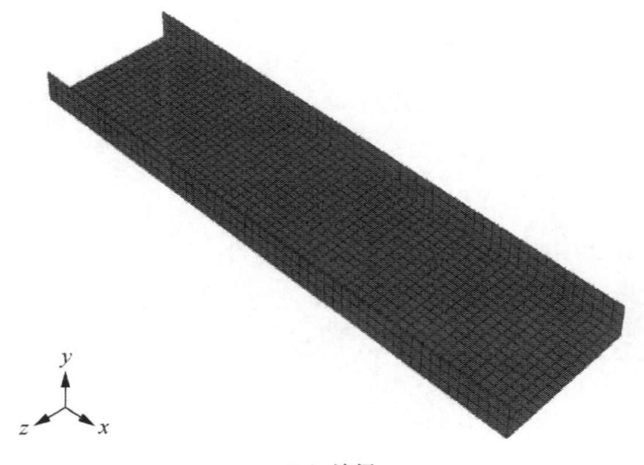

（a）边梁

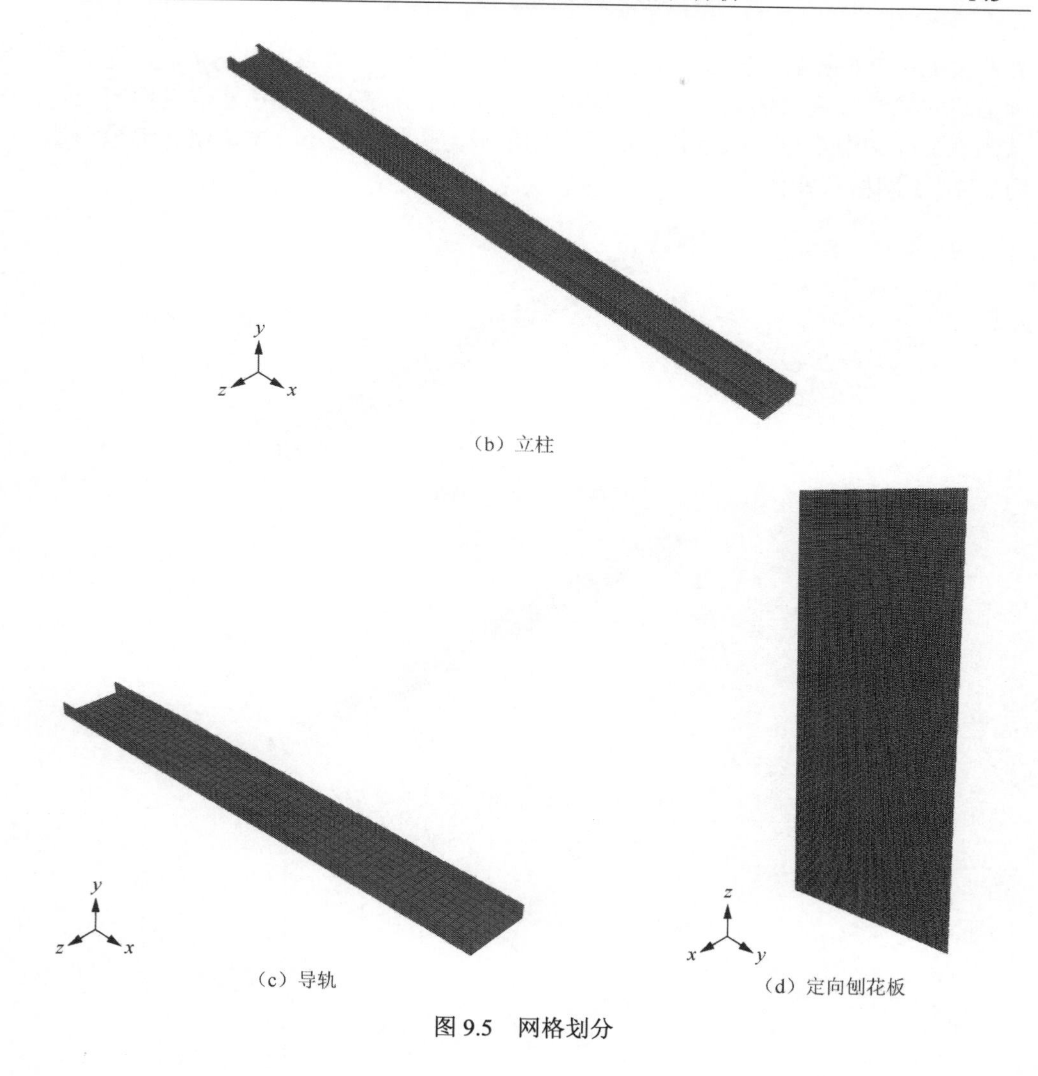

（b）立柱

（c）导轨

（d）定向刨花板

图 9.5　网格划分

9.2　模型参数的确定

本节分析建模中相关参数的选取对立柱的影响，考虑立柱网格长宽比为 2∶1 与 4∶1、立柱单元类型为 S4R 与 S9R5、立柱截面转角为圆角与直角。选用 600S162-33 型号立柱，长度为 2.74m，加载采用位移加载，边界条件为两端铰接。

9.2.1　网格长宽比的影响

壳单元采用 S9R5，网格长宽比为 2∶1 和 4∶1，立柱的应力云图与荷载–位移曲线如图 9.6 所示。从图中可以看出，长宽比为 4∶1 的应力云图稀疏，不能准确描述立柱局部屈曲的应力分布，长宽比为 2∶1 的应力云图色彩丰富而密集。从图 9.6（c）中看出，网格长宽比较小的承载力也相对较小。本次组合墙模型使用了 2∶1 网格长宽比。

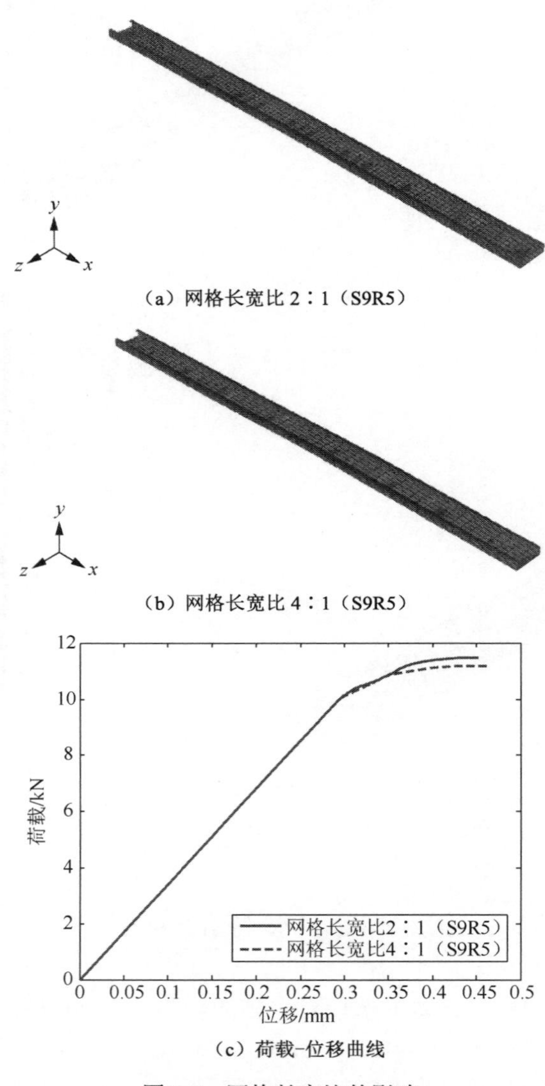

（a）网格长宽比 2∶1（S9R5）

（b）网格长宽比 4∶1（S9R5）

（c）荷载-位移曲线

图 9.6　网格长宽比的影响

9.2.2　不同壳单元的影响

采用不同壳单元（S4R，S9R5）进行计算，得到立柱的应力云图与荷载-位移曲线，如图 9.7 所示。从图中可以看出，S4R 采用线性差值，应力云图表现出锯齿状，相比之下，S9R5 采用二次差值，应力云图清晰有层次。但由于两种壳单元雇佣的节点数不相同、节点数量相同时，S4R 的单元是 S9R5 的 4 倍，采用 S4R 单元的立柱在相同面积单元数量相当于 S9R5 单元的 4 倍。从图 9.7（c）中可以看出，线弹性阶段，S4R 与 S9R5 并没有任何差别，立柱进入屈服以后，相对于 S4R，壳单元 S9R5 给出了较高的承载力。另外，S9R5 不能在 Abaqus 中生成，只能自己编写程序生成节点，同时也存在不易收敛的问题，因此，本次组合墙模型采用更为普遍、效率更高的 S4R 壳单元。

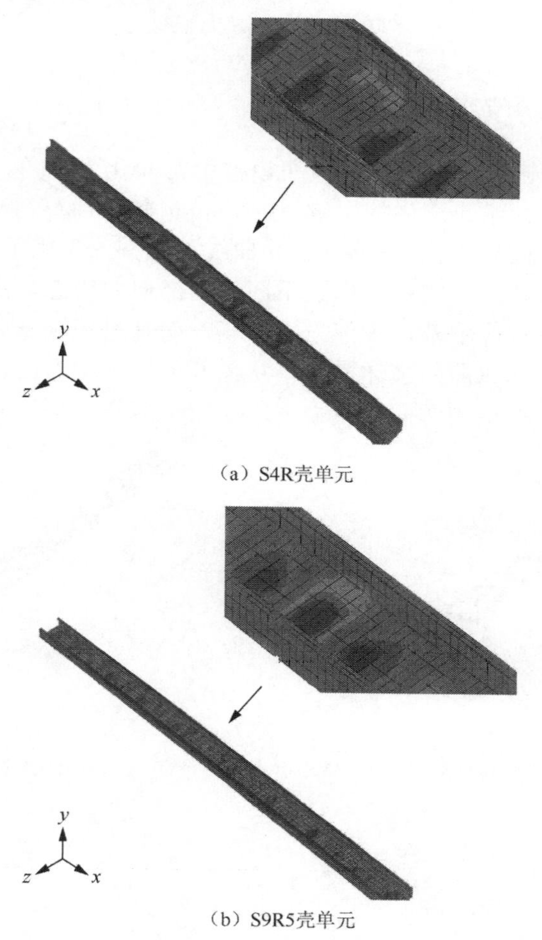

（a）S4R壳单元

（b）S9R5壳单元

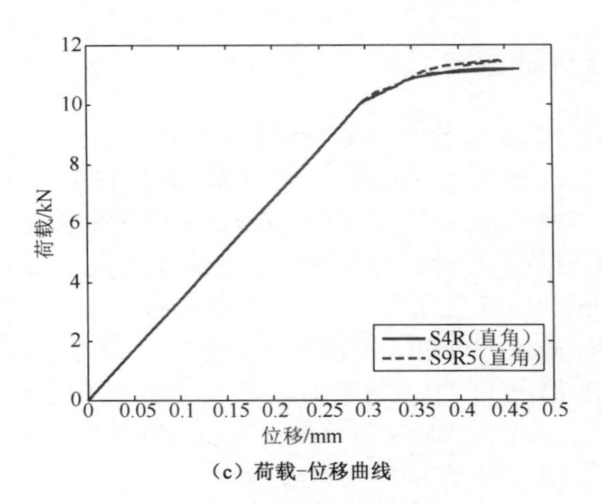

（c）荷载-位移曲线

图 9.7　不同壳单元影响

9.2.3　圆角与直角的影响

冷弯构件截面转角都是圆角，但在模拟中常简化为直角，本节探究直角模型和圆角模型对模拟结果产生的影响。由 Abaqus 软件计算得到截面圆角模型和直角模型的应力云图和立柱的荷载-位移曲线，如图 9.8 所示。从图 9.8（a）、图 9.8（b）中可以看出，立柱产生了不同的局部屈曲模态，圆角模型的局部屈曲破坏主要集中在构件中部，端部未见破坏，而且呈现了一定的整体屈曲；直角模型只呈现了局部屈曲的破坏模态。从图 9.8（c）中看出，圆角模型的屈曲承载力略大于直角模型的屈曲承载力。本次组合墙模型采用直角模型。

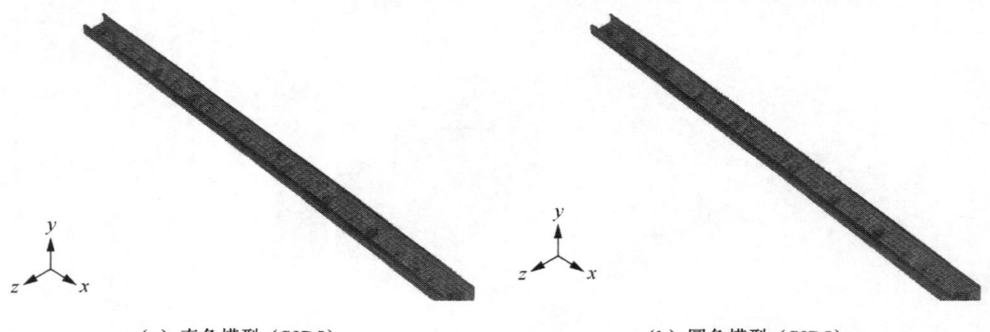

（a）直角模型（S9R5）　　（b）圆角模型（S9R5）

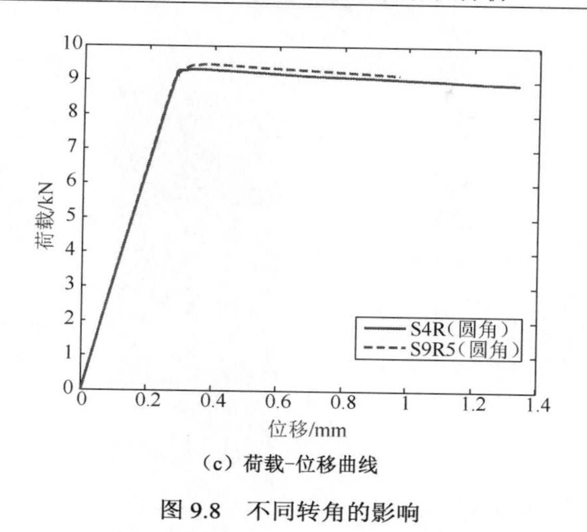

（c）荷载-位移曲线

图 9.8　不同转角的影响

9.3　计算结果分析

9.3.1　应力分析

1. 单片板组合墙应力分析

单片板（1.22m×2.74m）组合墙模型计算结果如图 9.9 所示。最大应力在边立柱的预偏转紧固件部位；边梁两侧的自攻螺钉连接处的应力并不对称，距离加载较远的一侧应力较大，边梁并未屈服；顶部导轨没有发生较大变形；底导轨由于上拔拉力的作用使其发生严重变形，如图 9.9（a）～图 9.9（f）所示。定向刨花板的板缝连接处应力高于其他部位。试验加载初期，各螺钉连接处应力分布均匀，刨花板底部的螺钉应力较小，水平缝处螺钉应力较大，随着荷载的增加，刨花板的应力分布发生变化，沿墙高度中部的自攻螺钉应力变小，左侧底部和右侧上部刨花板的自攻螺钉应力变大，同时水平缝处于应力较大的区域。从应力云图上可以看出，板缝处虽然用螺钉进行了连接，但并没有有效的传递应力，使得某几个自攻螺钉承受剪应力和拉应力，板缝处首先发生螺钉的连接破坏，如图 9.9（g）、图 9.9（h）所示。

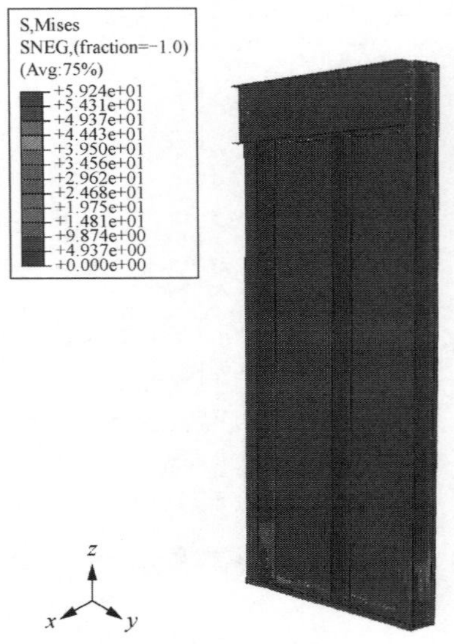

（a）单片板组合墙模型

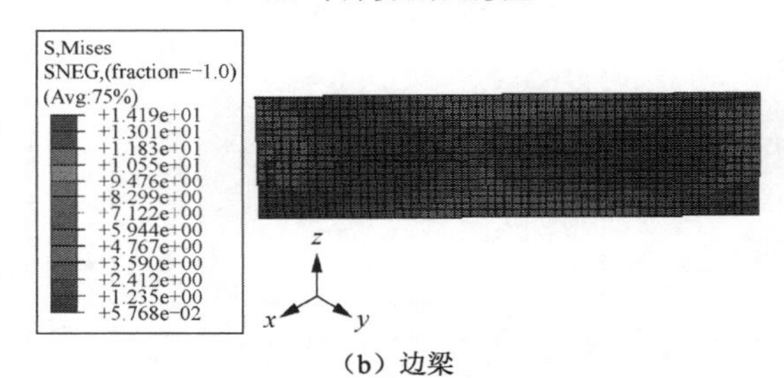

（b）边梁

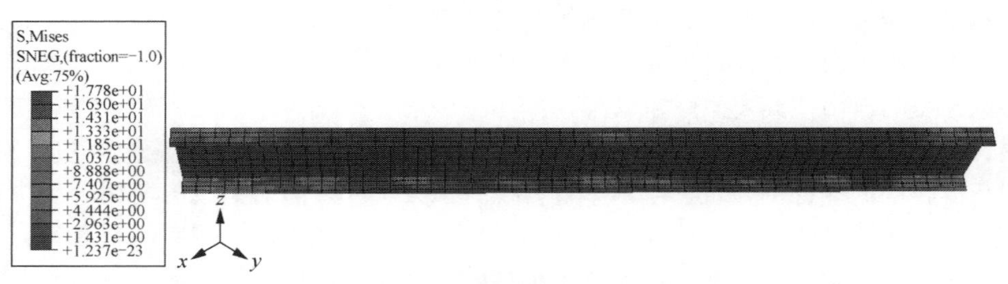

（c）顶部导轨

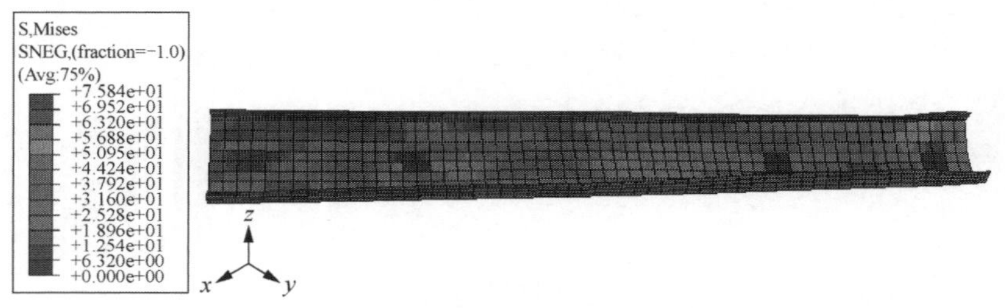

（d）底部导轨

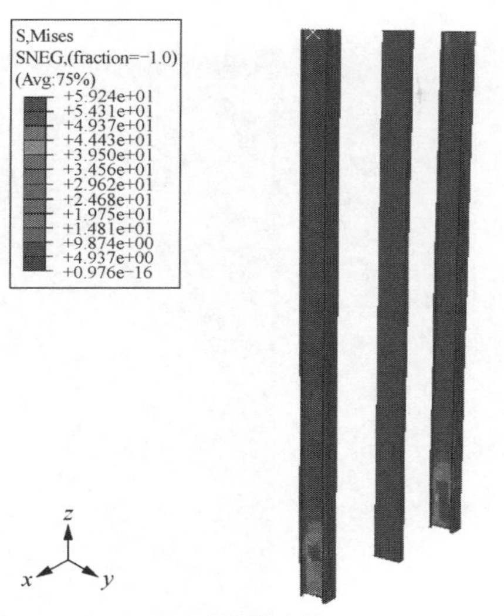

（e）组合墙立柱

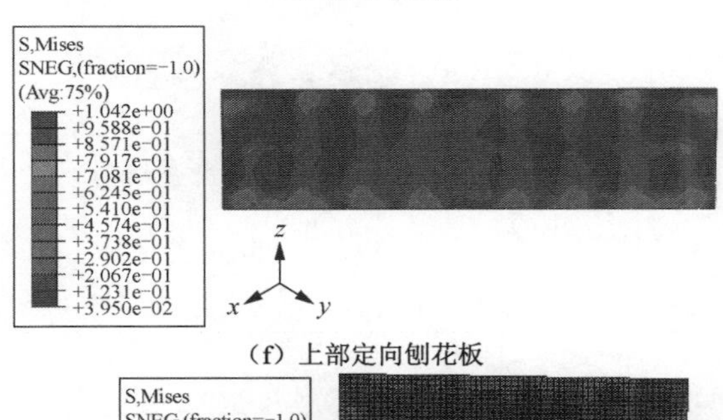

（f）上部定向刨花板

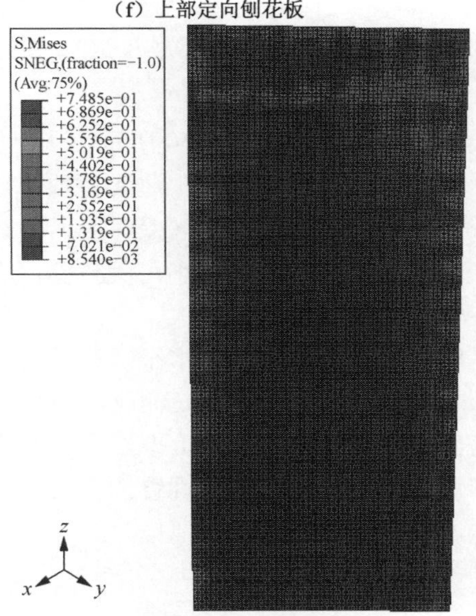

（g）加载初期定向刨花板

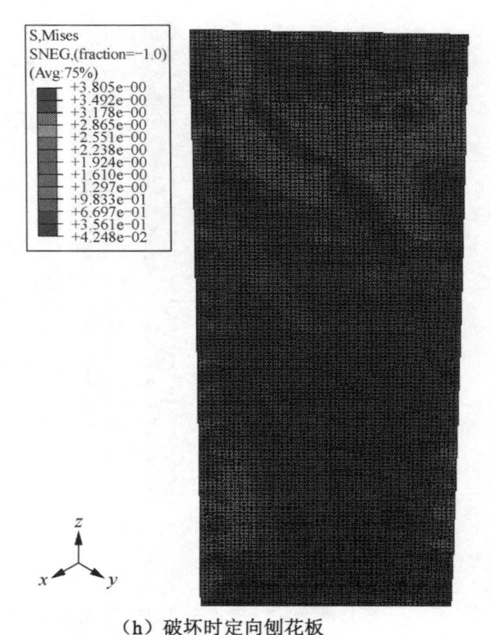

（h）破坏时定向刨花板

图 9.9　1.22m×2.44m 组合墙有限元模型

当组合墙受到水平侧向力时，刨花板较大的应力形成条带状区域，应力条带与水平面约呈 45°夹角，应力条带内的自攻螺钉应力较大，条带外部的螺钉连接应力较小。

2. 双片板组合墙应力分析

双片板组合墙模型的计算结果如图 9.10 所示。从模型整体来看，边柱、中间立柱上部及预偏转紧固件的应力相对较大；边梁和顶部导轨在端部螺钉连接处的应力最大；底导轨长度较大，在加载一侧（受拉侧）的翼缘和腹板处的螺栓位置的应力较大，另外一侧（受压侧）应力较小，受拉侧没有出现腹板的明显变形；边立柱的底部预偏转紧固件周围的应力较大，中间立柱应力相对较小；左侧和右侧的定向刨花板螺钉应力分布较为相似，水平缝处的自攻螺钉应力较大，自攻螺钉在定向刨花板底部、顶部及水平缝处的定向刨花板应力云图成锥形，边柱位置的自攻螺钉周围的定向刨花板的应力云图近似圆形；左侧定向刨花板边柱上的自攻螺钉应力大于右侧定向刨花板边柱自攻螺钉的应力。

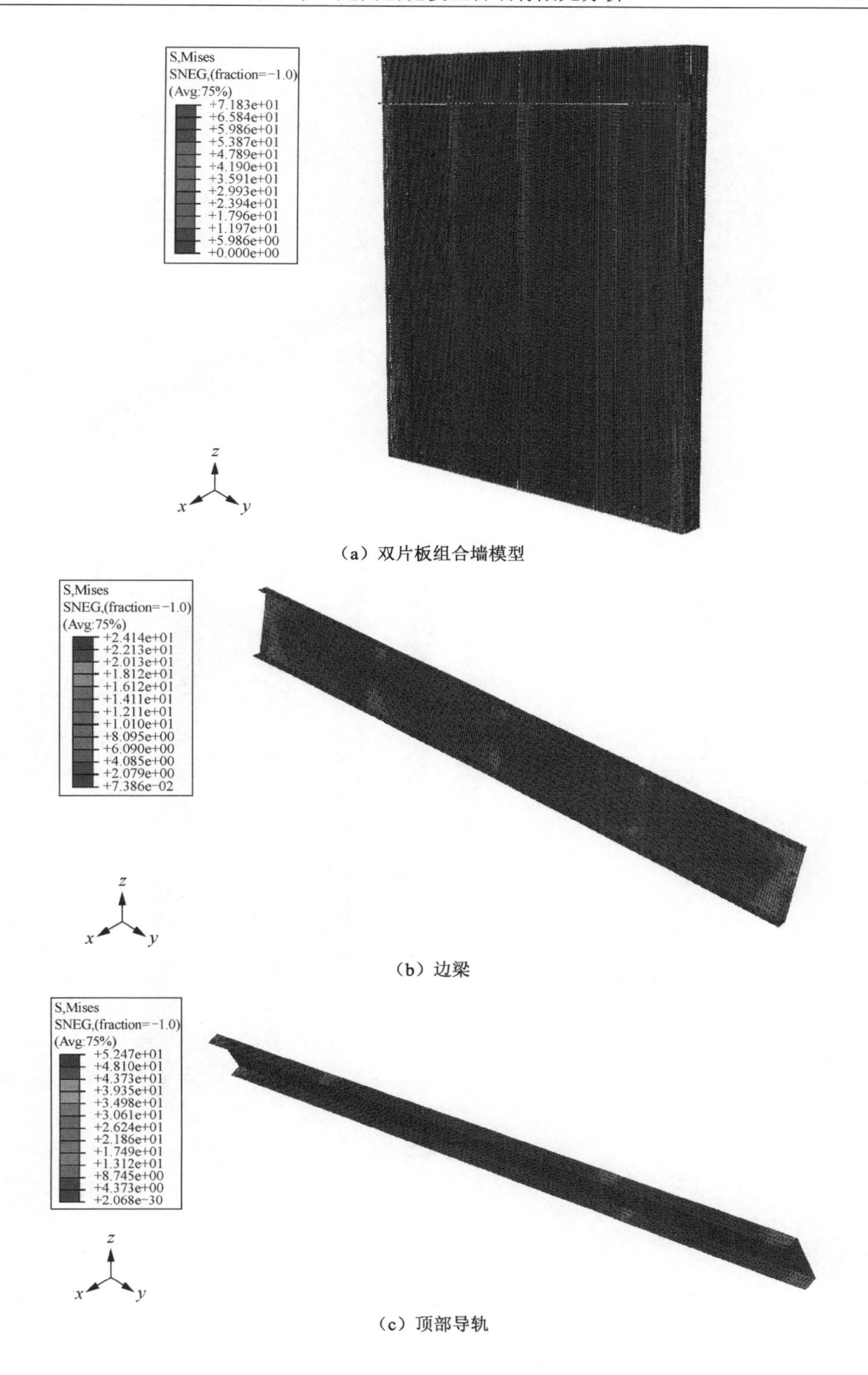

（a）双片板组合墙模型

（b）边梁

（c）顶部导轨

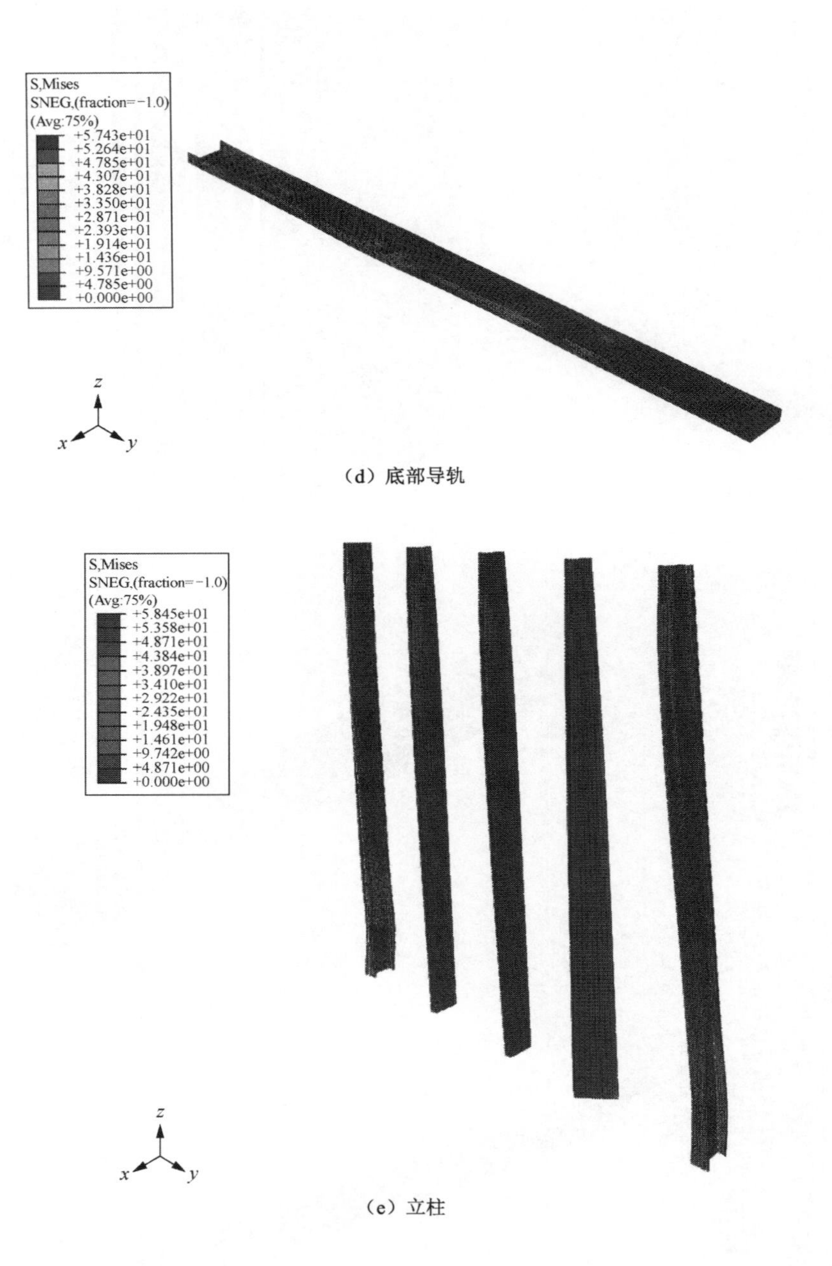
S,Mises
SNEG,(fraction=−1.0)
(Avg:75%)
+5.743e+01
+5.264e+01
+4.785e+01
+4.307e+01
+3.828e+01
+3.350e+01
+2.871e+01
+2.393e+01
+1.914e+01
+1.436e+01
+9.571e+00
+4.785e+00
+0.000e+00
z
x
y
S,Mises
SNEG,(fraction=−1.0)
(Avg:75%)
+5.845e+01
+5.358e+01
+4.871e+01
+4.384e+01
+3.897e+01
+3.410e+01
+2.922e+01
+2.435e+01
+1.948e+01
+1.461e+01
+9.742e+00
+4.871e+00
+0.000e+00
z
x
y

（d）底部导轨

（e）立柱

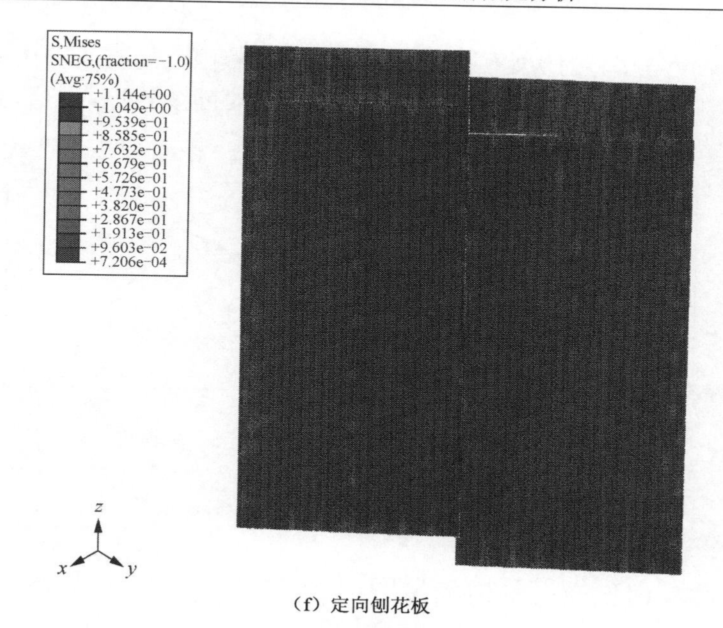

（f）定向刨花板

图 9.10　双片板组合墙应力云图

9.3.2　数值分析结果与试验结果对比

由 Abaqus 计算得到的荷载-位移曲线与静力加载试验结果进行对比，如图 9.11 所示。利用有限元数值计算宽度为 1.22m 的单片板组合墙，其结果与相应的试件 DSW-11c 荷载-位移曲线进行对比，如图 9.11（a）所示。从图中可以看出，荷载作用初期，有限元得到的荷载-位移曲线呈线性分布，组合墙处于线弹性阶段。随着荷载的增加，当荷载达到 20.20kN 时，荷载-位移曲线达到拐点，说明刨花板的角部和底部的螺钉已经达到极限连接强度，此时侧向位移达到 50.55mm，当位移继续增加，荷载基本保持不变，极限荷载为 20.99kN（试验值为 21.60kN）。从试验曲线和模拟曲线的对比可以看出，模拟的试件初始刚度与试验初始刚度基本一致，有限元数值模拟的曲线取得最大承载力对应的荷载较小，承载力基本吻合，模拟结果略偏于保守。

利用有限元数值计算双片板组合墙，其结果与相应的试件 DSW-11c 荷载-位移曲线进行对比，如图 9.11（b）所示。从图中可以看出，荷载作用初期，有限元计算得到的荷载-位移曲线呈线性分布，组合墙处于线弹性阶段。随着荷载增加，当荷载达到 33.79kN，荷载-位移曲线达到拐点，刨花板的角部和底部的螺钉已经达到极限连接强度（非线性弹簧单元），顶部的侧向位移是 27.66mm，随着位移的增加，荷载基本保持不变。从试验曲线和模拟曲线对比来看，有限元计算得到的初始刚度与试验的初始刚度数值基本一致，极限荷载为 35.51kN（试验值为 38.58kN），有限元计算取得曲线的极限荷载相应的位移小于试验值，整体来看，有限元模拟结果与试验结果基本吻合，偏于保守。

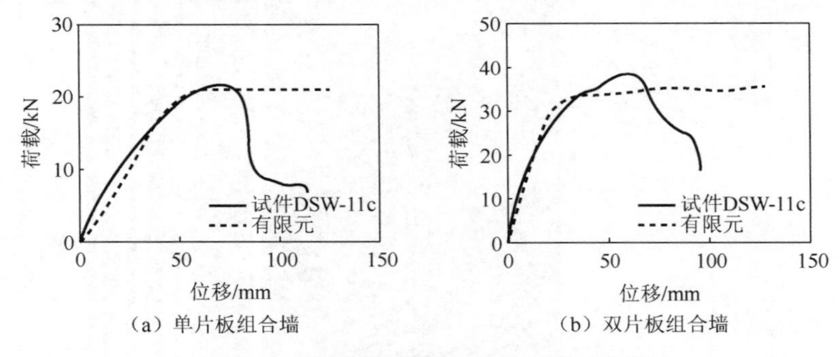

图 9.11　组合墙的荷载-位移曲线对比图

9.3.3　组合墙自攻螺钉受力矢量图

利用 Abaqus 模拟计算出单片板组合墙、双片板组合墙定向刨花板上每个螺钉的应力矢量图，如图 9.12 所示。箭头长短表示自攻螺钉的应力大小，箭头方向表示应力方向。

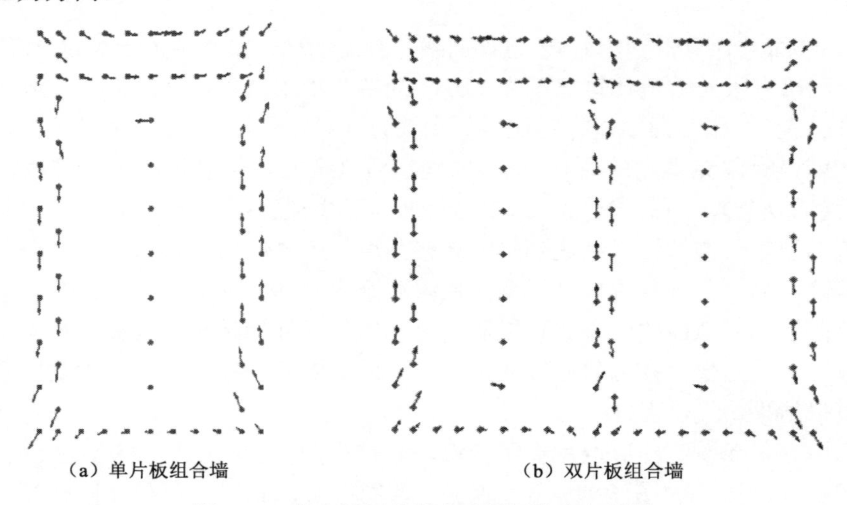

图 9.12　组合墙刨花板自攻螺钉应力矢量图

1.22m 宽单片板组合墙螺钉应力图如图 9.12（a）所示，可以看出，角部的螺钉应力方向向外，沿刨花板对角线方向，左下角螺钉的应力最大，组合墙底部的应力数值高于上半部，中间立柱部位的螺钉应力很小。

2.44m 宽双片板组合墙螺钉应力图如图 9.12（b）所示，可以看出，双片板带板缝的组合墙刨花板上的自攻螺钉按与单片板组合墙上自攻螺钉的分布规律相似，角部的螺钉应力方向向外，沿单片板的对角线方向，底部立柱的应力比上部应力大，中间的副立柱的应力较小。

9.3.4　参数分析

1. 立柱厚度的影响

通过有限元数值计算进行参数分析，考虑立柱厚度、刨花板与立柱连接强度对试件承载力的影响，如图 9.13 所示。由数值计算得到不同厚度立柱下 1.22m×2.44m 组合墙荷载与位移关系曲线，如图 9.13（a）所示。从图中可以看出，立柱厚度的改变对组合墙的承载力产生了一定的影响。当立柱厚度采用 0.8mm、1.44mm 和 2.0mm 时，构件的承载力分别为 21.96kN、23.98kN 和 26.91kN，相比 0.8mm 试件，承载力分别提高了 8.42%和 10.8%，由此说明，增加立柱的厚度对 1.22m 宽的单片板组合墙承载力的提高作用明显。由数值计算得到不同厚度立柱下 2.44m×2.74m 组合墙荷载-位移关系曲线，如图 9.13（b）所示。从图中可以看出，立柱厚度对 2.44m 宽的双片板组合墙承载力有一定影响，但相比 1.22m 宽的单片板组合墙对承载力影响较小。当立柱取同样的厚度参数时，2.44m 宽的组合墙承载力分别为 32.78kN、34.75kN 和 38.9kN，相比 0.8mm 试件，承载力分别提高了 5%和 10%。增加立柱厚度显著提高了组合墙的初始刚度，因此，2.44m×2.74m 双片板组合墙增加立柱厚度对承载力有一定提高，相比于 1.22m×2.74m 组合墙，承载力提高幅度较小。

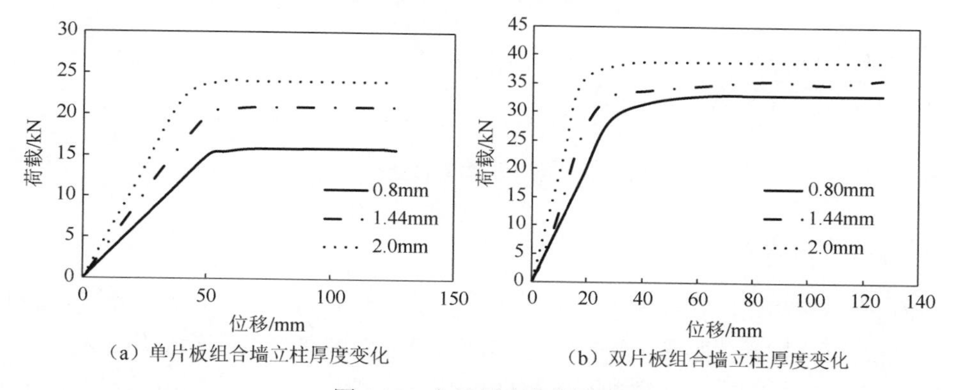

（a）单片板组合墙立柱厚度变化　　（b）双片板组合墙立柱厚度变化

图 9.13　立柱厚度变化影响

2. 定向刨花板的影响

在有限元模型中，刨花板与钢框架的自攻螺钉连接是通过弹簧单元实现的，在模型中只改变刨花板的厚度并不会影响组合墙整体的力学性能，所以模型中通过改变刨花板与钢框架的连接强度从而实现在现实试验中改变刨花板厚度参数的目的。

由数值计算模型得到单片和双片板组合墙刨花板与立柱连接强度变化的荷载-位移曲线，如图 9.14 所示。从图 9.14（a）中可以看出，刨花板与钢框架连接刚度的变化对组合墙的承载力和刚度产生了一定的影响，当连接强度分别提高了 50%和 100%时，组合墙的承载力分别为 23.98kN、26.96kN，分别比原来提高了 8.6%和 11.1%。从图 9.14（b）中可以看出，刨花板与钢框架连接刚度的变化对组合墙的承载力和刚度产生了一定的影响，组合墙的承载力随着连接强度的提高而提高，当连接强度在原来试验数值基础上分别提高了 50%和 100%时，2.44m 宽的组合墙承载力分别提高了 31.3%和 20.3%，提高的幅度远大于 1.22m 宽的组合墙，说明刨花板与钢框架连接刚度的提高会对组合墙承载力有一定程度的提高，宽度较大的组合墙的承载力提高幅度更大。

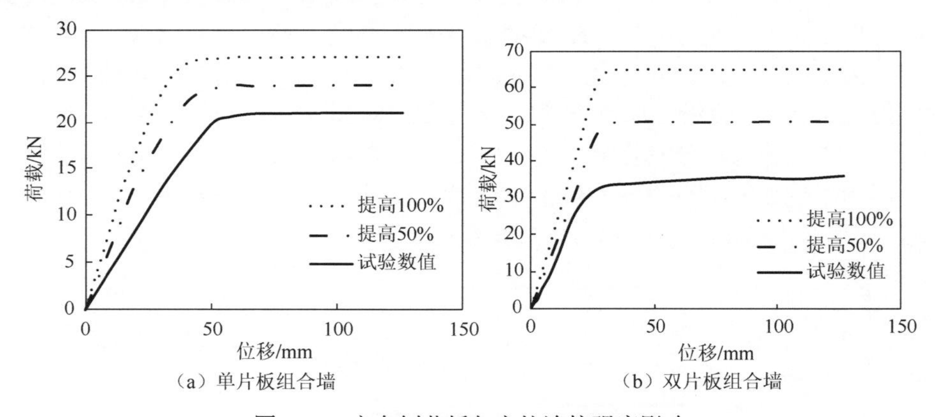

（a）单片板组合墙　（b）双片板组合墙

图 9.14　定向刨花板与立柱连接强度影响

3. 墙面板缝的影响

冷弯薄壁型钢组合墙的静力弹塑性分析中，由于 Abaqus 材料库中没有模拟“捏缩”效应的材料，如果单纯定义定向刨花板和自攻螺钉的接触作用来模拟“捏缩”效应，会造成组合墙模型烦琐而且模拟的难度增加，因此利用 SAPWood 软件进行组合墙循环加载试验的模拟，通过 SAPWood 软件针对试验中考虑所有板缝的参数进行模拟。具体板缝位置如图 9.15 所示。

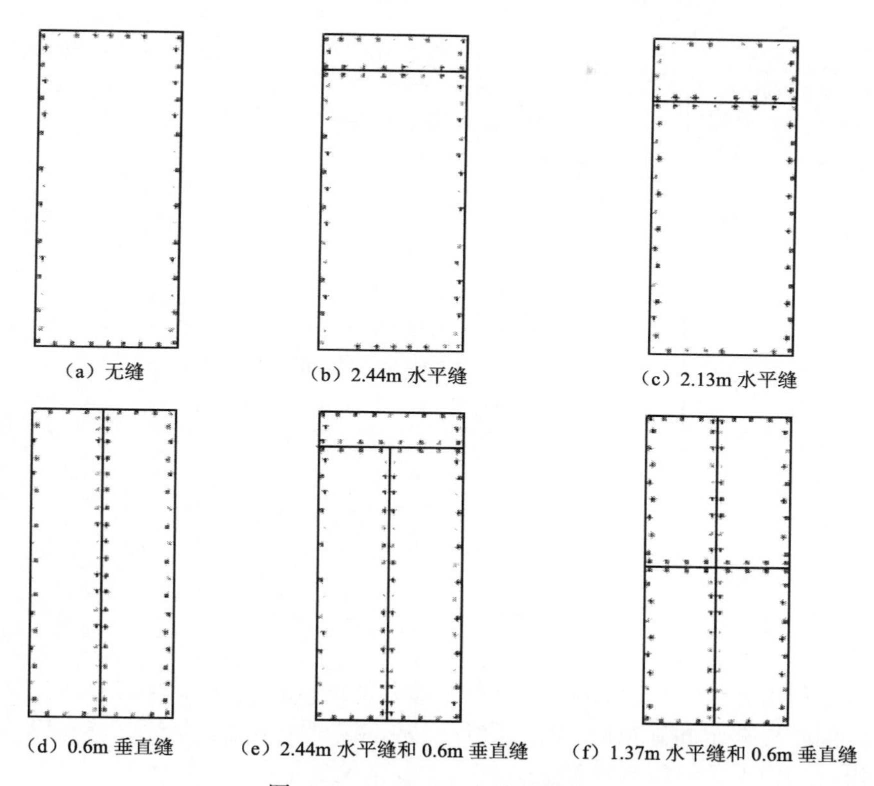

图 9.15　SAPWood 组合墙模型

SAPWood 分析是基于单个螺钉连接的两段线性荷载-位移曲线，此次 SAPWood 模型的单个螺钉连接试验是选用厚度为 11.11mm 的定向刨花板，连接到厚度为 1.37mm 的钢立柱，自攻螺钉型号为#8，连接试验的滞回特征采用 Peterman 等[91]的研究成果。

由 SAPWood 对不同板缝的组合墙进行静力加载模拟，其荷载-位移曲线如图 9.16 所示。为了便于比较，图中采用单位长度承载力。从图中可以看出，水平缝模型与无板缝模型相比，在承载力和刚度上并没有显现出差异。沿着墙体的水平缝并没有太大的影响，试件 SSW-4 和试件 SSW-6 取得相同的最大抗剪力，最大位移试件 SSW-4 比试件 SSW-6 高出 7%，整体来看，位移差值较小，同时也应考虑试验中存在的测试误差。试件 SSW-9 是所有组合墙试验中承载力最小的，承载力为 13.23kN/m，但从图 9.16 中看出，SAPWood 模型表现出试件 DSW-10 是刚度最低、承载力最低的，从试验数据来看，试件 DSW-10 的承载力为 13.87kN/m 时并不是最低承载力。SAPWood 捕捉到了组合墙同时具有水平缝和垂直缝的性能，如模型（e）和（f）对承载力和刚度有削减作用。

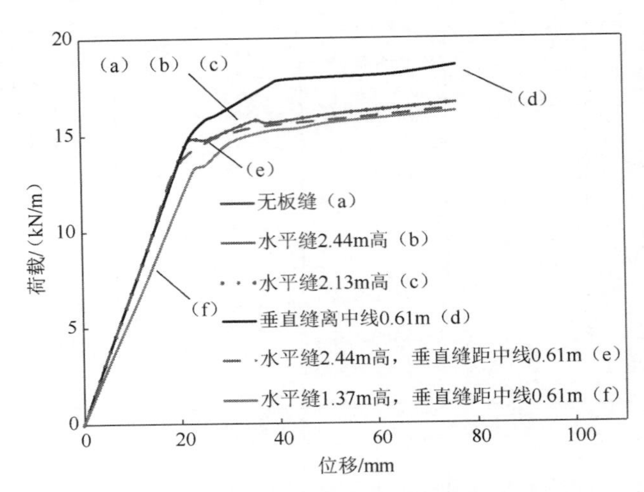

图 9.16　不同板缝组合墙荷载-位移曲线

9.4　小　结

本章利用有限元程序 Abaqus 对冷弯薄壁型钢-刨花板组合墙进行了力学性能分析，同时根据定向刨花板-自攻螺钉-立柱连接试验数据，运用了 SAPWood 建立了组合墙模型，对板缝进行了分析，主要结论如下：

（1）根据有限元计算结果给出了单片板和双片板组合墙定向刨花板上螺钉的剪应力矢量图：刨花板角部的螺钉应力方向向外，沿单片板的对角线方向，底部立柱的应力比上部应力大，中间的副立柱的应力较小。

（2）试验确定了 Abaqus 建模中网格长宽比为 2∶1，壳单元为 S4R，转角为直角参数，同时对单片板组合墙、双片板组合墙模型进行了参数分析。计算结果表明，有限元模拟结果与试验结果基本吻合，偏于保守；组合墙的刚度和承载力随着立柱厚度的增加而增加，立柱厚度对单片板组合墙刚度和承载力影响较大。组合墙的刚度和承载力随着连接强度的提高而提高，连接强度对双片板组合墙的刚度和承载力影响较大。

（3）利用 SAPWood 建立了无板缝、水平缝、垂直缝等组合墙的模拟。计算结果表明，水平缝对试件承载力和刚度影响较小，垂直缝对组合墙承载力有削减作用。

第 10 章　其他墙面板组合墙有限元分析

为进一步分析组合墙抗剪性能，国外学者对平面薄钢板覆面组合墙进行了试验研究[92]。AISI S213-07 以表格形式提供的单位抗剪强度设计值是基于大量的试验测试的结果。大量试验研究结果表明，相较于其他类型覆面剪力墙，波纹钢板覆面组合墙有更高的初始刚度和抗剪承载力。为了优化波纹钢板覆面组合墙的抗剪性能、延性、初始刚度，Yu 等[93]对波纹钢板进行了不同的开洞、开缝试验研究。

综上所述，为了克服试验的局限，根据目前已有组合墙抗剪性能的研究成果，利用 Abaqus 对组合墙的抗剪性能进行有限元参数分析，进一步补充、完善相关研究与分析。

10.1　冷弯薄壁型钢组合墙有限元模型建立

10.1.1　冷弯薄壁型钢构件及组合墙几何尺寸

本章组合墙有限元模型所采用的构件截面形式分别为 C92.1mm×41.3mm×12.7mm、U92.1mm×41.3mm 和 C152.4mm×41.15mm×12.7mm（弧形翼缘）、U152.4mm×41.15mm，其中“背靠背”组合截面形式的构件由两根 C 型薄壁型钢通过两纵排自攻螺钉（每横排纵向间距 300mm）将其腹板与腹板进行连接组装而成。以上构件截面形式和尺寸如图 10.1 所示。

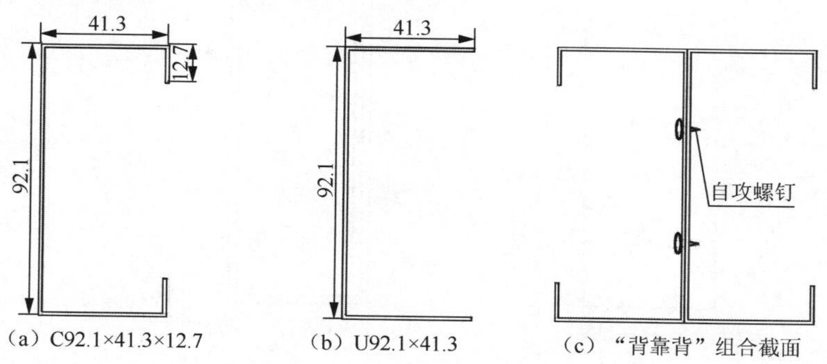

（a）C92.1×41.3×12.7　（b）U92.1×41.3　（c）“背靠背”组合截面

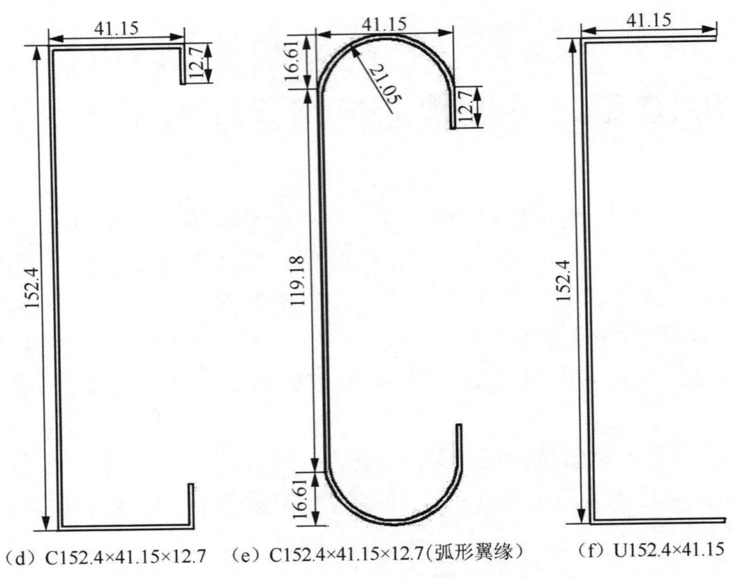

（d）C152.4×41.15×12.7　（e）C152.4×41.15×12.7(弧形翼缘)　（f）U152.4×41.15

图 10.1　组合墙立柱及导轨截面图（单位：mm）

墙体高宽比分别为 2∶1（2440mm×1220mm）和 4∶1（2440mm×610mm），其中 2∶1 尺寸组合墙边立柱采用“背靠背”组合截面形式，组合墙尺寸及详细布置如图 10.2 所示。

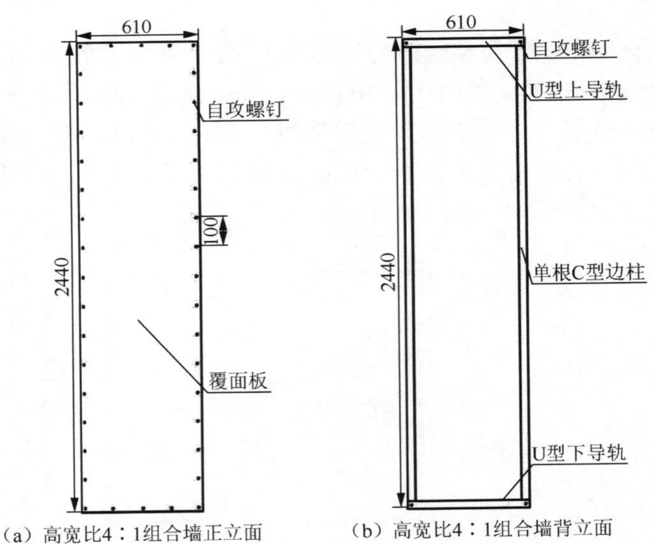

（a）高宽比4∶1组合墙正立面　（b）高宽比4∶1组合墙背立面

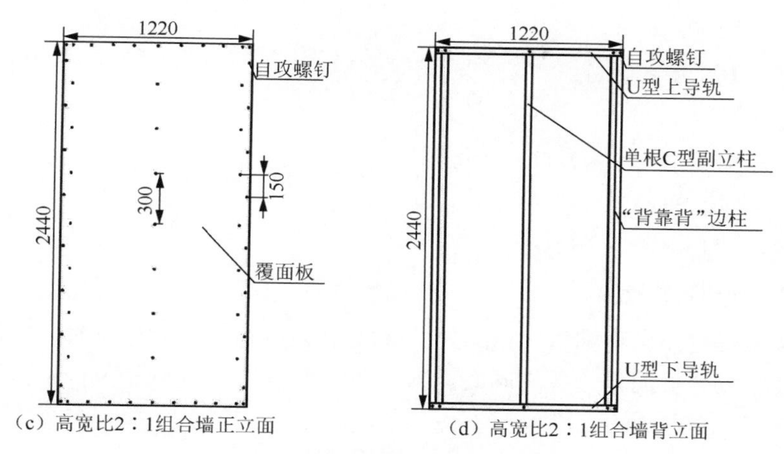

（c）高宽比2∶1组合墙正立面　　（d）高宽比2∶1组合墙背立面

图 10.2　组合墙示意图（单位：mm）

10.1.2　材料本构关系

本章组合墙有限元计算模型的钢材选用五段式弹塑性本构模型，如图 10.3 所示，数学表达式为式（10.1）。

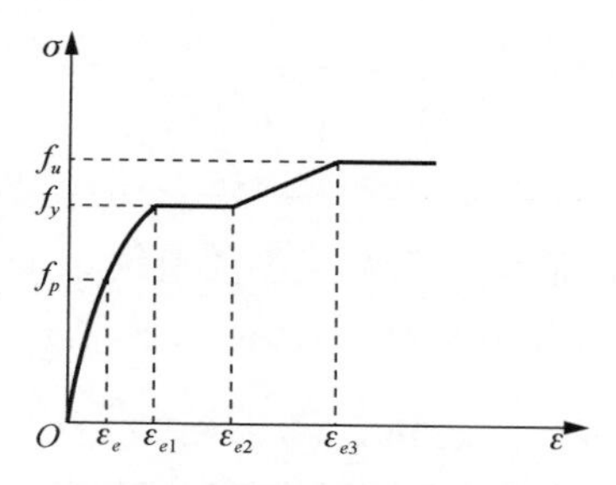

图 10.3　钢材本构关系模型

$$\sigma=\begin{cases}E_s\varepsilon_s, & \varepsilon_s\leqslant\varepsilon_e\\ -A\varepsilon_s^2+B\varepsilon_s+C, & \varepsilon_e<\varepsilon_s\leqslant\varepsilon_{e1}\\ f_y, & \varepsilon_{e1}<\varepsilon_s\leqslant\varepsilon_{e2}\\ f_y\left(1+0.6\dfrac{\varepsilon_s-\varepsilon_{e2}}{\varepsilon_{e3}-\varepsilon_{e2}}\right), & \varepsilon_{e2}<\varepsilon_s\leqslant\varepsilon_{e3}\\ 1.6f_y, & \varepsilon_s>\varepsilon_{e3}\end{cases} \tag{10.1}$$

式中，ε_s ——钢材应变；

$\varepsilon_e=0.8f_y/E_s$；

$\varepsilon_{e1} = 1.5\varepsilon_e$；

$\varepsilon_{e2} = 10\varepsilon_{e1}$；

$\varepsilon_{e3} = 100\varepsilon_{e1}$；

$A = 0.2f_y / (\varepsilon_{e1} - \varepsilon_e)^2$；

$B = 2A\varepsilon_{e1}$；

$C = 0.8f_y + A\varepsilon_e^2 - B\varepsilon_e$；

f_y——屈服强度。

组合墙有限元模型钢材选用 Q235 和 Q345。进行有限元分析时，将钢材、定向刨花板和胶合板简化为各向同性材料，各构件材料采用 von Mises 屈服准则，材料特性如表 10.1 所示。

表 10.1　有限元分析的材料特性

材料	材料强度/（N/mm^2）	弹性模量/MPa	泊松比
Q235	235（屈服强度）	206000	0.3
Q345	345（屈服强度）	206000	0.3
12mm 定向刨花板	19.6（静曲强度）	3790	/
12mm 胶合板	59.2（静曲强度）	6163	/

10.1.3　部件组装

首先，在进行建模之前需统一所建模型的量纲系统，本章在进行有限元模型的建立时，所确定的量纲系统如表 10.2 所示。

表 10.2　量纲系统

长度	荷载	质量	时间	应力	密度
mm	N	t（10^3kg）	s	MPa（N/mm^2）	t/mm^3

其次，利用计算机辅助工程对模型的各个部件分别建模，定义材料本构和截面属性，然后按实物进行各个部件的组装、划分网格并确定各部件之间的接触或连接关系，最后对整体模型确定它的边界条件并施加荷载。

本章模拟的组合墙体模型构造较为复杂，尤其是各部件之间的自攻螺钉连接数量较多，并且在诸多组合墙体试验现象结果描述中，多为墙面板破坏且较严重，并与骨架发生明显的相对滑移[3]。因此，墙面板与骨架间的连接螺钉采用非线性弹簧单元（Spring2），而导轨和立柱之间的连接螺钉采用耦合单元（coupling）。

通过 Abaqus 建立墙体模型如图 10.4 所示。

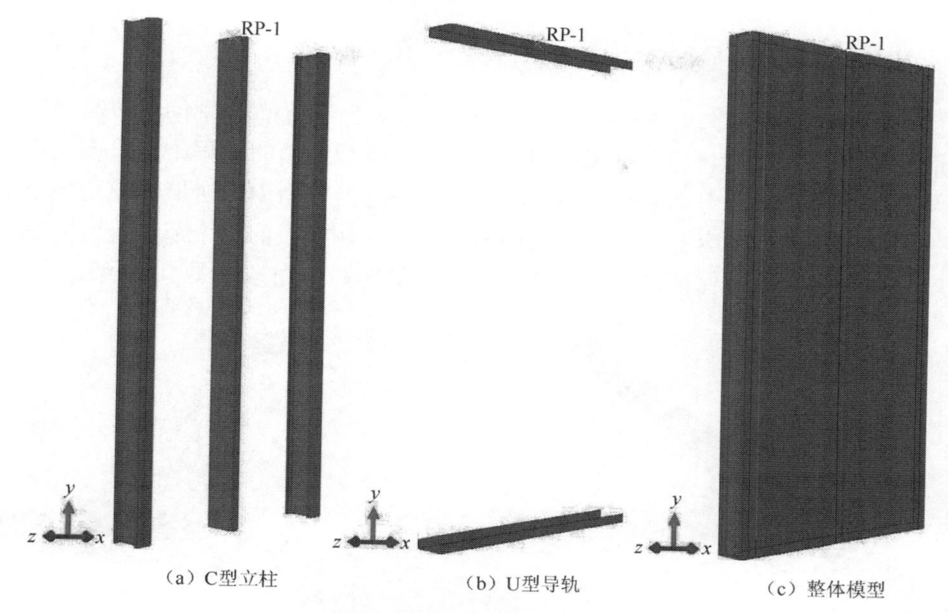

（a）C型立柱　　（b）U型导轨　　（c）整体模型

图 10.4　组合墙体整体模型

10.1.4　边界条件和加载

有限元分析的结果还取决于边界条件的准确性。根据试验条件，首先，在墙体上部建立参考点（RP-1）并耦合上导轨腹板；其次，墙体上部的侧向滑轮的约束通过定义参考点 RP-1（即上导轨腹板）平面外自由度来实现，即 U_x=0、U_y=0、$\theta_y = 0$、$\theta_z = 0$；最后，沿加载方向的平动自由度对参考点（即上导轨腹板）赋予一定数值的位移，以模拟试验中墙体的加载装置。在墙体底部，由试验中导轨腹板与地梁螺栓连接简化为约束下导轨腹板三个方向的平动自由度和两个方向的转动自由度，即 U_x=0、U_y=0、U_z=0、$\theta_y = 0$、$\theta_z = 0$，则墙体上下两端为铰接。沿上导轨耦合的平动自由度方向对墙体全程采用位移加载的方式。

10.1.5　单元选取与网格划分

1. 骨架、墙面板单元选取

Abaqus 中的壳单元通常采用 S4R、S9R5，本章骨架和墙面板采用 S4R 壳单元。S4R 即 4 节点缩减积分壳单元，本章组合墙体模型中采用更为普遍且效率更高的 S4R 壳单元。

2. 网格的划分

本章组合墙模型选用结构化网格划分的方法，冷弯薄壁 C 型钢卷边网格种子数量至少 2 个，翼缘网格种子数量 4～5 个。在模型组装的过程中，需要在不同部件的相同位置节点建立连接关系，因此在对冷弯薄壁型钢组合墙体模型各个部件进化网格划分时，应考虑各部件网格密度，使得相连接的两个节点尽可能在相同广义坐标中，从而保证结果的计算精度。各部件网格划分如图 10.5 所示。

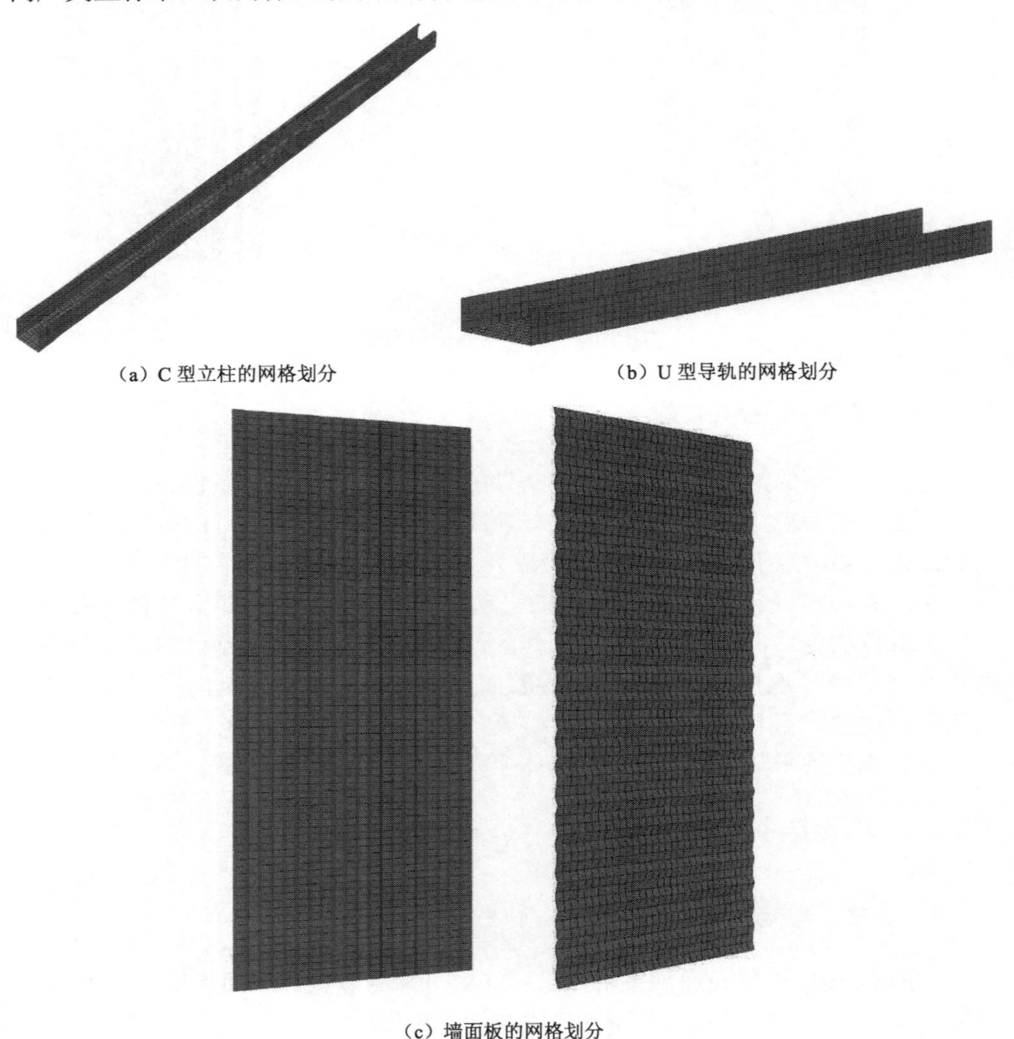

（a）C 型立柱的网格划分　（b）U 型导轨的网格划分

（c）墙面板的网格划分

图 10.5　组合墙体单元划分

3. 弹簧单元的选取

每个螺钉采用三个方向的非线性弹簧单元（Spring2）模拟墙面板与轻钢骨架的连接。根据已有的试验现象和数据，螺钉在各方向的荷载-位移各不相同，本章主要以 z（加载）方向的滑移破坏为准则。

应用 Spring2 模拟螺钉连接需根据试验定义其路径及荷载值，本章根据文献[90]、[91]钢板与钢板间螺钉连接的试验数据，以及木质结构板与轻钢骨架间螺钉连接的试验结果(即 S-OSB5d-V、S-PLY5d-V、S-OSB-DA5d-V 和 S-PLY-DA5d-V)，定义了非线性弹簧单元的连接强度,即取连接件抗剪试验中荷载-位移曲线上的屈服荷载值作为弹簧单元的最大荷载值，且正、反向路径及荷载值相同。

10.2　模型试验验证

10.2.1　试验材料属性及模型参数

通过 Abaqus 建立相同参数的组合墙有限元计算模型 SWP-0，模型的详细参数如表 10.3，材料参数如表 10.4 所示。构件截面尺寸为 C92.1mm×41.3mm×12.7mm 和 U92.1mm×41.3mm；左右两侧分别采用一根 C 型立柱作为边立柱连接固定；墙面板选用整块平面薄钢板。

表 10.3　模型参数　　（单位：mm）

墙面板厚度	墙体宽度	墙体高度	螺钉间距	骨架壁厚
0.76	610	2440	100	1.09

表 10.4　材料参数

材料/mm	部位	基材厚度/mm	屈服强度/MPa	极限强度/MPa
0.76	墙面板	0.76	284	373
1.09	骨架	1.14	346	496

采用静力加载的方式，分析有限元计算结果，并进行对比分析。

10.2.2　试验结果分析

从图 10.6 和表 10.5 中可以看出，Niari 等[94]的数值模拟和 SWP-0 数值模拟在加载初期曲线呈线性分布，组合墙体基本处于弹性阶段，这与 Balh[92]的试验结果基本吻合。继续加载至曲线出现明显的拐点，即荷载达到 6.8kN，墙体顶部位移为 16.5mm 时，说明墙面板底部螺钉已达到极限强度（非线性弹簧单元）。而后，随着位移的不断增加，数值模拟最大荷载 9.19kN，侧向位移 57.7mm；试验一的最大荷载 8.74kN，相对应的侧向位移 64.4mm；试验二的最大荷载 9.05kN，相对应的侧向位移 63.1mm；SWP-0 最大荷载达到 8.32kN，对应侧向位移 70.39mm。从单位抗剪承载力的对比来看，SWP-0 与试验误差在 6%左右，虽然取得最大荷载时对应的位移不同，但承载力基本吻合。

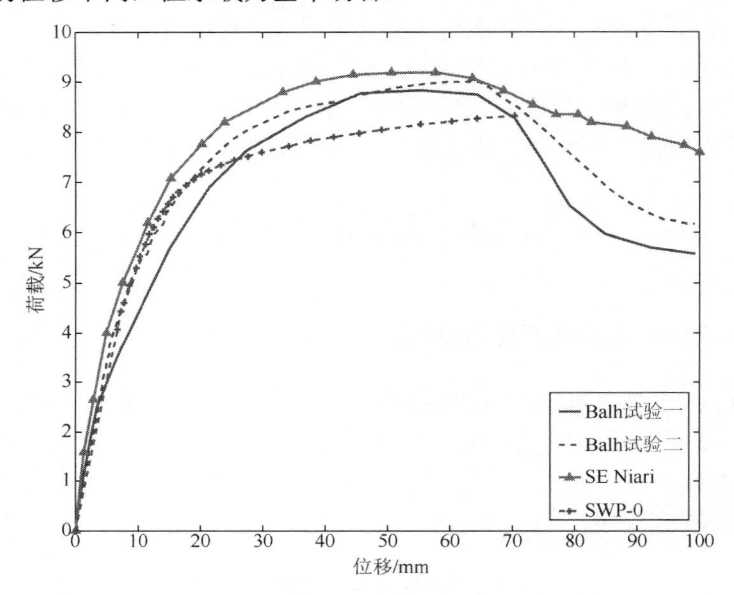

图 10.6　试验与数值模拟的墙体荷载-位移曲线

表 10.5　模拟值与试验值数据对比

墙体模型编号	初始刚度/（kN/mm）	F_y/kN	δ_y/mm	单位抗剪承载力/（N/mm）
SWP-0	0.61	6.94	17.73	13.64
试验一	0.54	6.33	18.12	14.33
试验二	0.70	6.10	13.47	14.84

10.3　组合墙有限元参数分析

根据表 10.1，在进行组合墙有限元计算模型的参数分析时，所有骨架构件钢材选用 Q345，SWP-1～SWP-6［包括 SWP-1（C）和 SWP-6（T）］的墙面板材料选用 Q345，SWP-7～SWP-17 的墙面板材料选用 Q235；组合墙 C 型立柱和 U 型导轨的截面尺寸均为 C152.4mm×41.15mm×12.7mm 和 U152.4mm×41.15mm，具体模型参数如表 10.6 所示，其中 SWP-1（C）的 C 型立柱截面形式如图 10.1（a）所示。

表 10.6　模型参数

墙体模型编号	墙面板参数	墙面板材料厚度/mm	边立柱厚度/mm	副立柱厚度/mm	高宽比	螺钉间距/mm
SWP-OSB	定向刨花板	12	1.20	1.20	2∶1	150/300
SWP-PLY	胶合板	12	1.20	1.20	2∶1	150/300
SWP-OSB（DA）	定向刨花板（受潮）	12	1.20	1.20	2∶1	150/300
SWP-PLY（DA）	胶合板（受潮）	12	1.20	1.20	2∶1	150/300
SWP-1	平面薄钢板	1.00	1.20	1.20	2∶1	150/300
SWP-1（C）	平面薄钢板	1.00	1.20	1.20	2∶1	150/300
SWP-2	平面薄钢板	0.84	1.20	1.20	2∶1	150/300
SWP-3	平面薄钢板	1.20	1.20	1.20	2∶1	150/300
SWP-4	平面薄钢板	1.00	1.20	1.00	2∶1	150/300
SWP-5	平面薄钢板	1.00	1.00	1.20	2∶1	150/300
SWP-6	WA-825（横向）	0.84	1.20	1.20	2∶1	150/300
SWP-6（T）	WA-825（横向）	0.54	1.20	1.20	2∶1	150/300
SWP-7	WA-825（横向）	0.76	1.09	—	4∶1	150
SWP-8	WA-825（纵向）	0.76	1.09	—	4∶1	150
SWP-9	WA-825（横向）	0.76	1.09	1.09	2∶1	150/300
SWP-10	WA-825（纵向）	0.76	1.09	1.09	2∶1	150/300
SWP-11	AC-780（横向）	0.76	1.09	1.09	2∶1	150/300
SWP-12	MINO-900（横向）	0.76	1.09	1.09	2∶1	150/300
SWP-13	MINO-900（横向、边长 700 方洞）	0.76	1.09	1.09	2∶1	150/300
SWP-14	MINO-900（横向、边长 400 方洞）	0.76	1.09	1.09	2∶1	150/300
SWP-15	MINO-900（横向、半径 395 圆洞）	0.76	1.09	1.09	2∶1	150/300
SWP-16	MINO-900（横向、半径 350 圆洞）	0.76	1.09	1.09	2∶1	150/300
SWP-17	MINO-900（横向、半径 225.7 圆洞）	0.76	1.09	1.09	2∶1	150/300

10.3.1　覆面板类型与厚度对组合墙抗剪性能的影响

木质结构板和 0.84mm、1.00mm、1.2mm 厚平面薄钢板覆面组合墙有限元计算模型的应力云图如图 10.7 所示。由图可知，木质覆面板最大应力位于两边沿墙全高下部 1/6 处，其余螺钉连接处应力分布较均匀且高于面板其他部位，未受潮墙面板中部有明显的应力条带；平面薄钢板的墙面板应力集中于左下、右上两对角部分，此部分螺钉应力也相对较大，墙面板同时发生了较大的卷曲变形；当墙面板厚度由 0.84mm 增加至 1.00mm 再到 1.20mm 时，墙面板应力分布发生变化，材料应用更加充分。

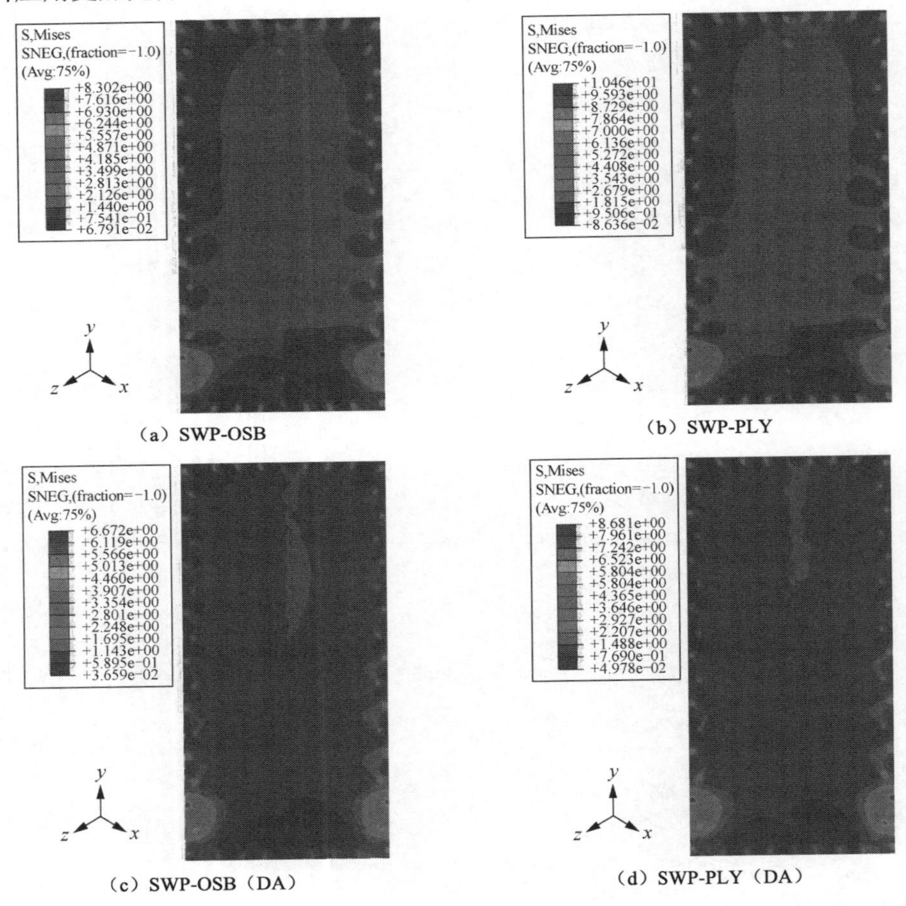

（a）SWP-OSB　　（b）SWP-PLY

（c）SWP-OSB（DA）　　（d）SWP-PLY（DA）

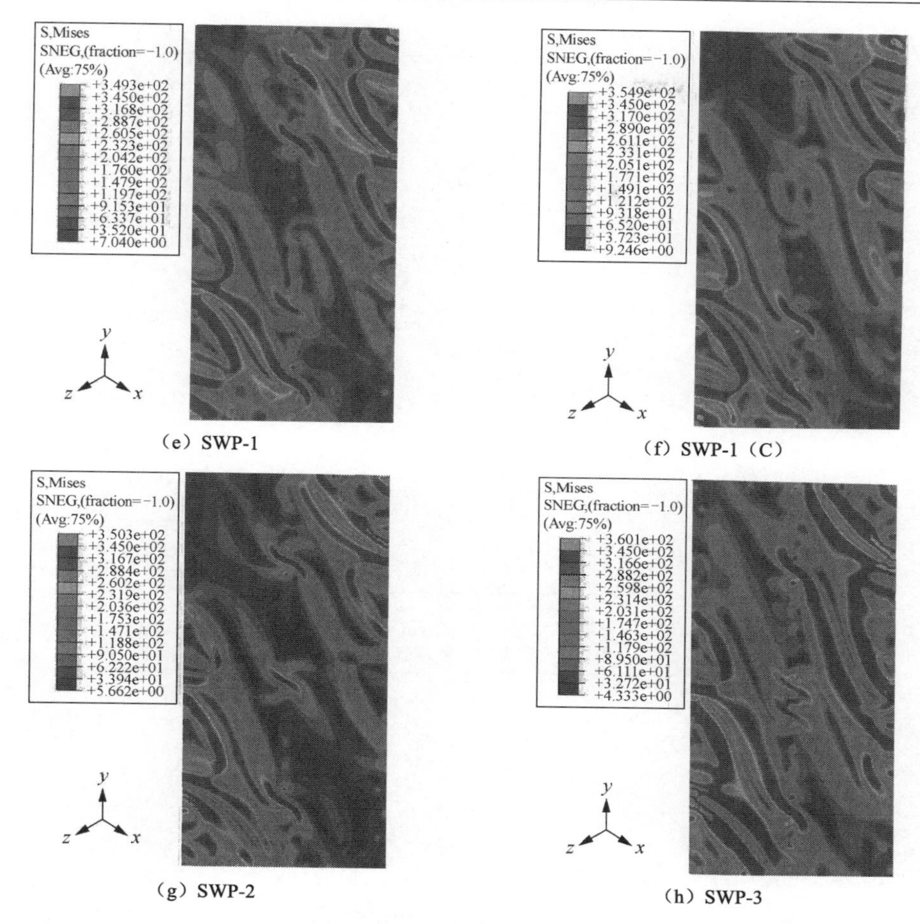

（e）SWP-1　（f）SWP-1（C）

（g）SWP-2　（h）SWP-3

图 10.7　墙面板应力云图

荷载-位移曲线及主要结果如图 10.8 和表 10.7 所示。①随着墙面板厚度增大，1.00mm 和 1.20mm 厚平面薄钢板覆面组合墙的单位抗剪承载力分别比 0.84mm 厚墙面板提高 48.58%和 141.34%，初始刚度分别提高 61.31%和 136.68%，可见平面薄钢板厚度对组合墙承载力和初始刚度有显著影响，此影响因素也包括了随着薄钢板厚度增加而增加的连接强度的影响。②12mm 厚定向刨花板覆面组合墙单位抗剪承载力比 0.84mm 厚平面薄钢板覆面组合墙提高 28.99%，相比 1.00mm 和 1.20mm 厚平面薄钢板覆面组合墙，分别下降 13.19%和 46.55%，初始刚度与 SWP-2 相当；12mm 厚胶合板覆面组合墙承载力和初始刚度与 1.00mm 厚平面薄钢板覆面组合墙相当；受潮定向刨花板覆面组合墙单位抗剪承载力下降 32.84%，初始刚度下降 34.78%，受潮胶合板覆面组合墙单位抗剪承载力下降 31.92%，初始刚度下降 32.12%，下降幅度与定向刨花板覆面组合墙相当。

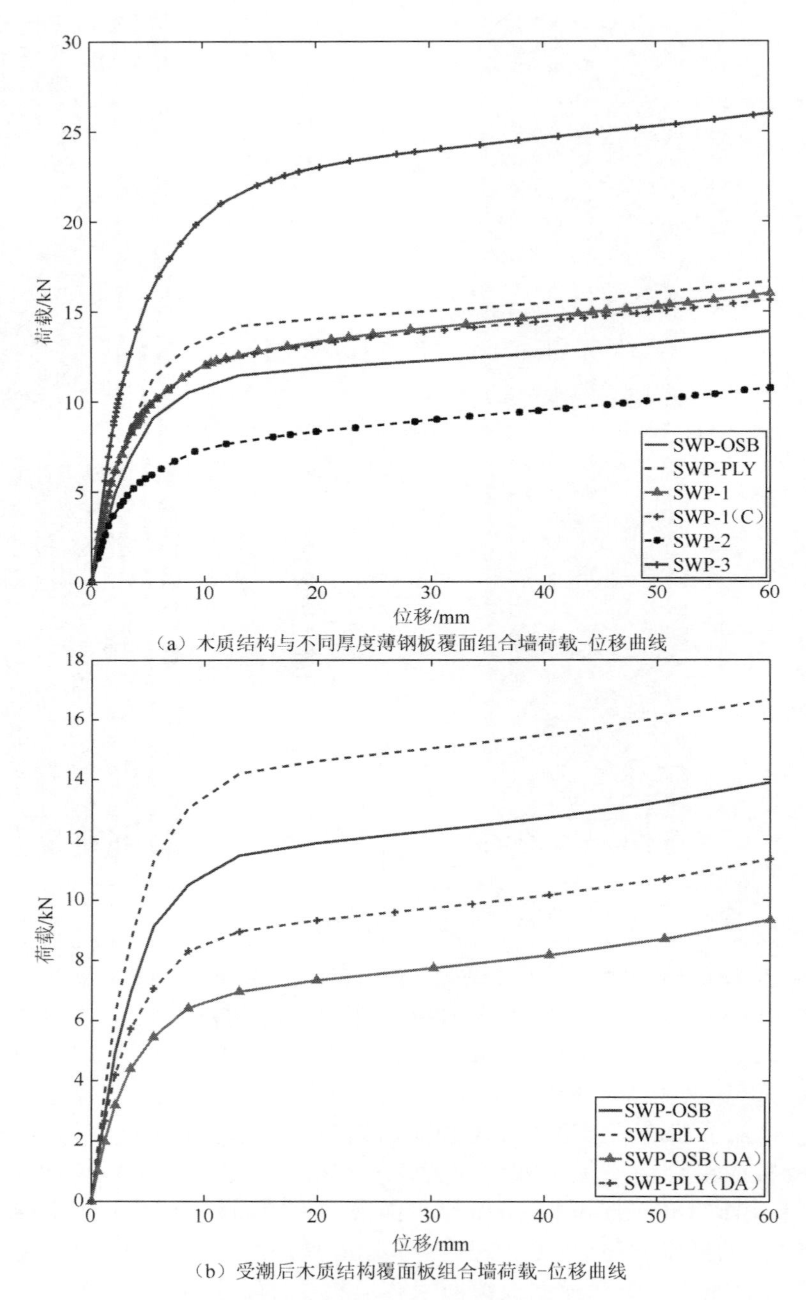

（b）受潮后木质结构覆面板组合墙荷载-位移曲线

图 10.8　组合墙荷载-位移对比图

表 10.7　模拟值数据对比

墙体模型编号	初始刚度 /（kN/mm）	F_y/kN	δ_y/mm	单位抗剪承载力 /（N/mm）
SWP-OSB	2.30	10.52	8.58	11.39
SWP-PLY	3.02	12.71	7.76	13.66
SWP-OSB（DA）	1.52	6.63	9.80	7.65
SWP-PLY（DA）	2.05	8.36	8.78	9.30
SWP-1	3.21	11.21	7.92	13.12
SWP-1（C）	3.45	10.94	7.38	12.82
SWP-2	1.99	7.25	9.20	8.83
SWP-3	4.71	19.39	8.75	21.31

10.3.2　立柱壁厚与截面对组合墙抗剪性能的影响

通过有限元计算，考虑立柱厚度和截面对组合墙抗剪性能的影响。由应力云图 10.9 可知，相较于 SWP-1，副立柱壁厚为 1mm 时（SWP-4），边立柱左下部自攻螺钉应力下降，边立柱壁厚为 1mm 时（SWP-5），边立柱自攻螺钉应力增大；四者副立柱应力均无明显变化，且边立柱应力主要集中于角部及下部沿柱高 1/3 处；SWP-1（C）立柱应力最小，且下部沿柱高 1/3 处不同于其他三者，没有明显的应力集中现象。

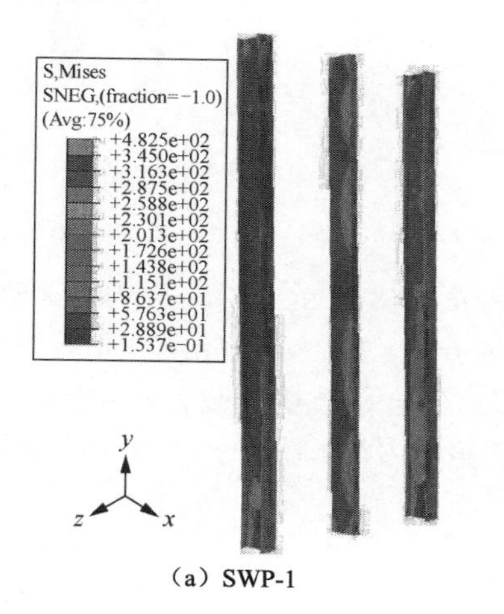

（a）SWP-1

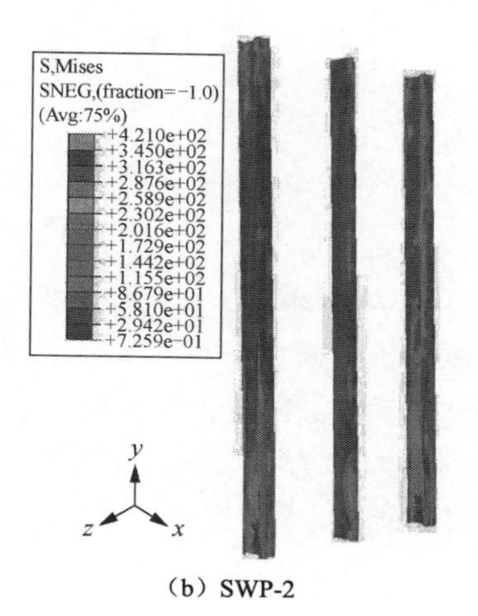

（b）SWP-2

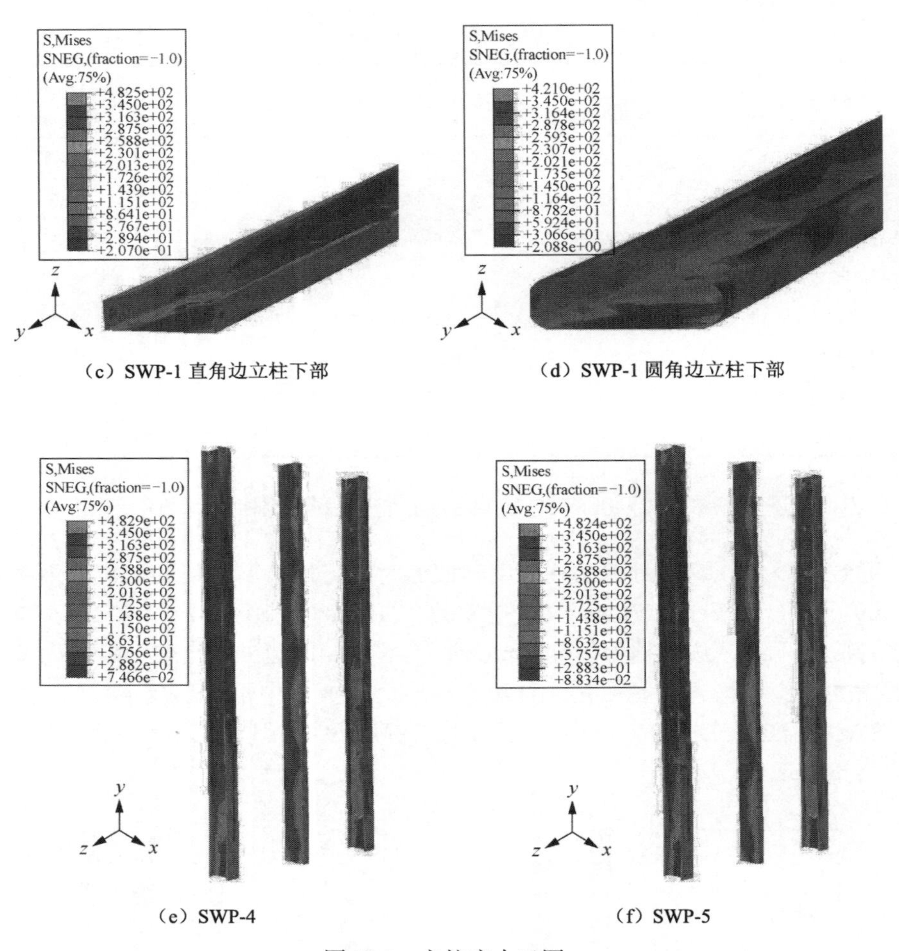

（c）SWP-1 直角边立柱下部　　（d）SWP-1 圆角边立柱下部

（e）SWP-4　　（f）SWP-5

图 10.9　立柱应力云图

荷载-位移曲线及主要结果如图 10.10 和表 10.8 所示。相比 SWP-1，SWP-4、SWP-5 单位抗剪承载力分别下降 12.42%和 6.78%，SWP-4 初始刚度下降 14.64%，而 SWP-5 提高 1.56%，由此说明，立柱厚度对组合墙抗剪承载力和初始刚度无明显影响。由表 10.7 可知，立柱翼缘截面为弧形的 SWP-1（C）初始刚度和抗剪承载力无明显变化。

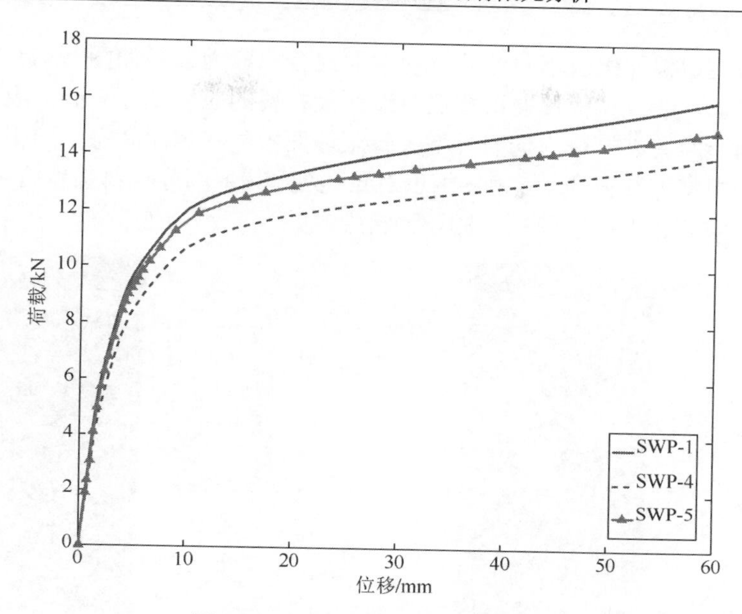

图 10.10　组合墙荷载-位移对比图

表 10.8　模拟值数据对比

墙体模型编号	初始刚度/（kN/mm）	F_y/kN	δ_y/mm	单位抗剪承载力/（N/mm）
SWP-1	3.21	11.21	7.92	13.12
SWP-4	2.74	9.98	8.17	11.49
SWP-5	3.26	10.56	7.45	12.23

10.3.3　波纹钢板与平面薄钢板覆面组合墙抗剪性能的比较

波纹钢板因其平面外的几何变形提供了一定的刚度，使得覆面波纹钢板不易屈曲，可有效提高构件的屈曲性能，使墙体承担较大的轴压力、弯矩或剪力而不屈曲。波纹钢板参数如表 10.9 所示。

表 10.9　波纹钢板参数　（单位：mm）

波纹钢板类型	波长	波高
WA-825	63.5	18
AC-780	130	35
MINO-900	25	6
Q1128	70.5	5

平面薄钢板覆面组合墙与波纹钢板覆面组合墙应力云图如图 10.11 所示。相比平面薄钢板，波纹钢板覆面组合墙对墙面板材料的应用更加充分，应力分布于墙面板四周，四周螺钉应力均明显增大直至墙面板材料屈服状态，而平面薄钢板覆面组合墙根据加载方向，应力集中于对角两处，其余部分材料强度应用不充分，同时螺钉应力分布也同墙面板一样较为集中。

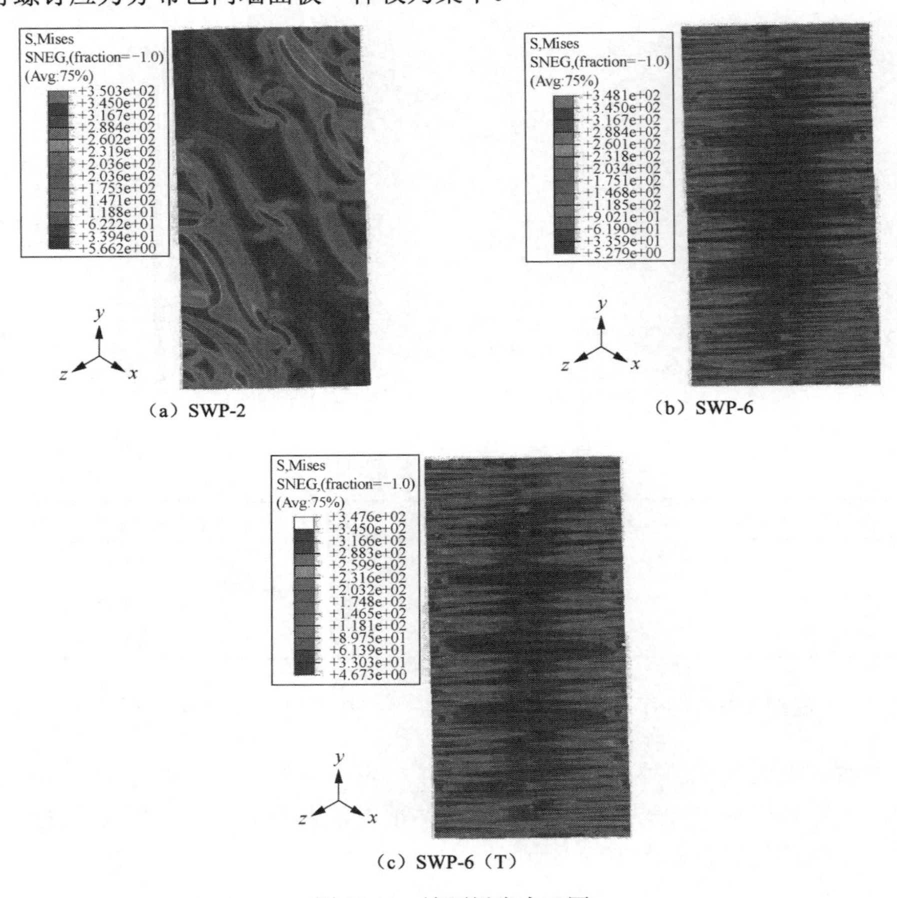

图 10.11　墙面板应力云图

SWP-2、SWP-6、SWP-6（T）荷载-位移曲线及主要结果如图 10.12 和表 10.10 所示。相较于 SWP-2，与其覆面钢板等厚度的 SWP-6 的单位抗剪承载力提高 46.89%，初始刚度下降 27.64%，而与 SWP-2 承载力相当的 SWP-6（T）的覆面钢板厚度只有 SWP-2 覆面钢板厚度的 64.29%，但初始刚度大幅下降。

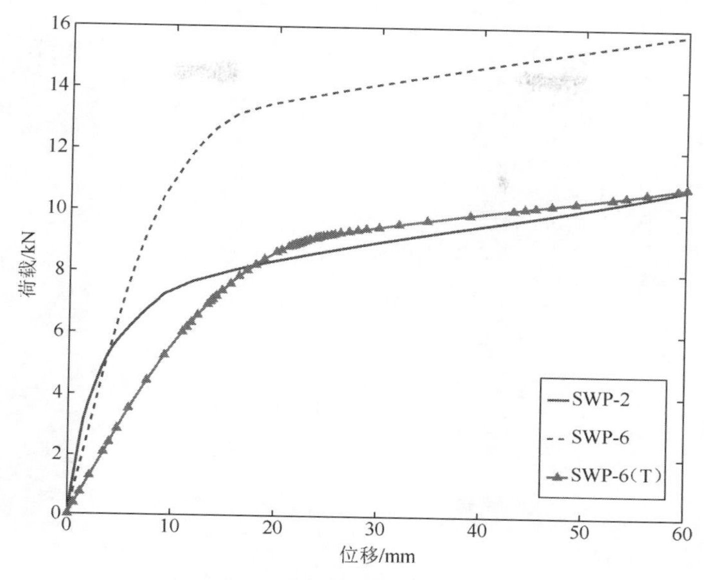

图 10.12　组合墙荷载-位移对比图

表 10.10　模拟值数据对比

墙体模型编号	初始刚度/（kN/mm）	F_y/kN	δ_y/mm	单位抗剪承载力/（N/mm）
SWP-2	1.99	7.25	9.20	8.83
SWP-6	1.44	12.84	14.65	12.97
SWP-6（T）	0.61	9.08	23.44	8.89

10.3.4　布置方向和高宽比对组合墙抗剪性能的影响

由图 10.13 可知，当高宽比为 4∶1 时，横向布置的波纹钢板应力集中于四周，两边螺钉应力相较于纵向布置的波纹钢板更大，且上下板边部分有明显的屈曲变形，如图 10.13（a）所示；纵向布置的波纹钢板应力主要集中于上下导轨连接处以及对角的条带上，除导轨连接处螺钉应力较大，其余部分螺钉应力均远小于横向布置波纹钢板，如图 10.13（b）所示。

当高宽比为 2∶1 时，横向布置的波纹钢板应力分布趋势同高宽比为 4∶1 时横向布置的波纹钢板，纵向布置的波纹钢板应力集中于墙面板中两个对角条带和上下导轨与墙面板连接处，且在墙面板中部条带上的应力集中部位材料出现屈服状态。相较于横向布置的波纹钢板，高宽比为 2∶1 时，纵向布置的波纹钢板材料强度应用更充分。

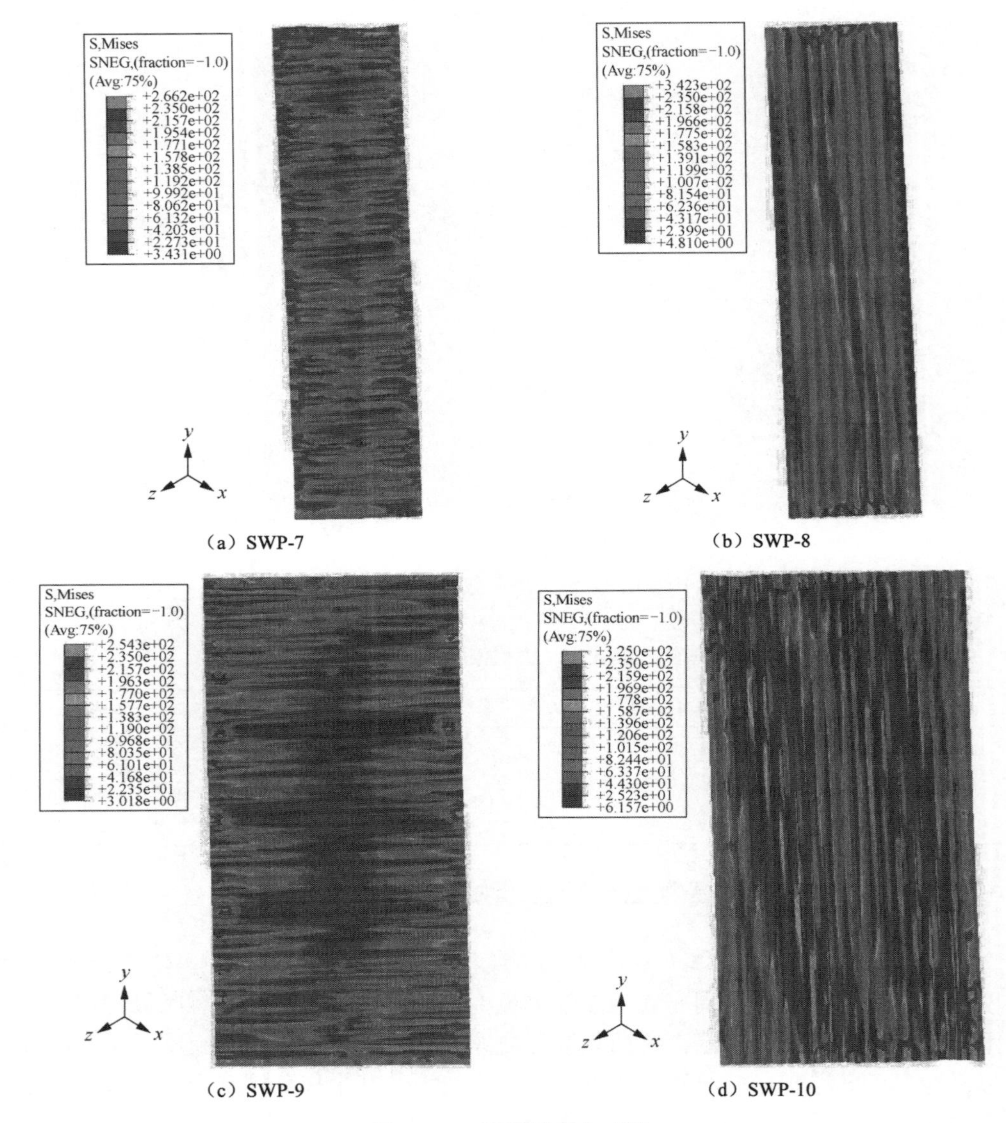

（a）SWP-7　（b）SWP-8

（c）SWP-9　（d）SWP-10

图 10.13　墙面板应力云图

由图 10.14 和表 10.11 可知，高宽比为 4∶1 时，SWP-7 比 SWP-8 承载力提高 26.45%，初始刚度提高 85.71%；高宽比为 2∶1 时，SWP-9 比 SWP-10 承载力提高 17.82%，初始刚度提高 46.10%。在此两种高宽比下，横向波纹覆面组合墙承载力和初始刚度均高于纵向波纹覆面组合墙。

同时从表 10.11 可知，随着高宽比的减小，初始刚度逐渐增大，SWP-9 比 SWP-7 高出 184.62%，SWP-10 比 SWP-8 高出 261.90%，而单位抗剪承载力却下降，SWP-9 比 SWP-7 下降 29.38%，SWP-10 比 SWP-8 下降 24.20%，随着高宽比的减小，组合墙初始刚度大幅提高，单位抗剪承载力略有下降。

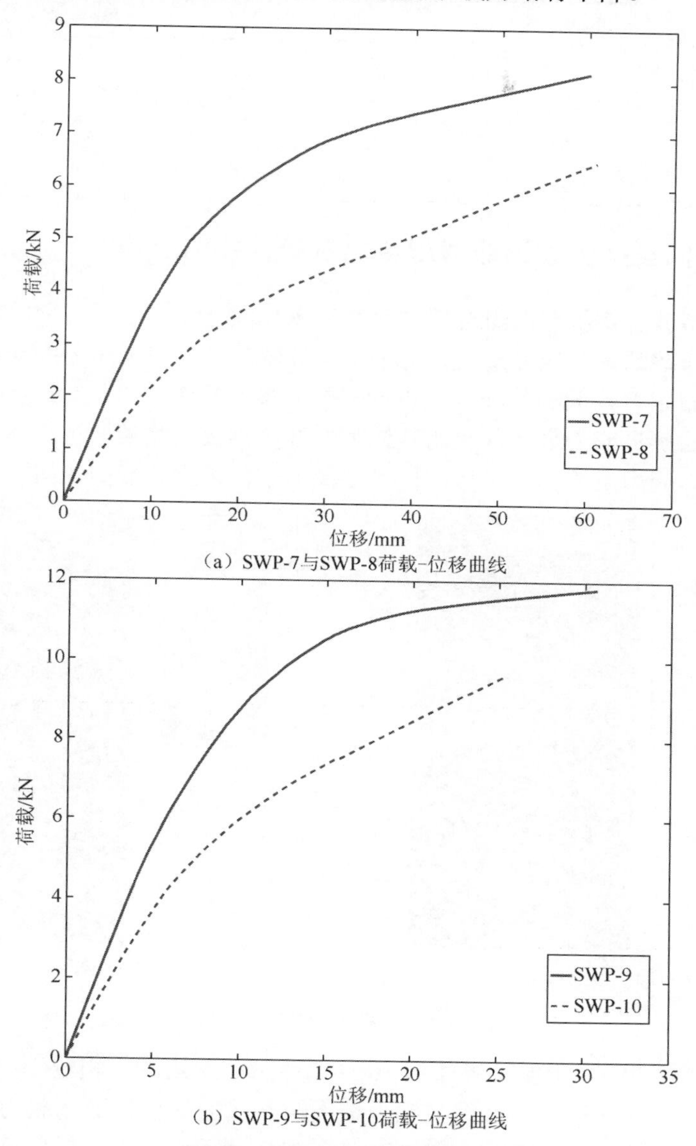

（a）SWP-7与SWP-8荷载-位移曲线

（b）SWP-9与SWP-10荷载-位移曲线

图 10.14　组合墙荷载-位移对比图

表 10.11　模拟值数据对比

墙体模型编号	初始刚度/(kN/mm)	F_y/kN	δ_y/mm	单位抗剪承载力/（N/mm）
SWP-7	0.39	6.73	27.86	13.48
SWP-8	0.21	5.37	44.20	10.66
SWP-9	1.11	10.04	13.27	9.52
SWP-10	0.76	8.00	17.74	8.08

10.3.5　不同类型波纹钢板对组合墙抗剪性能的影响

不同类型波纹钢板覆面组合墙的应力云图如图 10.15 所示。MINO-900 波纹钢板覆面组合墙的螺钉应力最大，但下部与导轨连接处出现明显的屈曲变形。从整体应力分布来看，此类型波纹钢板的材料强度应用最充分；AC-780 波纹钢板覆面组合墙的螺钉应力最小，相比其他类型波纹钢板，此类型波纹钢板的材料强度应用较低，应力主要集中于边立柱沿墙高的中部，螺钉应力也集中于此部位。

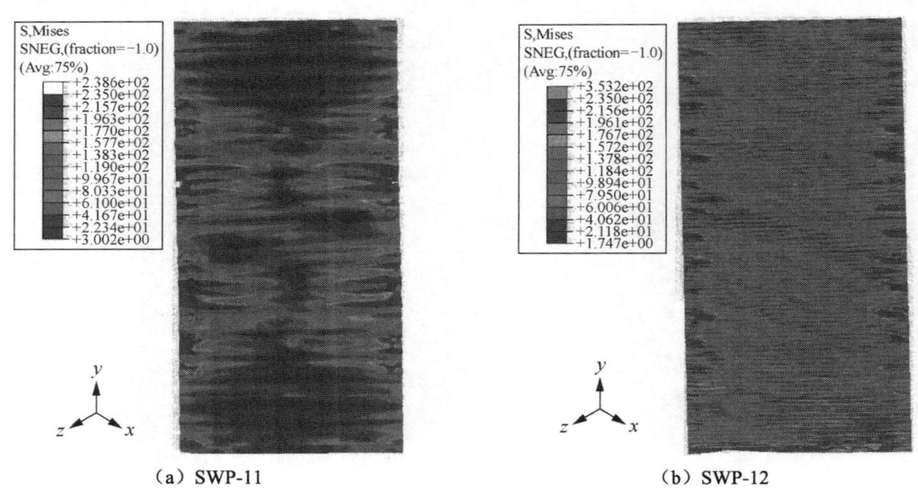

（a）SWP-11　　（b）SWP-12

图 10.15　墙面板应力云图

荷载-位移曲线及主要结果如图 10.16 和表 10.12 所示。相较于 WA-825 波纹钢板覆面组合墙，MINO-900 波纹钢板覆面组合墙的单位抗剪承载力和初始刚度分别提高 59.77%和 202.70%，AC-780 波纹钢板覆面组合墙的单位抗剪承载力和初始刚度分别下降 35.5%和 81.08%。随着波长和波高的减小，组合墙承载力、初始刚度增大，屈服位移减小。

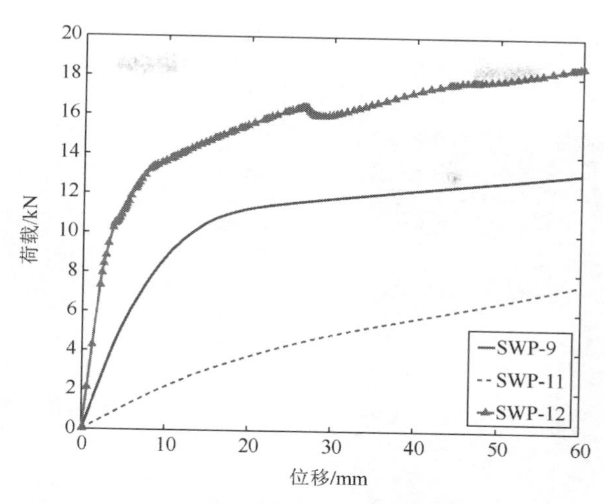

图 10.16　组合墙荷载-位移对比图

表 10.12　模拟值数据对比

墙体模型编号	初始刚度/（kN/mm）	F_y/kN	δ_y/mm	单位抗剪承载力/（N/mm）
SWP-11	0.21	6.39	47.98	6.14
SWP-12	3.36	13.38	8.37	15.21

10.3.6　波纹钢板开洞对组合墙抗剪性能的影响

波纹钢板覆面组合墙相较于平面薄钢板覆面组合墙具有较高的初始刚度、抗剪承载力、能量吸收能力，同时也增加了平面内及平面外的稳定性，但过大的结构刚度使地震作用反而更大[52]，组合墙达到极限承载力后，承载力和抗侧刚度迅速衰减，屈曲后性能不高[87]。通过开洞适当降低组合墙的初始刚度，可以提升墙面板屈曲后性能和保证一定程度的组合墙承载力。本章有限元分析中的墙面板洞口均位于墙中，其中 SWP-15 圆洞的面积等于 SWP-13 方洞的面积，SWP-16 圆洞的直径等于 SWP-13 方洞的边长，SWP-17 圆洞的面积等于 SWP-14 方洞的面积。

由图 10.17 可知，SWP-14 和 SWP-17 洞口对角处应力最大，分布趋势相同，相较于 SWP-13，SWP-15 和 SWP-16 四周螺钉应力也更大；所有开洞墙板的洞口部位变形明显，SWP-14 和 SWP-17 洞口部位应力更为集中，墙面板材料强度整体应用更为充分，左下、右上部位应力较其他部位更小。相对于 SWP-12，SWP-13～SWP-17 墙面板应力主要集中于墙面板中部及洞口周围。但是开洞组合墙下导轨螺钉连接处应力均小于 SWP-12，且无明显变形，可见通过开洞处理后，可以避免墙面板下部出现局部的屈曲变形而破坏。

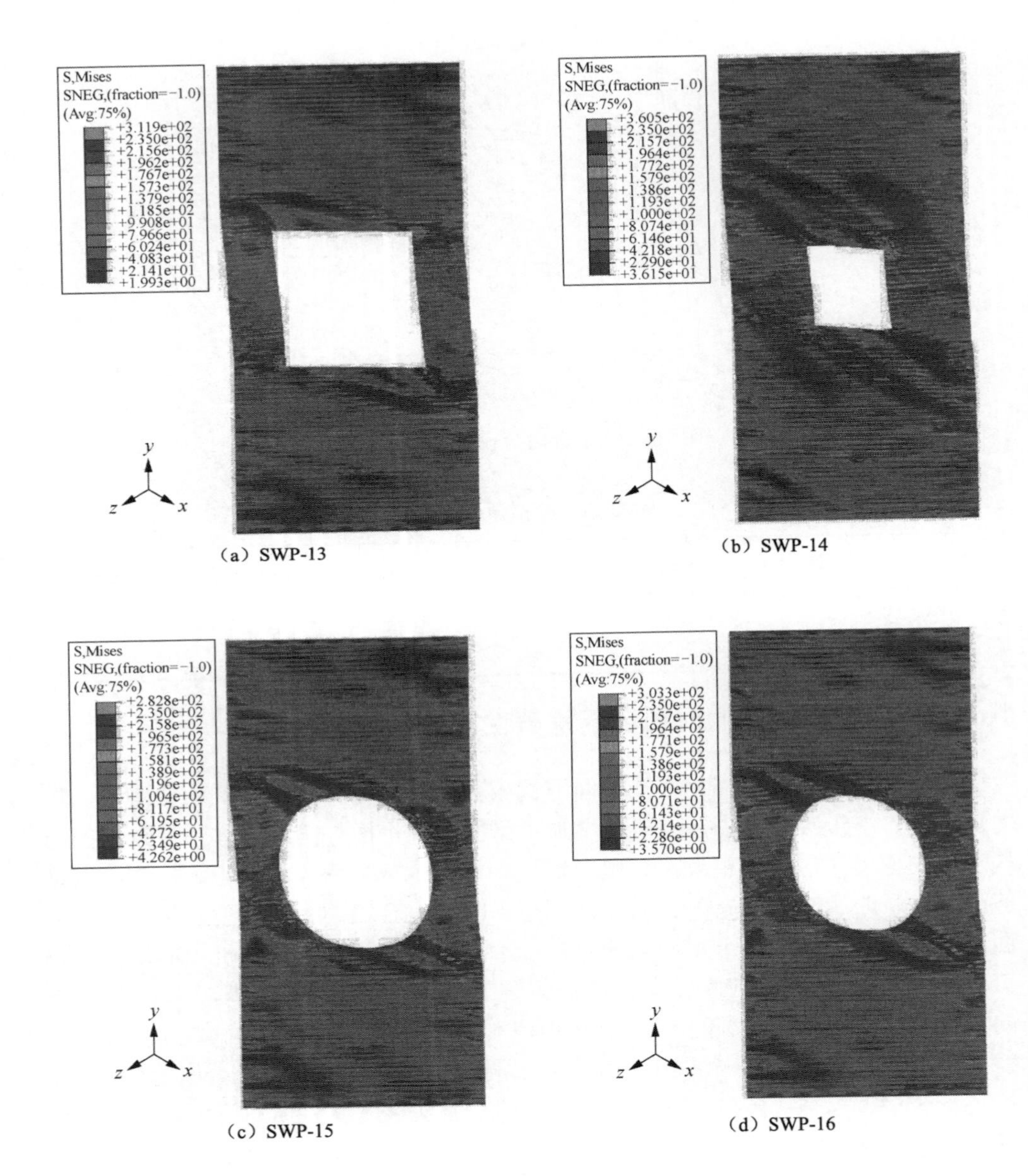

（a）SWP-13

（b）SWP-14

（c）SWP-15

（d）SWP-16

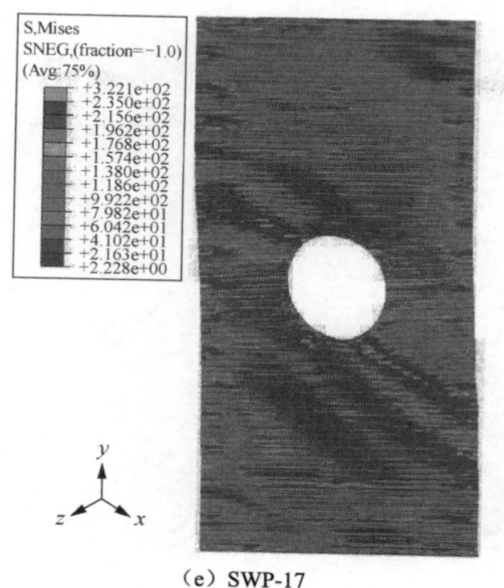

（e）SWP-17

图 10.17　墙面板应力云图

荷载-位移曲线、特征参数变化趋势及主要结果如图 10.18、图 10.19 和表 10.13 所示。随着方洞尺寸的增大，初始刚度和单位抗剪承载力的下降幅度增大，相较于 SWP-12，SWP-13 虽然初始刚度降低 82.44%，但组合墙的单位抗剪承载力同时下降 44.56%，下降幅度较大；相较于 SWP-12，SWP-14 初始刚度降低 34.20%，单位抗剪承载力降低 12.10%。尺寸适当的方洞在降低初始刚度、提升屈曲后性能的同时保证组合墙的抗剪承载力。

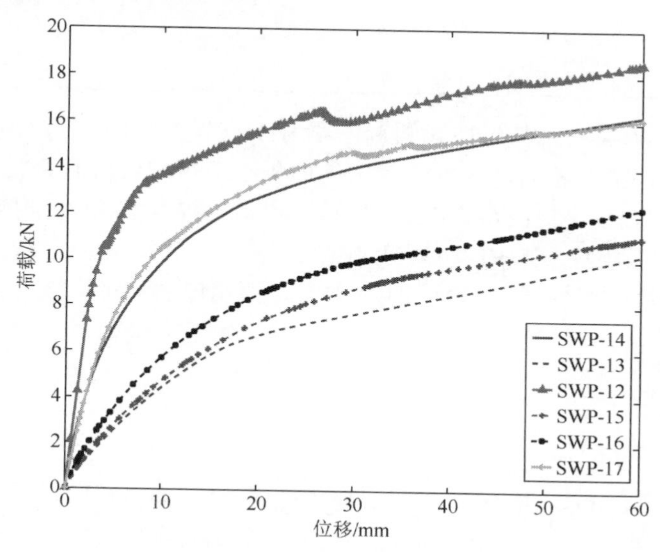

图 10.18　组合墙荷载-位移对比图

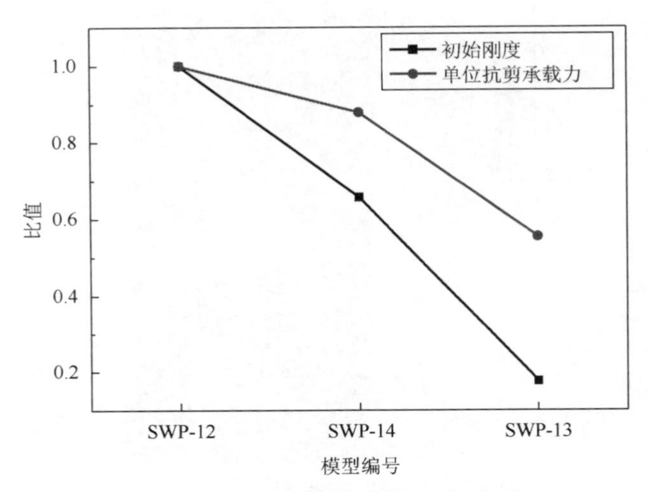

图 10.19　不同方洞尺寸的特征参数对比

表 10.13　模拟值数据对比

墙体模型编号	初始刚度/（kN/mm）	F_y/kN	δ_y/mm	单位抗剪承载力/（N/mm）
SWP-12	3.36	13.38	8.37	15.21
SWP-13	0.59	7.34	26.42	8.43
SWP-14	2.21	11.19	13.67	13.37
SWP-15	0.60	8.57	28.73	9.05
SWP-16	0.96	8.97	22.82	10.10
SWP-17	1.96	11.65	13.54	13.25

相较于 SWP-13，SWP-15（圆洞面积等于 SWP-13）单位抗剪承载力提高7.35%，两者初始刚度相当，SWP-16 圆洞的面积小于 SWP-15，且直径等于 SWP-13 方洞边长，其初始刚度提高 62.71%，单位抗剪承载力提高 19.81%；相较于 SWP-14，SWP-17（圆洞面积等于 SWP-14）初始刚度下降 11.31%，两者承载力相当。方洞与圆洞对组合墙抗剪性能的影响无明显差异，而洞口面积对组合墙抗剪性能影响显著。

10.4　小　　结

本章利用 Abaqus，并根据墙面板-自攻螺钉-立柱连接试验，采用弹簧单元定义墙面板与骨架之间的连接单元，对冷弯薄壁型钢组合墙进行了抗剪性能分析。

（1）平面薄钢板厚度对组合墙承载力和初始刚度有明显影响，随着板厚增大而显著提高；立柱壁厚及弧形翼缘截面边立柱对组合墙抗剪性能无明显影响。

（2）12mm 厚定向刨花板覆面组合墙单位抗剪承载力低于 1mm 而高于 0.84mm 厚平面薄钢板覆面组合墙，12mm 厚胶合板覆面组合墙承载力和初始刚度与 1.00mm 厚平面薄钢板覆面组合墙相当；受潮定向刨花板覆面组合墙单位抗剪承载力下降 32.84%，初始刚度下降 34.78%，受潮胶合板覆面组合墙单位抗剪承载力下降 31.92%，初始刚度下降 32.12%，下降幅度与受潮定向刨花板覆面组合墙相当。

（3）对比平面薄钢板，等厚 WA-825 波纹钢板覆面时，组合墙抗剪承载力有明显提高，组合墙抗剪承载力相当时，WA-825 波纹钢板厚度为 0.54mm；MINO-900 波纹钢板覆面组合墙的承载力和初始刚度最大，但从云图可看出 MINO-900 下部屈曲变形明显，AC-780 波纹钢板覆面组合墙的承载力和初始刚度最小。

（4）高宽比为 4∶1 和 2∶1 时，横向布置波纹钢板覆面组合墙的承载力均高于纵向布置波纹钢板覆面组合墙，且随着墙体高宽比从 4∶1 下降至 2∶1 时，组合墙单位抗剪承载力略有下降，而初始刚度大幅提高。

（5）对 MINO-900 覆面组合墙抗剪性能研究可知，相比开洞前，700mm×700mm 方洞的 MINO-900 波纹钢板覆面组合墙的单位抗剪承载力和初始刚度分别下降 44.56%和 82.44%，400mm×400mm 方洞的 MINO-900 波纹钢板覆面组合墙的单位抗剪承载力和初始刚度分别下降 12.10%和 34.20%。尺寸适当的方洞可以在降低初始刚度、提升屈曲后性能的同时又保证组合墙的抗剪承载力。

（6）对 MINO-900 覆面组合墙抗剪性能研究可知，相比 700mm×700mm 方洞组合墙，半径为 395mm 圆洞（面积等于 700mm×700mm）组合墙单位抗剪承载力提高 7.35%，初始刚度无明显变化，半径为 350mm 圆洞组合墙初始刚度提高 62.71%，单位抗剪承载力提高 19.81%；相比 400mm×400mm 方洞组合墙，半径为 225.7mm 圆洞（面积等于 400mm×400mm）组合墙初始刚度下降 11.31%，承载力无明显变化。

第 11 章　冷弯薄壁型钢组合墙抗剪承载力

对于冷弯薄壁型钢组合墙的抗剪承载力计算公式，国内外都有相关研究。冷弯薄壁型钢组合墙规范的抗剪承载力设计公式都是基于大量试验结果，但进行全尺寸大量的试验成本较高且参数局限，如 AISI S213-07 给出的组合墙承载力只局限于常用的参数设计，并没有考虑现实工程中板缝和边梁等因素的影响。国内通过简化计算方法推导的墙体抗剪承载力公式包括整体分析方法与剪力流分析方法；国外则主要参考 AISI S213-07，利用不同方法来推导组合墙体抗剪承载力公式，比如运用等效能量弹塑性法或有效条带法。本章主要介绍四种方法求解墙体抗剪承载力公式；将模拟值代入有效条带法中，验证模拟结果的正确性。本章介绍国外规范的组合墙抗剪设计承载力，同时在基本假设的基础上，通过理论分析给出冷弯薄壁型钢组合墙的抗剪承载力公式，并通过试验结果进行验证。

11.1　抗剪承载力研究方法

通过对组合墙体抵抗水平剪力的变形原理及传递机理的分析研究，推导出组合墙体抗剪强度设计值与单个自攻螺钉抗剪强度设计值之间的数学关系，进而确定简化设计方法，分别为整体分析方法、剪力流分析方法和有效条带法。

11.1.1　整体分析方法

组合墙体抗剪承载力与自攻螺钉的抗剪承载力的关系密不可分，整体分析方法即建立在此关系的基础上，综合考虑墙体内部各个螺钉之间的受力方向、间距大小以及其内部墙架柱等方面的影响，暂不考虑其他次要因素，从而对其进行推导，其核心思想是对墙体中心点取矩，建立弯矩方程，得如下公式：

$$P_{\text{wall}} = \gamma VL = \frac{\gamma F_0 L}{\alpha_{\max}} \tag{11.1}$$

式中，V ——组合墙体单位长度下的抗剪承载力；

P_{wall} ——组合墙体的抗剪承载力；

$\alpha_{\max}$ ——自攻螺钉受力最大处所受剪力与组合墙体单位长度抗剪承载力的比值；

L——组合墙体的总长度；

F_0——单个自攻螺钉连接件的抗剪承载力；

γ——由试验确定的修正系数，其取值与墙面板材料有关（其中双片刨花板取值为 1.2；单片刨花板取值为 1.2；单片石膏板取值为 1.36）。

11.1.2 剪力流分析方法

基于整体分析方法，剪力流分析方法则是不考虑墙体内部自攻螺钉和墙架柱的影响，仅认为四周自攻螺钉起到完全抵抗外力的效果，进而对墙体抗剪承载力公式进行推导。

将外侧柱视为工字钢梁的翼缘；将墙面板对应工字钢梁的腹板，翼缘承受的弯矩作用可视为外立柱承担，腹板承受的剪力作用均看成是墙面板承担，近似认为侧立柱上单个自攻螺钉所受剪力值与端部单个自攻螺钉所受剪力值相等。因此，仅考虑端部自攻螺钉的受力情况，从而设计墙体抗剪承载力计算公式。在运用剪力流分析方法分析时，自攻螺钉受力分析如图 11.1 所示。

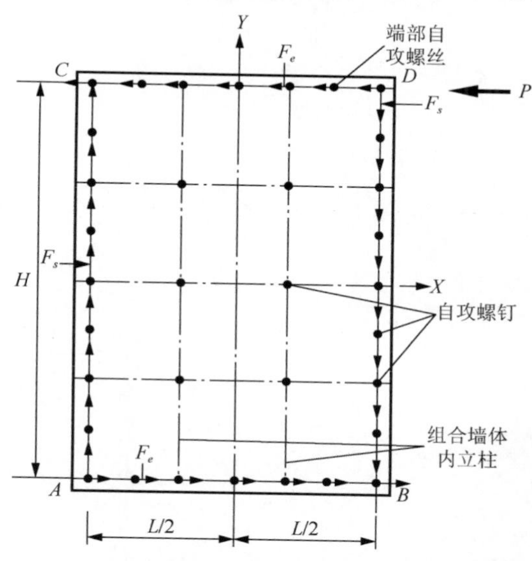

图 11.1　剪力流分析方法自攻螺钉受力分析

组合墙体抗剪承载力与单个自攻螺钉连接强度之间的关系经式（11.1）修正后可表示如下：

$$P_{\text{wall}} = \gamma n_e F_0 \tag{11.2}$$

式中，F_0——单个自攻螺钉连接件的抗剪承载力；

P_{wall}——组合墙体的抗剪承载力；

n_e ——组合墙体某一端部的自攻螺钉的数量；

γ ——试验确定的修正系数，其取值与墙面板的材料有关（其中双片刨花板取值为 1.1；单片刨花板取值为 1.1；单片石膏板取值为 1.22）。

11.1.3　有效条带法

国外学者研究了覆面板为薄钢板的情况下，利用有效条带法，如图 11.2 所示，得 $V_n = T_n \cdot \alpha$，而墙体的抗剪承载力由螺钉的连接强度及覆面板的承载力决定，因此 T_n 取两者中的较小值，即 $T_n = \min\left\{\sum_{i=1}^{n} P_{\mathrm{ns}i}, W_e t_{\mathrm{sh}} F_y\right\}$，螺钉受力分析如图 11.3 所示，$T$ 为钢板厚度，P_{ns} 为连接强度，F_y 为钢板屈服荷载，W_e 为有效条带宽度，是求导墙体抗剪承载力公式的关键。Yu 等[95-96]和 Balh[92]通过对 142 个全尺寸剪力墙试件进行静力及循环加载，得出并验证了墙体有效宽度公式，即

$$W_e = \begin{cases} W_{\max}, \lambda \leqslant 0.0819 \\ \rho W_{\max}, \lambda > 0.0819 \end{cases} \tag{11.3}$$

$$\rho = \frac{1 - 0.55(\lambda - 0.08)^{0.12}}{\lambda^{0.12}} \tag{11.4}$$

$$\lambda = \frac{1.736\alpha_1\alpha_2}{\beta_1\beta_2\beta_3^{\ 2}\alpha} \tag{11.5}$$

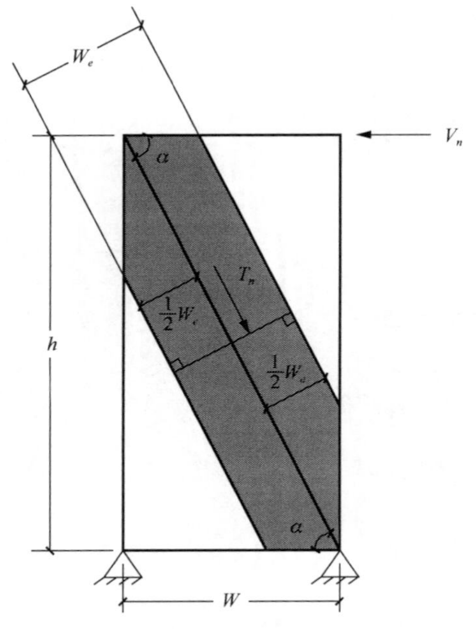

图 11.2　有效条带法模型受力分析图

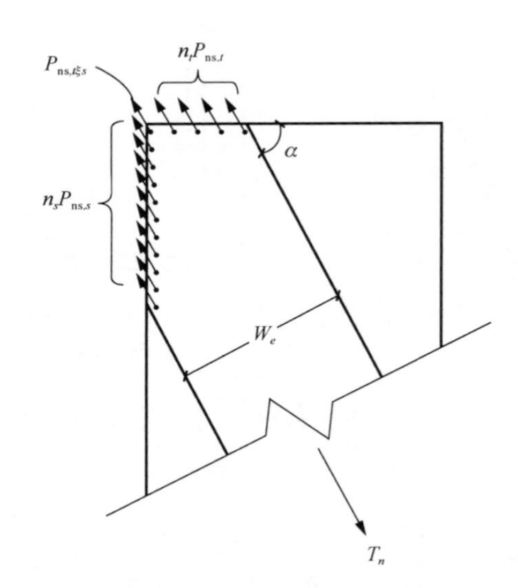

图 11.3　螺钉受力分析图

式中，α ——墙体高宽比；

$\alpha_1 = \dfrac{F_{\mathrm{ush}}}{310.3}$，$F_{\mathrm{ush}}$ 为钢板的抗拉强度；

$\alpha_2 = \dfrac{F_{\mathrm{uf}}}{310.3}$，$F_{\mathrm{uf}}$ 为立柱与导轨抗拉强度的较小值；

$\beta_1 = \dfrac{t_{\mathrm{sh}}}{0.457}$，$t_{\mathrm{sh}}$ 为钢板的厚度；

$\beta_2 = \dfrac{t_f}{0.457}$，$t_f$ 为取立柱与导轨厚度的较小值；

$\beta_3 = \dfrac{s}{152.4}$，$s$ 为螺钉间距。

螺钉布局与最大宽度示意图如图 11.4 所示，图中，l_t 为导轨贡献长度，l_s 为立柱贡献长度，s 为螺钉间距。若 $P_{\mathrm{ns},t}$ 为覆面板与导轨的连接强度，$P_{\mathrm{ns},s}$ 为覆面板与立柱的连接强度，$P_{\mathrm{ns},t\xi s}$ 为覆面板与导轨及立柱的连接强度，（这里端部三者螺钉连接数为 1），则组合墙体抗剪承载力公式可以总结为

$$P_{\mathrm{wall}} = \min\left\{\left(\frac{W_e \cdot P_{\mathrm{ns},t}}{2s.\sin\alpha} + \frac{W_e \cdot P_{\mathrm{ns},s}}{2\cos\alpha} + P_{\mathrm{ns},t\xi s}\right)\cos\alpha, W_e t F_y \cos\alpha\right\}$$

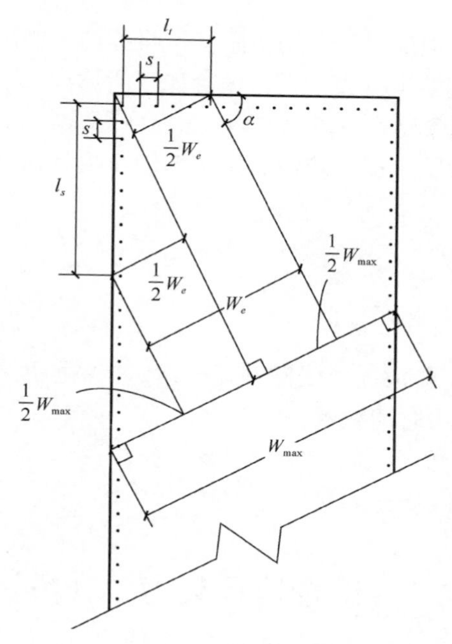

图 11.4　螺钉布局与最大宽度示意图

11.2　北美规范设计方法

11.2.1　AISI-S213-07

AISI S213-07 提供了组合墙的承载力表格，其中提供了石膏板、定向刨花板和钢板为墙面板的组合墙承载力，螺钉间距从 50.08mm 到 152.4mm，组合墙的高宽比 2∶1 和 4∶1 的结构板为钢板的组合墙承载力。通过 AISI S213-07 查取的组合墙抗剪承载力，还应乘以或者除以相应的安全系数 Ω 或者是抵抗系数 ϕ，安全系数和抵抗系数的取值按照 ASD 和 LRFD 不同而设计取值不同：Ω=2.5，ASD（抗震）；Ω=2.0，ASD（风荷载或其他平面内侧向荷载）；ϕ=0.60，LRFD（抗震）；ϕ=0.65，LRFD（风荷载或其他平面内侧向荷载）；ϕ=0.70，LSD（除石膏板之外）；ϕ=0.60，LSD（墙面板为石膏板）；组合墙的高宽比如果大于表中的高宽比，有效强度应乘以 2 倍宽高比值，即 $2w/h$，不允许高宽比大于 4∶1。

11.2.2　规范设计方法

冷弯薄壁型钢组合墙的设计采用极限状态设计法，极限状态设计要求参数化荷载效应不能超过指定结构抗力，设计理念如下所述。

结构抗力 R≥荷载效应 S。

组合墙墙面板可为胶合板、防浪板、定向刨花板等，其抗力可以由以下公式计算：

$$v_r = \phi V_d J_{\mathrm{sp}} \tag{11.6}$$

式中，$\phi = 0.7$；

$V_d = v_d (K_D K_{\mathrm{SF}})$；

v_d——胶合板、防浪板或定向刨花板指定抗剪强度；

K_D——荷载作用时间参数；

K_{SF}——螺钉参数；

J_{sp}——框架材料参数。

11.3　组合墙承载力设计方法

组合墙的破坏模式一般分为连接的剪切破坏、螺钉剪切破坏、螺钉拔出墙面板破坏及斜支撑屈服或破坏等，墙体可发生立柱屈曲破坏或底部导轨弯曲破坏等。基于极限状态设计，这些破坏模式中的最小破坏荷载控制着组合墙的承载力，因此本节介绍基于连接强度和立柱屈曲强度的组合墙的设计方法。

11.3.1　基于墙面板与框架连接强度设计

ASD 的设计理念是在规定荷载下，构件的应力和变形不能超过指定的应力和变形的极限，即实际应力≤允许应力。对于钢板为墙面板的组合墙，连接破坏较为常见，AISI S213-07 曾根据结构钢板厚度和钢立柱厚度为判断组合墙破坏模式的承载力设计公式，其公式如下。

对于 $t_2/t_1 \leqslant 1$，P_{ns} 应取以下公式最小值：

螺钉抗倾斜强度为

$$P_{ns} = 4.2(t_2^3 d)^{1/2} F_{u2} \tag{11.7}$$

结构钢板强度为

$$P_{ns} = 2.7 t_1 d F_{u1} \tag{11.8}$$

结构钢板强度为

$$P_{ns} = 2.7 t_2 d F_{u2} \tag{11.9}$$

对于 $t_2/t_1 \geqslant 2.5$，P_{ns} 应取以下公式的最小值：

$$P_{ns} = 2.7 t_1 d F_{u1} \tag{11.10}$$

$$P_{ns} = 2.7 t_2 d F_{u2} \tag{11.11}$$

式中，t_1——与螺帽接触连接构件的厚度；

t_2——不与螺帽接触连接构件的厚度；

d——螺钉的周长；

F_{u1}——与螺钉接触构件的抗拉强度；

F_{u2}——不与螺钉接触构件的抗拉强度。

对于 $1 < t_2/t_1 < 2.5$，P_{ns} 应取上述两种情况的线性差值。

11.3.2　基于立柱屈曲强度设计

在组合墙受侧向力时，墙体发生侧向倾覆变形，立柱承受较大的轴向压力。由于立柱承受较大轴力，组合墙未达到极限承载力前，立柱发生屈曲破坏，因此，组合墙抗剪承载力可基于立柱屈服，公式如下：

$$p_n = A_e F_n \tag{11.12}$$

$$p_n \leqslant A_{ey} F_n \tag{11.13}$$

式中，A_e——F_n 对应的有效面积；

A_{ey}——F_y 对应的有效面积。

F_n 通过如下公式计算：

当 $\lambda_e \leqslant 1.5$，

$$F_n = (0.658^{\lambda_e^2})F_y \tag{11.14}$$

当 $\lambda_e > 1.5$，

$$F_n = \frac{0.877}{\lambda_e^2}F_y \tag{11.15}$$

$$\lambda_e = \sqrt{\frac{F_y}{F_e}}$$

式中，F_e ——最小弹性弯扭屈曲应力。

对于双对称截面、封闭截面以及容易发生扭转屈曲和弯扭屈曲失稳的截面，屈曲应力由弯曲屈曲应力控制。例如，对于木质墙面板组合墙受侧向力作用时，墙面板对立柱的弯扭失稳有一定的限制作用。其中 F_{ex}、F_{ey} 可由以下公式计算：

$$F_{ex} = \frac{\pi^2 E}{(K_x L_x / r_x)^2} \tag{11.16}$$

$$F_{ey} = \frac{\pi^2 E}{(K_y L_y / r_y)^2} \tag{11.17}$$

式中，E ——构件弹性模量；

K_x、K_y ——绕 x、y 轴弯曲有效长度系数；

L_x、L_y ——无支撑的构件绕 x、y 轴弯曲长度；

r_x、r_y ——截面绕 x、y 轴的回转半径。

对于墙面板为钢板或者无法给立柱提供足够的弯曲屈曲限制的组合墙，屈曲应力 F_e 应包括扭转屈曲、弯曲与扭转屈曲的相互作用。由于双立柱通常采用“背靠背”方式，因此在弯曲和扭转屈曲中没有相互作用。控制屈曲应力应为弯曲屈曲和扭转屈曲应力中的最小值。

11.4　冷弯薄壁型钢组合墙承载力

墙面板为木质板的组合墙的承载力受许多因素的影响，如墙面板类型和厚度、螺钉的布置和间距、木质板的纹理等。组合墙的破坏模式为螺钉拔出墙面板，螺钉弯曲破坏以及螺钉从钢框架中被拔出。一般情况下，连接强度是影响木质墙面板组合墙承载的主要因素，因此本节分析组合墙在侧向力作用下，受力最大的螺钉位置，利用等效能量弹塑性法原理推导了多片板冷弯薄壁型钢组合墙承载力公式。

11.4.1 基本假设

当施加水平荷载作用于组合墙时，钢框架产生侧向位移，边柱发生倾斜并保持平行，顶部导轨和底部导轨保持水平。从试验中观察到，定向刨花板以整体转动耗能，并未观察到自攻螺钉有明显转动。钢框架中立柱和导轨的连接假定为铰接，不承受任何侧向力，刚度测试的试验中也发现，钢框架的刚度远远小于组合墙的刚度，可认为是铰接。侧向力主要是由墙面板和钢框架的共同作用承担。

冷弯薄壁型钢组合墙抗剪承载力的推导过程中做出如下假定：

（1）不考虑立柱和导轨的变形。

（2）不考虑相邻墙面板的相互作用，墙面板本身变形忽略。

（3）通过 EEEP 法特征化墙面板和钢框架的荷载-位移曲线。

（4）墙面板和钢框架的相对位移很小，相对于墙面板尺寸可以忽略。加载过程中，墙面板和钢框架不会分离。试件达到最大荷载时，墙面板和框架的相对扭转角较小。

（5）墙面板和钢框架都是绕着相同的形心转动，形心重合没有相对位移。

（6）自攻螺钉和钢框架的连接在各个方向强度相同。

（7）墙面板和钢框架的连接吸收水平力产生的所有能量。忽略钢框架本身和导轨与基座摩擦等的耗能。

（8）组合墙与基座通过螺栓锚固，试验中底部立柱没有相对扭转。

水平缝的组合墙的钢框架和墙面板的位移示意图如图 11.5 所示，每个立柱的

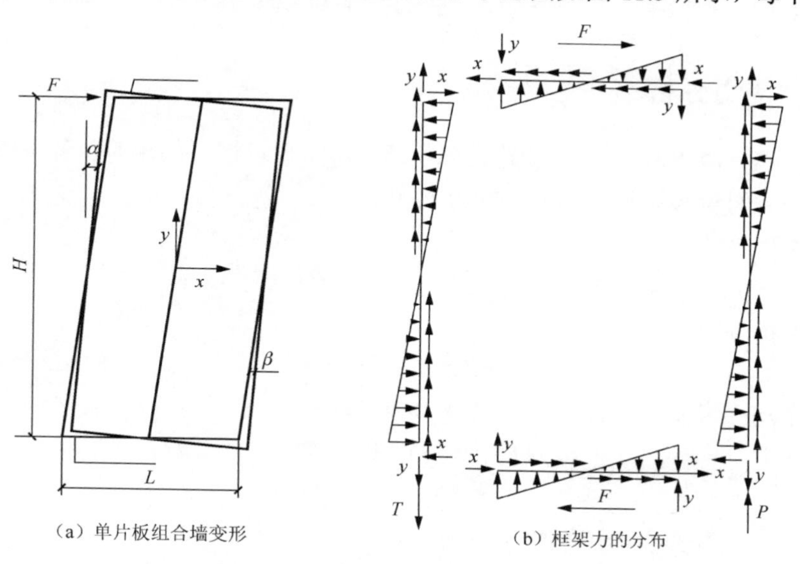

图 11.5　组合墙变形与框架力的分布

旋转角度是α，墙面板没有变形，转动角度为β。以这两个变量为主要参数进行公式推导得出每个螺钉的相对位移，通过定向刨花板和立柱的连接试验得出单个螺钉的强度，从而给出组合墙的抗剪承载力公式。

基于有限元模拟得出的自攻螺钉的应力矢量图，本章给出组合墙螺钉应力分布示意图如图 11.6 所示。从图中可以看出，组合墙在四个角部的应力方向与水平线夹角大概是 45°，试验中剪切破坏多发生在四个角部。

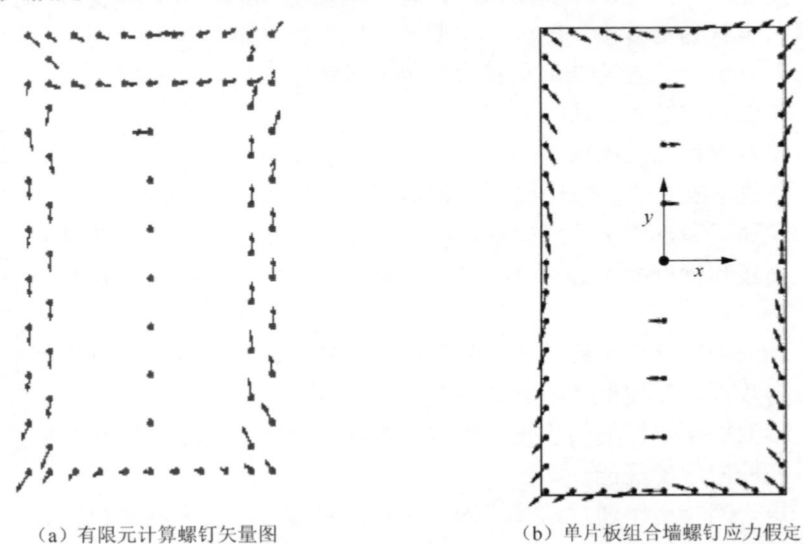

（a）有限元计算螺钉矢量图　（b）单片板组合墙螺钉应力假定

图 11.6　组合墙螺钉应力图

11.4.2　受力分析

自攻螺钉应力基本假定如图 11.6 所示。每个自攻螺钉的相对位移（墙面板和钢框架的相对位移）沿 x 和 y 轴的公式如下。

沿 x 轴方向：

$$u = u_f - u_p = (\alpha - \beta) \cdot y$$

沿 y 轴方向：

$$v = v_f - v_p = \beta \cdot x$$

每个墙面板与自攻螺钉的连接受力为

$$F_{xi} = k_x - u_i = k_x \cdot (\alpha - \beta) \cdot y \tag{11.18}$$

$$F_{yi} = k_y \cdot v_i = k_y \cdot \beta \cdot x \tag{11.19}$$

式中，α ——框架变形后与铅垂方向夹角；

β ——定向刨花板变形后与铅垂方向夹角；

u_i——连接点处的墙面板与框架的 x 方向的相对位移；
v_i——连接点处的墙面板与框架的 y 方向的相对位移；
u_f——连接点处的钢框架 x 方向位移；
u_p——连接点处的墙面板 x 方向位移；
v_f——连接点处的钢框架 y 方向位移；
v_p——连接点处的墙面板 y 方向位移；
i——螺钉数量；
k_x——自攻螺钉与钢框架 x 方向的连接刚度；
k_y——自攻螺钉与钢框架 y 方向的连接刚度。

墙面板与钢框架的每个自攻螺钉连接的变形能为

$$E_1 = \sum_{i=1}^{n} \frac{1}{2} k \cdot (u_i^2 + v_i^2) \tag{11.20}$$

式中，n——墙面板与钢框架的连接数量。

钢框架的变形能为

$$E_2 = -P \cdot \alpha \cdot H \tag{11.21}$$

边梁的变形能为

$$E_3 = -P \cdot \alpha \cdot h \tag{11.22}$$

式中，P——组合墙的侧向力；
h——边梁高度。

边梁和钢框架组合墙的总变形能为

$$\begin{aligned} E &= E_1 + E_2 + E_3 \\ &= \sum_{i=1}^{n} \frac{1}{2} k(u_i^2 + v_i^2) - P \cdot \alpha \cdot H - P \cdot \alpha \cdot h \\ &= \frac{1}{2} k \sum_{i=1}^{n} \left[y_i^2 \cdot (\alpha - \beta)^2 + x_i^2 \cdot \beta^2 \right] - P \cdot \alpha \cdot H - P \cdot \alpha \cdot h \end{aligned} \tag{11.23}$$

根据最小势能原理，对式（11.23）变分并整理，得

$$\frac{\partial E}{\partial \alpha} = 0$$

$$\frac{\partial E}{\partial \beta} = 0$$

因为 α 、β 是相互独立的量，所以有

$$k(\alpha - \beta) \sum_{i=1}^{n} y_i^2 - P \cdot (H + h) = 0$$

$$k\left[-(\alpha - \beta) \sum_{i=1}^{n} y_i^2 + \beta \sum_{i=1}^{n} x_i^2 \right] = 0$$

联立上述两式，可解得

$$\alpha=\frac{1}{k}P\cdot(H+h)\left(\frac{1}{\sum_{i=1}^{n}x_i^2}+\frac{1}{\sum_{i=1}^{n}y_i^2}\right)$$

$$\beta=\frac{1}{k}P\cdot(H+h)\frac{1}{\sum_{i=1}^{n}x_i^2}$$

将α、β代入式（11.13）和式（11.14），可得

$$F_{xi}=P\cdot(H+h)\frac{y_i}{\sum_{i=1}^{n}y_i^2} \tag{11.24}$$

$$F_{yi}=P\cdot(H+h)\frac{x_i}{\sum_{i=1}^{n}x_i^2} \tag{11.25}$$

因此，每个自攻螺钉的合力为

$$F_i=\sqrt{F_{xi}^2+F_{yi}^2}=P\cdot(H+h)\sqrt{\left(\frac{x_i}{\sum_{i=1}^{n}x_i^2}\right)^2+\left(\frac{y_i}{\sum_{i=1}^{n}y_i^2}\right)^2}$$

可以看出，当x_i和y_i取最大值时，即在组合墙的角部取得最大值为

$$F_{\max}=P\cdot(H+h)\sqrt{\left(\frac{x_{\max}}{\sum_{i=1}^{n}x_i^2}\right)^2+\left(\frac{y_{\max}}{\sum_{i=1}^{n}y_i^2}\right)^2}$$

墙面板和钢框架的连接中，当其中的连接强度达到设计强度，可以认为组合墙发生破坏，因此，边梁-钢框架组合墙的抗剪承载力为

$$F_{\mathrm{wall}}=\frac{S_{\max}}{(H+h)\sqrt{\left(\frac{x_{\max}}{\sum_{i=1}^{n}x_i^2}\right)^2+\left(\frac{y_{\max}}{\sum_{i=1}^{n}y_i^2}\right)^2}} \tag{11.26}$$

式中，$S_{\max}$——墙面板与钢框架连接强度。

由式（11.26）可以看出，抗剪承载力主要连接强度和墙体的几何形状有关。如果是多片墙面板，则可先按照单片墙面板求承载力后再进行叠加。本次试验中，组合墙都有垂直缝，因此可以按照双片板进行承载力叠加。

在推导冷弯薄壁型钢组合墙抗剪承载力公式时，边柱和导轨的竖向承载力并没有考虑。组合墙的设计中，边梁和导轨主要根据重力荷载进行设计，所以组合

墙的抗剪承载力并没有考虑立柱和导轨。在实验室或者是现实工程中，传力梁与导轨螺栓相连或者是导轨与上层的楼板相连，顶部导轨可以均匀地传递剪力。底部导轨一般是与试验基座或者是底层楼板螺栓连接，而在底部的预偏转紧固件则是抵抗组合墙承受水平力时产生的向上提起力。因此，可以认为底部导轨具有足够的承载能力。组合墙在侧向力作用下，立柱承受拉力，同时所有的立柱需要承担重力荷载和平面外力，在组合墙设计时，立柱的强度满足承受竖向荷载的要求，因此，抗剪承载力公式并没有考虑竖向荷载，同时认为立柱在侧向力作用下不会发生失稳破坏。

11.4.3 试验验证

组合墙理论计算公式结果与部分试验结果对比如表 11.1 所示。

表 11.1　冷弯薄壁型钢组合墙理论结果与部分试验结果对比

试件编号	极限承载力			
	P_u^e / kN	P_u^c / kN	P_u^e / P_u^c	标准差
SSW-2	19.61	17.98	1.09	0.30
SSW-4	17.87	17.87	1.00	0.00
SSW-5	17.55	16.10.	1.09	0.05
SSW-6	18.34	17.30	1.06	0.19
SSW-7	15.96	15.74	1.01	0.04
SSW-8	17.48	15.74	1.11	0.31
SSW-9	16.11	15.74	1.02	0.07
SSW-10	16.91	16.10	1.05	0.12
DSW-12	41.13	35.68	1.15	0.53
DSW-14	36.40	35.68	1.02	0.11

注：P_u^e 为极限承载力试验值；P_u^c 为极限承载力理论值

由于试验中没有进行石膏板与立柱的连接强度试验，因此 SSW-3 与 DSW-13 背面有石膏板的试件并没有与理论公式进行对比。由表 11.1 可以看出，试验值与理论值吻合的较好，但由于试验数量的限制，理论公式的普遍适用性需进一步试验验证。

11.5 小　　结

（1）本章主要介绍了国内采用的弯矩平衡原理推导的整体分析方法及剪力流

分析方法求墙体抗剪承载力公式；国外采用等效能量弹塑性法、最小势能原理，通过对变形能变分求得墙体抗剪承载力公式，以及采用有效条带法，通过力的平衡求得墙体抗剪承载力公式。

（2）将模拟数据及试验数据代入有效条带法推导的抗剪承载公式中，发现公式偏于保守，模拟值、试验值与计算结果相差不大，吻合较好。

（3）将薄钢板试验数据代入整体分析方法及剪力流分析方法中，建议在使用整体分析方法计算钢板抗剪承载力时，γ 取值为 0.43；在使用剪力流分析方法计算钢板抗剪承载力时，γ 建议取值为 0.33。

（4）本章总结了北美冷弯薄壁型钢组合墙的设计方法，运用 EEEP 法给出了冷弯薄壁型钢组合墙的极限承载力公式，试验结果与理论计算结果进行了对比。结果表明，理论计算结果与试验结果吻合良好，但公式的普遍适用性还有待于试验进一步验证。

参考文献

[1] 周绪红，石宇，周天华，等．低层冷弯薄壁型钢结构住宅体系．建筑科学与工程学报，2005，22（2）：1-14．

[2] 刘洋，谢伟平，蔡玉春．冷弯型钢发展与应用综述．钢结构，2004，19（6）：36-39．

[3] 叶继红．多层轻钢房屋建筑结构-轻钢龙骨式复合剪力墙结构体系研究进展．哈尔滨工业大学学报，2016，48（6）：1-9．

[4] 周绪红，石宇，周天华，等．冷弯薄壁型钢组合墙体抗剪性能试验研究．土木工程学报，2010，43（5）：38-44．

[5] Madsen R L, Nakata N, Schafer B W. CFS-NEES building structural design narrative. Baltimore: Johns Hopkins University, 2011.

[6] 郝际平，刘斌，钟炜辉，等．低层冷弯薄壁型钢结构住宅体系的应用与发展．第十三届全国现代结构工程学术研讨会，天津，2013．

[7] 张国杰，曹宝珠，金诚，等．多层冷弯薄壁型钢住宅体系的发展和应用．吉林建筑工程学院学报，2012，29（1）：11-13．

[8] 弓晓芸，严虹．浅谈轻钢结构低层住宅．钢结构，2001，16（56）：27-29．

[9] 何保康，周天华．美国冷弯型钢结构的应用与研究情况．建筑结构，2001（8）：58-68．

[10] Peköz T, Winter G. Progress report on cold-formed steel storage rack design. Rolla: University of Missouri, 1975.

[11] Shear wall design guide: publication RG-9804. Washington D.C.: American Iron and Steel Institute, USA, 1998.

[12] Limit state design of steel structures: CAN/CSA-S16-01. Etobicoke, Ontario, Canada: Canadian Standards Association, 2005.

[13] Cold formed steel structural members: CAN/CSA-S316-07. Etobicoke, Ontario, Canada: Canadian Standards Association, 2007.

[14] North American specification for the design of cold-formed steel structural members: AISI S100-16. Washington D.C.: American Iron and Steel Institute, 2016.

[15] North American standard for seismic design of cold-formed steel structural system: AISI S400-15. Washington D.C.: American Iron and Steel Institute, 2015.

[16] Hancock G J, Rogers C A. Design of cold-formed steel structures of high strength steel. Journal of Constructional Steel Research, 1998, 46(3):167-168.

[17] Hancock G J. Development of the 2005 edition of the Australian/New Zealand standard for cold-formed steel structures AS/NZS 4600. Advances in Structural Engineering, 2008(11): 585-597.

[18] Hancock G J. Cold-formed steel structures. Journal of Constructional Steel Research, 2003, 59(4): 473-487.

[19] Hancock G J. Recent research on thin-walled beam-columns. Thin-Walled Structures, 1998, 32(3): 3-18.

[20] 何保康，周天华．多层薄板轻钢房屋体系可行性报告（结构部分）．河北省钢结构委员会，2015．

[21] 黄智光．低层冷弯薄壁型钢房屋抗震性能研究．西安：西安建筑科技大学，2011．

[22] 戴复东，朱伯龙，李鑫全．轻钢轻板住宅建筑体系．施工技术，1998，27（7）：21．

[23] 王国周．中国钢结构五十年．建筑结构，1999，20（10）：14-21．

[24] 王元清，石永久．多层轻型房屋钢结构的设计与应用研究．建筑结构，1999，20（6）：6-8．

[25] 刘承宗，周志勇．我国轻钢建筑及其发展问题探讨．工业建筑，2000，30（4）：18-23．

[26] 张庆风．钢结构住宅设计与施工技术．北京：中国建筑工业出版社，2003．

[27] 丁成章．低层轻钢骨架住宅设计——工程计算．北京：机械工业出版社，2003.

[28] 丁成章．低层轻钢骨架住宅设计、制造与装配．北京：机械工业出版社，2002.

[29] 王元清，石永久，陈宏，等．现代轻钢结构建筑及其在我国的应用．建筑结构学报，2002，23（1）：2-8.

[30] 丁成章．冷弯轻钢骨架构件国内外的发展现状分析．钢结构，2003，18（6）：19-21.

[31] 丁成章．发展冷弯轻钢骨架住宅需要克服的困难和解决的问题．钢结构，2003，18（2）：18-20.

[32] 丁成章．现代钢结构住宅技术流派分析．钢结构，2003，18（1）：22-26.

[33] 潘红晓，刘承宗．轻型钢骨结构低层住宅设计荷载分析．建筑钢结构进展，2003，5（3）：60-64.

[34] 何保康，李风，丁国良．冷弯型钢在房屋建筑中的应用与发展．焊管，2002，25（5）：8-11.

[35] 刘歌青，石永久，王元清，等．纯框架体系在多层轻钢住宅中的应用研究．工业建筑，2002，32（12）：64-66，85.

[36] 张跃峰．低层居住建筑中的轻钢龙骨体系．钢结构，2001，16（2）：1-4.

[37] 舒赣平，孟宪德，王培．轻钢住宅结构体系及其应用．工业建筑，2001，31（8）：1-4.

[38] 陶忠，何保康．发展我国新型轻钢结构建筑体系．中国工程科学，2000，2（3）：77-81.

[39] 李正春．冷弯薄壁型钢钢结构住宅的产业化应用研究．西安：西安建筑科技大学，2007.

[40] 许业玉，肖亚明．无比钢轻钢龙骨住宅组合墙体受剪性能．合肥工业大学学报，2008，21（5）：662-666.

[41] McCreless C S, Tarpy T S. Experimental investigation of steel stud shear wall diaphragms. Proceedings of the International Speciality Conference on Cold- Formed Steel Structure, St. Louis, MO, USA, 1978: 647-672.

[42] Tarpy T S, Haltenstein S F. Effect of construction details on shear resistance of steel-stud wall panels. Nashville, TN, USA: Vanderbilt University, 1978.

[43] Tarpy T S. Shear-resistance of steel-stud wall panels. Proceedings of the 5th International Speciality Conference on Cold-Formed Steel Structures, St. Louis, MO, USA,1980: 331-348.

[44] Tarpy T S, Girard J D. Shear resistance of steel-stud wall panels. Proceedings of the 6th International Speciality Conference on Cold-Formed Steel Structures, St. Louis, MO, USA, 1982: 449-465.

[45] Tissell T R. Wood structural panel shear walls. Report No. 154, APA-The Engineered Wood Association, Tacoma, WA, USA, 1993.

[46] Serrette R L, Ogunfunmi K. Shear resistance of gypsum-sheathed light-gauge steel stud walls. Journal of Structural Engineering, 1996, 122(4): 383-389.

[47] Serrette R L. Behavior of cyclically loaded light gauge steel framed shear walls. Proceedings of Structures Congress XV sponsored by The Structural Engineering Institute of ASCE, 1997: 443-448.

[48] Nguyen H, Hall G, Serrette R L. Shear wall values for light weight steel framing. Report No. LGSRG-3-96, Santa Clara University, Santa Clara, CA, USA, 1996.

[49] Serrette R L, Encalada J, Hall G, et al. Additional shear wall values for light weight steel framing. Report No. LGSRG1-97, Light Gauge Steel Research Group, Department of Civil Engineering, Santa Clara University, Santa Clara, CA, USA, 1997.

[50] Serrette R L, Encalada J, Juadines M, et al. Racking behaviour of plywood, OSB, Gypsum, and fiber bond walls with metal framing. Journal of Structural Engineering, 1997, 123(8): 1079-1086.

[51] Salenikovich A J, Dolan J D, Easterling W S. Monotonic and cyclic tests of long steel-frame shear walls with openings. Report No. TE-1999-001, Department of Wood Science and Forest Products, Virginia Polytechnic Institute and State University, Blacksburg, Virginia, USA, 1999.

[52] COLA-UCI Light Frame Test Committee. Report of a testing program of light-framed walls with wood-sheathed shear panels. University of California, Irvine, CA, USA, 2001.
[53] 低层冷弯薄壁型钢房屋建筑技术规程：JGJ 227—2011．北京：中国建筑工业出版社，2011.
[54] 郭丽峰，何保康．轻型密立柱墙体的抗剪和抗弯性能试验研究报告．西安建筑科技大学钢结构研究所，2003.
[55] 陈卫海，郭鹏，凌利改，等．高强冷弯薄壁型钢骨架带交叉支撑墙体抗剪性能研究．钢结构，2010，25(8)：22-26.
[56] 夏冰青．轻钢龙骨复合承载体系结构性能研究．南京：南京工业大学，2003.
[57] 夏冰青，董军．轻钢龙骨复合承载墙体抗侧性能的有限元分析．建筑结构，2004（S1)：334-337.
[58] 周天华，何保康．冷弯型钢立柱组合墙体及螺钉连接抗剪性能试验研究报告．西安建筑科技大学钢结构研究所和长安大学建筑工程学院，2004.
[59] 周天华，石宇，何保康，等．冷弯型钢组合墙体抗剪承载力试验研究．西安建筑科技大学学报（自然科学版)，2006，38（1)：83-88.
[60] 周天华，周绪红，何保康，等．550 级高强薄板钢材的材性及应用．建筑科学与工程学报，2005，22（2)：43-46.
[61] 周绪红，石宇，周天华，等．冷弯薄壁型钢结构住宅组合墙体受剪性能研究．建筑结构学报，2006，27（3)：42-47.
[62] North American Standard for Cold-Formed Steel Framing-Lateral Design 2007 Edition with Supplement No.1:AISI S213-07/S1-09. Washington D.C.: American Iron and Steel Institute, 2009.
[63] 建筑结构荷载规范：GB 50009—2012．北京：中国建筑工业出版社，2012.
[64] 建筑抗震设计规范：GB 50011—2010．北京：中国建筑工业出版社，2010.
[65] 王曙斌．薄壁轻钢结构住宅技术经济特点研究．中国建筑金属结构，2011（9)：47-50.
[66] 李元齐，马荣奎，何慧文．冷弯薄壁型钢与覆面钢板自攻螺钉连接性能试验研究．建筑钢结构进展，2017，19（6)：60-64.
[67] 李远瑛，江风波，朱平华，等．轻钢龙骨复合墙体抗侧性能试验研究．建筑科学，2006，22（4)：32-36.
[68] Product Technical Guide. The Steel Stud Manufacturer Association(SSMA). [2018-04-06]. http:// www.ssma.com.
[69] SIMPSON Strong-Tie. [2018-04-06]. http://www.strongtie.com.
[70] Standard for performance-rated engineered wood siding: PRP210. Washing D.C.: American National Standards Institute, 2019.
[71] Vieira L C M, Schafer B W. Lateral stiffness and strength of sheathing braced cold-formed steel stud walls. Engineering Structures, 2012, 37: 205-213.
[72] 李元齐，马荣奎，何慧文．冷弯薄壁型钢与结构用 OSB 板自攻螺钉连接性能试验研究．建筑结构学报，2014，35（5)：48-56.
[73] 刘雁，徐远飞，佘晨岗．冷弯薄壁型钢框架剪力墙自攻螺钉节点的试验研究．钢结构，2011，10（26)：25-27，49.
[74] 建筑减震试验规程：JGJ/T 101—2015．北京：中国建筑工业出版社，2015.
[75] 郭丽峰．钢密立柱墙体的抗剪性能研究．西安：西安建筑科技大学，2004.
[76] 石宇．低层冷弯薄壁型钢结构住宅组合墙体抗剪承载力研究．西安：长安大学，2005.
[77] 聂少锋．冷弯型钢立柱组合墙体抗剪承载力简化计算方法研究．西安：长安大学，2006.
[78] 李远瑛．轻钢龙骨复合墙体抗侧性能试验研究．南京：南京工业大学，2003.

[79] 胡海兵．轻钢龙骨墙体在水平荷载作用下的试验研究．武汉：武汉理工大学，2005．
[80] Standard test methods and definitions for mechanical testing of steel products: ASTM A370. West Conshohocken, PA: ASTM International, 2006.
[81] North American standard for cold-formed steel framing:AISI S201-07. Washington D.C.: American Iron and Steel Institute, 2007.
[82] North American specification for design of cold-formed steel structural members 2007 edition: NASPEC 2007. Washington D.C.: American Iron and Steel Institute, 2007.
[83] Standard test methods for cyclic (reversed) load test for shear resistance of vertical elements of the lateral force resisting systems for buildings:ASTM E2126-11(2018). West Conshohocken, PA: ASTM International, 2018.
[84] Cheng Y. Distortional buckling of cold-formed steel shear wall studs under uplift force. Journal of Structural Engineering, 2007, 136(3): 317-323.
[85] Pan C L, Shan M Y. Monotonic shear tests of cold-formed steel wall frames with sheathing.Thin-Walled Structures, 2011, 49(2): 363-370.
[86] 江风波．轻钢龙骨复合墙体抗侧性能研究．武汉：武汉理工大学，2005．
[87] Fülöp L A, Dubina D. Performance of wall-stud cold-formed shear panels under monotonic and cyclic loading Part II: numerical modeling and performance analysis. Thin-Walled Structures, 2004, 42(2): 339-349.
[88] Fülöp L A, Dubina D. Performance of wall-stud cold-formed shear panels under monotonic and cyclic loading Part I: Experimental research. Thin-Walled Structures, 2004, 42(2): 321-338.
[89] Standard practice for static load test for shear resistance of framed walls for buildings:ASTM E564-06(2018). West Conshohocken, PA: ASTM International, 2018.
[90] Lowes L, Altoontash A. Modeling reinforced-concrete beam-column joints subjected to cyclic loading. Journal of Structural Engineering, 2003, 129(12): 1686-1697.
[91] Peterman K D, Schafer B W. Fastener test report for the CFSNEES building. Baltimore: Johns Hopkins University, 2012.
[92] Balh N. Development of seismic design provisions for steel sheet sheathed shear walls. Montreal: McGill University, 2010.
[93] Yu C, Yu G W. Experimental investigation of cold-formed steel framed shear wall using corrugated steel sheathing with circular holes.Journal of Structural Engineering, 2016, 142(12): 04016126.
[94] Niari S E, Rafezy B, Abedi K. Numerical modeling and finite element analysis of steel sheathed cold-formed steel shear walls. Proceedings of the 15th World Conference on Earthquake Engineering. Lisbon, Portugal, 2012: 34-37.
[95] Yu C, Chen Y J. Detailing recommendations for 1.83 m wide cold-formed steel shear walls with steel sheathing. Journal of Construction Steel Research, 2010, 67(1): 93-101.
[96] Yu C. Shear resistance of cold-formed steel framed shear walls with 0.686 mm, 0.762 mm, and 0.838 mm steel sheet sheathing. Engineering Structures, 2010, 32(6): 1522-1529.